エクスティリアの
施工規準と標準図及び積算
床舗装・
縁取り・
土留め 編

一般社団法人 日本エクステリア学会　編著

建築資料研究社

出版に寄せて

一般社団法人日本エクステリア学会は、エクステリアに関する学術・技術の進歩発達を図り、もって社会に貢献することを目的として、平成 25 年（2013 年）4 月に発足しました。本学会の目的に沿って活動を続け、その成果の一端として既に『エクステリアの施工規準と標準図及び積算　塀編』『エクステリア標準製図』を刊行し、広くエクステリア関係の人々に示してまいりました。今回第三弾として本書を出版できる運びになりましたが、これは本学会の活動が軌道にのった一つの証としても喜びにたえません。

床舗装工事は、住宅関連のエクステリア工事においては、塀や植栽工事と並んで基本的なエクステリア工事になります。本書は、『エクステリアの施工規準と標準図及び積算　塀編』の続編ともいえ、同じように施工標準図及び積算表を提示しています。これをもって床舗装工事の標準化とは言い切りませんが、現場での実践的施工性を十分考慮した床舗装工事についての一つの施工規準としてまとめました。本学会の提案として、皆様のご高覧に供したいと思います。今後、皆様のご意見をいただきながら、より安全で経済的な床舗装の施工がなされる状況に少しでも近づいていくことを希望しております。

なお、本書の出版にあたりましては、本学会会員はもちろんのこと、出版社をはじめ多くの方々のご協力をいただきました。末筆ではありますが、ここに厚くお礼申し上げます。

2017 年 2 月吉日

一般社団法人 日本エクステリア学会　　代表理事　吉田　克己

日本エクステリア学会　エクステリアの施工規準と標準図及び積算 床舗装・縁取り・土留め編 編集委員

吉田　克己	吉田造園設計工房
中澤　昭也	中庭園設計
奈村　康裕	株式会社ユニマットリック
蒲田　哲郎	旭化成ホームズ株式会社
伊藤　英	住友林業緑化株式会社
堀田　光晴	株式会社リック・C・S・R
小沼　裕一	エスビック株式会社
小林　義幸	有限会社エクスパラダ
安光　洋一	有限会社安光セメント工業
大橋　芳信	日之出建材株式会社
麻生　茂夫	有限会社創園社
松本　好眞	松本煉瓦株式会社
松尾　英明	ガーデンサービス株式会社
直井　優季	日光レジン工業株式会社
東　賢一	AJEX 株式会社
斎藤　康夫	有限会社藤興
吉田　和幸	セキスイデザインワークス株式会社
依田　康介	三協立山株式会社　三協アルミ社
粟井　琢己	三井ホーム株式会社
長廻　悟	株式会社 LIXIL
山中　秀実	環境企画研究所
上大田　佳代子	

主要参考文献

『公共建築工事標準仕様書（建築工事編）平成 28 年版』国土交通省大臣官房官庁営繕部
『土木工事共通仕様書』国土交通省
『建築工事標準仕様書・同解説 JASS 3 土工事および山留め工事』日本建築学会、2009 年
『建築工事標準仕様書・同解説 JASS 5 鉄筋コンクリート工事』日本建築学会、2015 年
『建築工事標準仕様書・同解説 JASS 7 メーソンリー工事』日本建築学会、2009 年
『建築工事標準仕様書・同解説 JASS 15 左官工事』日本建築学会、2007 年
『れんがブロック舗装設計施工要領』日本れんが協会、2007 年
『インターロッキングブロック舗装設計施工要領』インターロッキングブロック舗装技術協会、2007 年
『タイル手帖』全国タイル業協会、2008 年
『造園施設標準設計図集 平成 24 年版』UR 都市機構、2012 年
『エクセル擁壁の設計』田中修三監修、山海堂、2004 年

目　次

第4章　土留めの標準図及び積算表

参考資料　擁壁(土留め)の設計

標準図リスト

標準図リスト

第1章

床舗装・縁取り・土留めにおける共通施工規準

床舗装・縁取り・土留めの施工には、工事を行うにあたり仮設工事から土工事、舗装工事に至るまでの各工事における施工規準が重要になる。本章では、主に床舗装工事前までについて取り上げる。

1 仮設工事

1-1 適用範囲

仮設（解体を含む）工事は、施工にあたって安全を確保し、災害を防止し、公害を防止して工事の円滑な進捗を図ることを目的とするものである。

1-2 用語の定義

a）縄張り：工事に先立ち、全体をどのように配置するかを決定するために縄を張って示すこと。

b）水盛遣方（みずもりやりかた）：構築物の高低、位置、方向を定めるために、所要の位置に仮設標示物を設置すること。

c）墨出し：所定の寸法の基準となる位置や高さなどを、所定の場所に墨を用いて表示する作業。

d）仮囲い：公衆災害の防止を図り、所定の出入り口以外からの入退場の防止、盗難防止を目的に工事現場と外部とを隔離する仮設構築物。

1-3 事前調査

i）準備

工事に先立ち、敷地及び敷地周辺状況の調査を行う。

ii）敷地測量・調査

a）工事に先立ち、必要に応じて発注者、設計者、隣地所有者、監理者及び関係官公庁職員の立ち会いのもとで、隣地及び道路との境界測量を行う。

b）必要に応じて敷地の高低、形状、障害物などを示す現状測量図を作成し、監理者に提出する。

c）測量機器は精度が低下しないように十分な注意を払って保管する。また、測量にあたっては作業前に測量機器を十分調整するとともに、測量機器は定期的に点検する。

d）施工上障害となる敷地内外の地上、地中の障害物を調査し、それらの保護、配置換え、撤去の方針を立て、それに応じた施工計画を作成する。

e）近隣構築物などで、工事により損傷を生ずるおそれのあるものについては、着工前に近隣構築物の所有者あるいは監理者の立ち会いを得て調査を行う。

f）工事中に発生する騒音、振動、大気汚染、水質汚濁、地盤の沈下、廃棄物などによる近隣への影響について十分検討する。

iii）仮設材料

仮設材料は使用上差し支えない程度の古材を使用してもよい。

iv）仮囲い及び防護柵

工事現場周辺の状況を考慮して、必要に応じ、所定の材料を用いて仮囲いまたは防護柵を設ける。

v）材料置場など

工事の進捗に支障のないように、現場状況を把握して、材料置場などを決定する。

vi）養生

工事中の現場やその他及び材料などに破損あるいは汚染のおそれのある場合は、シートなどを用いて養生する。

1-4 水盛遣方

i）工作物及び庭園施設物の位置

工作物（門・塀・アプローチなど）及び庭園施設物の位置の縄張りは、後日紛争にならないように十分注意し、発注者及び工事担当者、施工者の立ち会い、協議のうえ決定する。

ii）境界杭

a）既設の境界杭は原則として動かさないものとし、現状維持に努める。

b）工事上、やむを得ない杭の移設及び復元は、必ず関係者の立ち会いのうえ実施する。

iii）水盛遣方

a）承認図面に基づき縄張りを行い、工事全体の形体、位置を明示する。

b）水杭は 1.8m 内外の間隔、水貫は設計 GL より 200 ～ 250mm 上に、動かないように設ける。

c）遣方に使用する水杭は、垂木 4.0m のものを３等分に切り落とした材とし、水貫及び筋違（すじかい）は貫材を用いる。

d）墨出しを行って、高さ、位置を定めた後は、狂いの生じないように十分注意する。また T.B.M（仮ベンチマーク）は工事中可動しない箇所に設ける。例えば、電柱、側溝など。また、建築工事との継続工事の場合は、建築工事の T.B.M を用いる。

2 土工事

2-1 適用範囲

土工事は、敷地整備、鋤取（すきと）り、床付け、残土処分、地均しなどの土の工事に関するものである。

2-2 用語の定義

a）鋤取り：表土などを薄く取り除くこと。あるいは床付け面を平らにするために、薄くすくい取って均すこと。

b）床付け：砂、砂利、捨てコンクリートなどの地業工事ができるように、地盤を所定の深さに掘削した後、正確に平らに仕上げること。

c）地均し：地面を平坦にかき均し、歩行に耐え得る程度に締め固めること。

d）残土処分：工事にともなって発生した土で、埋戻し後の余った土のこと。

2-3 鋤取り

a）承認図に基づいて、所要の幅及び深さに鋤取り、根切り底の地盤は荒らさないように注意する。鋤取り土は、残土あるいは埋戻し土として適宜処分する。

b）鋤取り底の土質が適当でないと判断される場合は、工事担当者と施工者が協議のうえ、措置を講じる。

c）鋤取り箇所に接近して、崩壊または破損のおそれのある工作物や埋設物がある場合は、破損や崩壊を起こさないように十分注意して、作業に当たる。

d）鋤取り工事中、予期できなかった障害物や埋設物については、工事担当者と施工者が協議のうえ対処する。

2-4 埋戻し

埋戻しは基本的に掘削発生土を用いるが、土の状態によっては、必要に応じて良質土を用いる。また、埋戻し土は十分突き固める。

2-5 床付け

a）床付け面は、荒らさないようにする。

b）鋤取りが床付け面に達した場合は、所定の深さであるかを確認し、監理者と協議する。

c）床付け地盤は、凍結しないようにする。

2-6 残土処分

鋤取り発生土のうち、埋戻し後の余った土は残土として処分する。処分する場所によって、場外または場内処分となる。場外処分の場合は、処分場所により大きく影響を受けるので、注意が必要である。

3 整地工事

3-1 地均し及び整地

工事完了時、工事現場全体に荒れた地盤の整地、修正地均しを実施する。また地盤造成及び地被工事などを施工する前に、定められた地盤高に修正地均しを行う。

4 地業工事

4-1 適用範囲

地業、砂、砂利、地肌地業などの工事、基礎スラブ、土間コンクリート工事に関するものである。

4-2 用語の定義

a）地業：床舗装の下に施す工事の総称で、荷重を均等させる目的で行われる。

b）砂：岩石が砕けて細かくなったもので、粒径が 2.0 ～ 0.074mm の砂分を多く含む土。産出する場所により、川砂、海砂、山砂などがある。

c）砂利：岩石が流水その他の摩耗作用によってできた丸みをもつ粗粒。通常は粒径 5mm 以上、40mm 以下程度の粒をいう。岩石をクラッシャーにより砂利と同度の粒に砕いたのものを砕石という。産出する場所により、川砂利、山砂利、海砂利などがある。また、ふるいを通さず、水洗いもしないでそのまま採取したものを切り込み砂利、水洗いして粒度を調整したものを洗い砂利と区分する。

4-3 使用材料

a）砂利は、切り込み砂利または砕石とし、硬質なものを用いる。

b）砂及び砂利は、草木根及び木片などを含まないものとする。

c）材料は、搬入の際に検査する。

4-4 砂利地業

a）砂利は切り込み砂利またはクラッシャーラン（道路用砕石）を使用し、根切り底に均等に敷き込み、ランマーで十分突き固めを行う。なお、地業厚は締め固め後の厚さとする。

b）締め固め、あるいは、突き固めを行う場合は、床付け地盤を荒らさないように注意する。

4-5 砂地業

a）砂は小石などの障害物を含まないものを使用する。

b）サンドクッションとして用いる場合は、全体に砂厚が 3 ～ 5cm ほどになるように敷き固めながら、表面が平滑になるようにする。

4-6 地肌工事

a）地肌地業の場合には、床付け面の地盤が緩んでいないことを確認する。

b）根切り底は荒らさないようにし、土の表面をきれいに整地転圧して平らにする。

5 コンクリート工事

参考・引用文献：『建築工事標準仕様書・同解説 JASS 5 鉄筋コンクリート工事』日本建築学会、2015 年
『公共建築工事標準仕様書（建築工事編）平成 28 年版』国土交通省大臣官房官庁営繕部

5-1 適用範囲

コンクリート工事は、現場施工の鉄筋コンクリート工事及び無筋コンクリート工事に関するものである。

5-2 用語の定義

a) 計画供用期間：施主または設計者が建設しようとする構築物の構造及び部材について、設計時に計画する予定供用期間のこと。短期、標準及び長期の３つの級に区分される。

b) 計画供用期間は、級を基準として、次の水準とする。

(1) 短期：計画供用期間としておよそ 30 年。

(2) 標準：計画供用期間としておよそ 65 年。

(3) 長期：計画供用期間としておよそ 100 年。

c) 調合強度：コンクリートの調合を決める場合に、目標とする圧縮強度のこと。

d) 設計基準強度：構造計算において基準としたコンクリートの圧縮強度のこと。

e) かぶり厚さ：鉄筋表面からこれを覆うコンクリートの表面までの最短距離のこと。

f) 最小かぶり厚さ：鉄筋コンクリート部材の各面、または、そのうちの特定の箇所において、最も外側にある鉄筋の満足すべきかぶり厚さのこと。

g) 鉄筋コンクリート：鉄筋を組み合わせ、コンクリートを打ち込んで固め、圧縮力にも引張り力にも強くしたコンクリート。RC（reinforced concrete）などと呼ばれる。

h) 無筋コンクリート：鉄筋で補強されていないコンクリートのこと。捨てコンクリートなどに用いられる。

5-3 下地工事

i）下地コンクリート

a) 下地の断面寸法や溶接金網などは、図面及び特記事項により施工する。

b) 下地部分を貫通する設備その他がある場合は、あらかじめ通過予定箇所にスリーブを施工しておく。

c) 特に記載のない場合、下地コンクリートの設計基準強度は $18N/mm^2$ 以上とする。

d) コンクリートの打込み終了時は、必要に応じて日射、寒気、風雨などを避けるため、シートなどを用い養生する。

5-4 堰板（せきいた）工事

i）材料

a) 堰板に用いる材料は木製とする。

b) 木製の堰板は、板厚 9mm 以上のものを使用すること。合板（コンパネ）を堰板に用いる場合は「合板の日本農林規格」（JAS 規格）の１類または２類の中から選択する。

ii）堰板の設計

a) 堰板は、作業荷重やコンクリートの側圧、打込み時の衝撃や振動に耐え、同時に狂いの生じないように設計する。

b) 堰板は、容易に組立及び解体のできる構造とする。さらに、堰板解体時にコンクリートを傷つけないように注意する。

iii）堰板の施工

a) 堰板は、セメントペーストの漏出防止に注意し、かつ、作業荷重やコンクリートの側圧、振動などに耐え、たわみなどの狂いが生じないように施工する。

b) 堰板は、計画構築物の位置や形状、寸法に合致するように組み立てる。適当な支柱や桟、鉄線、緊結器などを使用する。

c) 堰板は、足場や遣方などの仮設工作物と連結させないようにする。

d) 堰板を再使用する場合は、破損箇所を修理し、コンクリートに接する面はよく清掃してから用いる。

iv）堰板の取り外し

堰板の取り外し期間は表１に示すコンクリート材齢以上とする。また、コンクリートに衝撃を与えないように堰板を取り外す。取り外し期間は必要に応じ、増減することができる。

表１　堰板の存置期間（下地）

存置期間中の平均気温	コンクリートの材齢	
	早強ポルトランドセメント	普通ポルトランドセメント
15℃以上	２日	３日
5℃以上	３日	５日

5-5 鉄筋工事

i ）材料

a）鉄筋は「JIS G 3112 鉄筋コンクリート用棒鋼」または「JIS G 3117 鉄筋コンクリート再生棒鋼」に適する普通棒鋼、異形棒鋼とする。

b）使用鉄筋は、有害な曲がりや損傷のない鉄筋を用いる。

ii ）清掃

a）鉄筋は組立に先立ち、浮き錆、油類、塵芥、その他コンクリートとの付着を妨げるおそれのあるものを除去する。

b）鉄筋の組立からコンクリート打設までに長期間を要した場合は、コンクリートの打設前に検査を行い、必要に応じて鉄筋を清掃する。

iii）加工

a）鉄筋は図面に指示された寸法と形状に合わせ、25mm 以下は常温、28mm 以上は適温に加熱して、損傷を与えないように正しく折り曲げる。

b）鉄筋の末端部は、異形鉄筋以外、必ず折り曲げる。折り曲げをしない場合は、工事担当者と施工者が協議のうえ決定する。

iv）組立

a）鉄筋は正しい位置に配置し、コンクリートの打込みの際に移動や変形が起きないように、十分堅固に組み立てる。鉄筋交差の要所には、鉄線で間隔を保ちながら正確に結束する。さらに、必要、適当な位置に鉄筋組立用のスペーサーを使用する。

b）鉄筋のかぶり厚と間隔を正しく維持するために、鉄筋と型枠の堰板はスペーサーブロック、座金などにより確保する。

c）鉄筋と鉄筋の間隔は、粗骨材の 1.25 倍以上、普通棒鋼径の 1.5 倍以上とし、かつ、25mm 以上とする。

v ）継手

a）鉄筋の継手は、大きな応力が生じる所は避け、同一箇所に集中しないようにする。重ね継手長さは表２によるものとする。ただし、末端部のフックは重ね長さに加算しない。

表２　鉄筋の重ね継手長さ及び定着長さ

コンクリートの設計基準強度（N/mm^2）	重ね継手長さ		定着長さ	
	SD295A SD295B	SD345	SD295A SD295B	SD345
18	45d（35d）	50d（35d）	40d（30d）	40d（30d）
21	40d（30d）	45d（30d）	35d（25d）	35d（25d）

（　）内はフック付きの数字。
表中の d は、異形鉄筋の呼び名の数値を表し、丸鋼には適用しない。

b）径の異なる継手の長さは、小さい方の径に対して必要な継手長さとする。

vi）定着

鉄筋の定着長さは表２による。ただし、末端のフックは定着長さに加算しない。

vii）溶接継手

鉄筋の溶接方法は工事担当者と施工者が協議のうえ決定する。工法は『建築工事標準仕様書・同解説 JASS 5 鉄筋コンクリート工事』（日本建築学会、以下 JASS 5）による。

viii）被覆（かぶり）

鉄筋の保護として必要なコンクリートの被覆は、仕上げを行わない時は各々30mm及び40mm以上とする（表3）。

表3　最小かぶり厚さの標準値

部位			最小かぶり厚さ（mm）
直接土に接しない部分	床スラブ	屋外	30
直接土に接する部分	床スラブ	屋外	40

ix）検査

鉄筋の組立が完了した時は、コンクリート打設前に必ず、工事担当者及び施工者が立ち会いのうえ、検査を行うこと。

5-6 コンクリート工事

i）コンクリート

レディーミクストコンクリートの使用を原則とする。現場練りコンクリートを使用する場合は、工事担当者と施工者が協議のうえ決める。

ii）セメント

セメントは主にポルトランドセメント（JIS R 5210）及び高炉セメント（JIS R 5211）を使用し、保管不良などによる凝固したセメントは使用しないようにする。

iii）骨材

a）砂などの骨材は清浄、堅硬で耐久性の大きいもの、有害な塵芥や土、有機不純物などを含まないものを用いる。

b）骨材の粒は扁平細長でなく、その強度はコンクリート中の硬化モルタルの強度以上でなければならない。砂利の粒度は25mm以下、砕石の粒度は20mm以下とする。

iv）練混ぜ水

水は清浄で、有害量の油及び酸、アルカリ有機物、泥土などを含まないものを使用する。

v）コンクリートの調合及び強度

コンクリート調合及び水量はJASS 5に掲げる調合法に準じ、所要の強度及び施工軟度（スランプ）を得るようにする。

vi）施工軟度（スランプ）

コンクリートの荷卸し時のスランプは、打込み箇所別に特記による。特記がない場合は、18cm以下を標準として定め、工事担当者と施工者が協議のうえ決定する。

vii）練り方

a）練り方は機械練りとする。やむを得ない場合に限り手練りとする。

b）機械練りの場合は、材料を全部ミキサーに投入した後、1分間以上混和し、その練り上がり色が一様で、かつ、その質が均一になるようにする。

c）やむを得ず手練りをする場合は、練り台の上で、砂とセメントを空練り3回以上、さらに、砂利を加えて水練り4回以上とし、練り上がり状態は「vi）施工軟度」に準じる。

viii）レディーミクストコンクリート

a）レディーミクストコンクリートとはJISマーク表示製品を製造している工場でつくられたコンクリートで、固まらない状態で、工事現場まで運搬するコンクリートをいう。

b）レディーミクストコンクリートは「JIS A 5308」を標準品とする。

c）コンクリートの強度補正値は特記による。特記のない場合は表4により、セメントの種類及びコンクリートの打込みから材齢28日までの予想平均気温の範囲に応じて定める。

表4　気温によるコンクリート強度補正値の標準値（N/mm^2）

セメントの種類	コンクリートの打込みから28日までの期間の予想平均気温θの範囲（℃）	
早強ポルトランドセメント	$0 \leqq \theta < 5$	$5 \leqq \theta$
普通ポルトランドセメント	$0 \leqq \theta < 8$	$8 \leqq \theta$
強度補正値	6	3

ix）準備

コンクリートの打込みに先立ち、下記の準備を確実に行うこと。

（1）打込み区画及び順序を計画する。

（2）堰板内を清掃し、水で十分洗い清め、散水した水は打設前に取り除く。

（3）堰板と最外側の鉄筋のあきが所定の値であることを確認する。

x）打設

a）コンクリートの打設は遠い区画から始め、各区画が均一に打込めるようにする。

b）練り場あるいはミキサー車から打込む場所までに、材料の分離や漏れが生じないように速やかに運搬して打設する。

c）打設の際に鉄筋や配管類、その他埋設物が移動しないように注意して行い、かぶり厚さ不足が生じないようにする。

d）打設の際には、バイブレーターなどの器具を使用して鉄筋やその他埋設物の周囲ならびに堰板の隅までコンクリートを行き渡らせるように十分に突き固める。

e）コンクリートは、作業予定区画までコンクリートが一体になるように連続して打設する。

f）打込み・締め固め後のコンクリートの上面は、所定の位置、勾配及び精度が得られるように、平に天端均しを行う。

g）コンクリートの沈み、粗骨材の分離、ブリーディングなどによる不具合は、コンクリートが凝結する前に処置する。プラスチック収縮や沈みなどによる早期ひび割れが発生した場合には、表面のタンピングなどにより処置する。

xi）打継ぎ

a）打設面のレイタンスは除去し、その面を粗にして打継ぐ。必要に応じてコンクリート中のモルタルと同程度の調合モルタルか、同一水セメント比で粗骨材を減らした調合のコンクリートを打継ぎ面に打込む。

b）打継ぎ部におけるコンクリートの打込み及び締め固めは、打継ぎ部に締め固め不良などによる脆弱部が生じないように行う。

c）打込み継続中における打継ぎ時間の間隔の限度は、コールドジョイントが生じない範囲とし、工事監理者の承認を受ける。

xii）養生

a）コンクリート打設後は直射日光や寒気、風雨などを避けるために、その表面を養生シートなどで覆い、必要に応じ、散水その他の方法により適度に湿らせた湿潤養生を行う。

表5　湿潤養生の期間

セメントの種類	計画供用期間の級	
	短期及び標準	長期
早強ポルトランドセメント	3日以上	5日以上
普通ポルトランドセメント	5日以上	7日以上
その他のセメント	7日以上	10日以上

b）コンクリート打設後24時間は、その上を歩行あるいは作業をしてはならない。その後も、重たい

ものや衝撃を与えたりしないように注意する。

c）寒冷期においては、コンクリートを寒気から保護し、打込み後５日間以上コンクリートの温度を 2℃以上に保つようにする。

6 煉瓦工事

参考・引用文献：『れんがブロック舗装設計施工要領』日本れんが協会、2007 年

6-1 適用範囲

煉瓦舗装とは、サンドクッションまたはドライモルタルなどを用いて行う煉瓦舗装工法をいう。煉瓦ブロックを表層材とした舗装をいい、クッション層が煉瓦に作用する荷重を吸収し、路盤に均一に伝達し、目地砂が煉瓦同士のかみ合わせにより荷重の分散効果及びたわみに対して復元力を持つ。

6-2 用語の定義

a）舗装用煉瓦：舗装に用いられる煉瓦で、天然の陶土もしくはこれに準ずる素材を高温焼成して製造されたものをいう。

b）サンドクッション：敷設用煉瓦と路盤との間に設けられるクッション砂のことをいう。

c）目地砂：煉瓦舗装に用いる砂には、クッション砂の他に、煉瓦と煉瓦の目地のかみ合わせに用いる砂をいう。

6-3 一般事項

i ）種類

a）普通煉瓦は「JIS R 1250 普通れんが及び化粧れんが」の規格に適合するもので、種類、品質については特記とする。

b）煉瓦の種類は形状、厚さ、圧縮強さによって区分される。

（1）形状による区分は、標準舗装用煉瓦、視覚障害者用煉瓦、異形煉瓦に分けられる。

（2）厚さによる区分は、表６による。

表６　煉瓦の厚さによる区分

厚さによる区分	厚さ（mm）
4	40 以上～ 50 未満
5	50 以上～ 60 未満
6	60 以上～ 70 未満
7	70 以上～ 80 未満
8	80 以上

（3）圧縮強さによる区分は表７による。

6-4 品質

a）煉瓦は、使用上の有害な傷、ひび割れ、欠け、変形などがあってはならない。

b）寸法の許容差は、長さ（± 4mm）、幅（± 3mm）、厚さ（± 3mm）とする。

c）煉瓦の圧縮強さ及び吸水率は表７のとおりとする。

表７　煉瓦の圧縮強さ及び吸水率

圧縮強さによる区分	圧縮強度	吸水率％
20	$20N/mm^2$	—
30	$30N/mm^2$	—
40	$40N/mm^2$	12 以下
50	$50N/mm^2$	10 以下
60	$60N/mm^2$	8 以下

d）煉瓦の曲げ強さは、曲げ強度試験によって、標準煉瓦の曲げ強さである $4N/mm^2$ 以上に適合しな

ければならない。

e）煉瓦の耐摩耗性は、摩耗減量試験を行い、その結果、摩耗減量が 0.1g 以下でなければならない。

f）煉瓦のすべり抵抗性は、すべり抵抗規定（表 8）に適合しなければならない。

表 8　煉瓦のすべり抵抗規定 BPN（British Pendulum Number）

区分	すべり抵抗値(BPN)	条件
A	40 以上	歩行者、自転車の交通に供する広場や道路
B	42 以上	4t 以下の管理用車両や限定された一般車両が通行する広場や道路

g）床舗装に用いる煉瓦は、紫外線による劣化や退色の少ない、1000℃から 1200℃で焼成されているものを用いる。

h）床舗装の表層に用いる煉瓦は、荷重や気象条件に耐えうる厚さと品質を有するものを用いる。

i）クッション砂及び目地砂は、シルトや泥分の少ない、ゴミや小石などを含まないものとする。

j）クッショ砂の最大粒径は 4.75mm 以下とし、0.075mm ふるい通過分は 5% 以下、粗粒率は 1.5 ～ 5.5 の範囲のものとする。

k）目地砂は最大粒径 2.36mm で、0.075mm ふるい通過分は 10% 以下のものとする。

6-5 施工手順

サンドクッションを用いる工法は、煉瓦ブロック層、クッション層、路盤により構成される。

a）事前調査

工事を安全、円滑、かつ経済的に行うために現場の状況や関連工事の進捗状況、全体工事計画などを十分に調査把握して、煉瓦舗装の施工に適した計画を立てる。

b）路床、路盤、付帯設備、縦断・横断勾配などの確認

（1）路床、路盤、付帯設備などは、通常のコンクリート舗装の場合と同様に仕上げる。

（2）園路の横断勾配は 2.0% とし、その他適用場所に応じて、0.5 ～ 2.0% を標準とする。

（3）透水性煉瓦を使用する場合も、経年後の目詰まりによる機能低下や滞水の発生を考慮し、基本的には表面排水ができるように水勾配をとって仕上げる。

c）拘束物の設置

煉瓦が移動し、煉瓦舗装が破損することを防止するために、煉瓦敷設端部を縁石などによって拘束する。

d）排水処理

（1）煉瓦舗装の表面排水や地下排水を円滑に行うために排水処理を施す。

（2）クッション砂の流失を防ぐために、必要に応じて路盤上に透水シートを敷設する。

e）水盛遣方

煉瓦舗装を所定の位置や高さに仕上げるために、水盛遣方を正確に行う。

f）クッション砂の敷き均し、転圧

（1）クッション砂は、搬入時に砂の品質やその量を目視によって、泥や木片が混入していないかを確認する。

（2）クッション砂を必要な厚さで路盤上に敷き均し、プレートコンパクタを用いて転圧し、砂の厚さと密度を均一に仕上げ、所定の高さにする。

（3）クッション砂の仕上げ高は、煉瓦の厚みを引いた高さより 5 ～ 10mm 高く仕上げる。

（4）転圧後の煉瓦の仕上げ面が縁石より 3 ～ 5mm 高くなるようにクッション砂を敷き均す。

g）煉瓦の敷設

（1）煉瓦は搬入時に外観、寸法、厚さ、数量を目視により確認する。

（2）煉瓦を設計通りに効率よく敷設するために、割付図に基づいて敷設する。

h) 目地調整

（1） 目地調整では、目地線や目地幅の調整を行う。

（2） 目地幅の過大による煉瓦のかみ合わせ不足が生じないように、所定の目地幅とする。

（3） 煉瓦同士を十分に拘束させ、かみ合わせによる荷重分散機能と美観の向上に考慮する。

（4） 目地幅は、基本的に２～ 3mm になるようにし、5mm 以上にならないようにする。

（5） 目地幅が 5mm を超えてくると、煉瓦同士のかみ合い強度が保てなくなり、抜き取れるようになる。

i) 端部処理

（1） 端部の仕上がり精度は、美観だけでなく煉瓦舗装の供用性能に及ぼす影響が大きいため、正確に行う。

（2） 端部仕上げの煉瓦のカットにはダイヤモンドカッターを使用し、煉瓦が半マス以下の大きさにならないように注意する。

（3） 煉瓦の押切りはカット面がガタガタになるので、油圧式カッターは使用しないようにし、粉塵の飛び散りを抑える水冷式カッターが望ましい。

j) 目地詰め

（1） 目地砂は、搬入時に砂の品質やその量を目視によって確認をする。

（2） 目地砂には、シルト分の少ない最大粒径 2.36mm 以下の良質な川砂か珪砂を使用する。

（3） 勾配のきつい箇所には、目地砂の落ち込みや流失を防ぐため、硬化性の専用目地砂を使用する。

（4）目地砂の目地詰めは入念に行う。充填不十分な場合は煉瓦の移動や局部沈下の誘発原因となる。

k) 煉瓦層の転圧

（1） 煉瓦層の転圧は、舗装面の不陸調整と舗装機能を十分に発揮させることを目的に行う。

（2） 転圧は、目地砂を煉瓦表面まで充填させてから行う。

（3） 転圧には煉瓦の破損を考慮して、ローラコンパクタによる転圧が望ましい。プレートコンパクタを使用する場合は、ゴム板などをプレートに取付け、転圧を行う。

l) 接合部の処理

接合部の処理は、隣接する既設舗装と煉瓦舗装の馴染みをよくし、段差が出ないようにして、歩行性の向上を図る。

m) 仕上がりの確認

煉瓦舗装が設計図書に指示された通りに敷設されているかを確認する。

7 左官工事

参考・引用文献：『建築工事標準仕様書・同解説 JASS 15 左官工事』日本建築学会、2007 年

7-1 適用範囲

床舗装における左官工事は、下地コンクリートを打設した後、コンクリートの表面をコテなどで仕上げる直均し仕上げ、モルタルによる塗り仕上げなどをいう。モルタルの塗り仕上げには、金ゴテ押え、刷毛引き、木ゴテ仕上げなどがある。

7-2 一般事項

i) 仕上げの種類

a) 金ゴテ仕上げ

上塗りを塗付けて平坦にし、よりいっそう平坦にするために木ゴテで押えた後、水引き具合を見て、金ゴテで押え仕上げをする。この場合、平滑な仕上げ面を得るために無機質混和剤などを混入することもある。

b）木ゴテ仕上げ
上塗りを塗付けた後、水引き具合を見て、木ゴテで仕上げる（タイル張り下地に適している）。

c）刷毛引き仕上げ
金ゴテで塗付けた後、水引き具合を見て刷毛で刷毛目正しく、または粗面に仕上げる（その際はなるべく刷毛に水を多量に含ませないようにする）。

ii）下地処理

a）コンクリートの表面はレイタンスや油などを除去し、床のひずみ、不陸などの著しい箇所は補修をする。

b）コンクリートは、可能な限り硬練りとし、その調合は『建築工事標準仕様書・同解説 JASS 5 鉄筋コンクリート工事』（日本建築学会、2015 年、以下 JASS 5）による。

c）無筋またはひび割れ防止程度の溶接金網を配置する場合のコンクリートは、床の使用程度に応じて可能な限り硬練りとする必要がある。

d）コンクリートを打込む前に、床仕上げに必要な遣方定木を狂いの生じない箇所に設け、正確に水平または勾配を保持する。

e）コンクリートの打込みに際しては、ポンプ圧送の配管や歩行などで溶接金網を踏み付け、溶接金網が下がらないように注意する。

f）コンクリート直仕上げのまま使用される床では、鉄筋のかぶり厚は 10mm 増しとする配慮が必要である。

g）塀や壁際など均し定木を使用できない部分は、不陸が生じないように十分に木ゴテなどでタンピングして平坦に均す。

h）コンクリート打込み後、タンパなどで粗骨材が表面より沈むまでタンピングし、遣方定木にならい定木ずりして平坦に敷き均す。

i）表面が平滑過ぎるものは目荒しを施す。

iii）養生

a）施工にあたっては近接する他の部材や樹木が汚損しないように、紙張りやシートなどで施工面以外の部分を保護する。

b）塗面の汚染や早期乾燥を防ぐために、強風や日照を避けるシート掛け、散水などの措置を講じる。

c）急激な乾燥を避け、十分な水和反応が得られるよう２～３日間は湿潤状態に養生する。

d）その他の仕上げ面を汚損しないように板張り、板囲いなどで適当な養生を行う。

iv）目地

a）モルタルの収縮によるひび割れを考慮して、適当な塗り面積や構造体ごとに、目地を設けることがある。

b）目地棒を用いる時はあらかじめ、目地割りに基づき目地棒を伏せ込ませる。

c）壁、床などで木製目地を用いる場合は、仕上げ後、目地棒を取り去り、指定の材料を用いて目地詰めをする。

v）亀裂防止

a）端や隅、下地の継目などの亀裂の生じやすい箇所には、溶接金網または配筋などの措置をする。

b）各塗面に発生したひび割れは目塗りをする。

7-3 コンクリート直均し

コンクリートの直均し仕上げは、下地の精度がそのまま仕上げ面に表れ、床下地表面の凹凸や不陸、表面強度、水分量など、コンクリート表面精度の影響を受ける舗装仕上げである。

i）工法

a）コンクリート打込み後、所定の高さに荒均しを行い、タンピングを行う。

b）締まりぐあいを見て定木刷りを行い、平坦に敷き均す。

c）踏み板を用いて、木ゴテまたは金ゴテで中刷り押えを行う。

d）締まりぐあいを見て、金ゴテで強く押え、平滑に仕上げる。

7-4 モルタル塗り

モルタル塗り仕上げ舗装は、コンクリート床打設を下地に、モルタルを用いて金ゴテまたは刷毛などで表面を仕上げる舗装仕上げである。

ⅰ）材料

a）セメントはJIS規格品とする。

b）砂は有害量の塩分や泥土、塵芥、有機物などを含まない良質のものとする。

c）水は有害量の塩分や鉄分、硫黄分、有機物などを含まない清浄なものを用いる。

d）上塗りにおいては、必要に応じて適量の混合材を加えることができる。混合材としては、消石灰、ドロマイトプラスター、ポラゾン、石綿粉末、合成樹脂などがある。

ⅱ）調合

モルタルの調合は表９を標準とし、機械練りを原則とする。

表９　モルタルの調合比

用途	セメント	砂	備考
目地用	1	2	
充填用	1	3	ブロックの場合の軟度は吸水性を考慮する
下地用	1	3	張付け、敷きを含む

ⅲ）工法

a）下地

（1）塗付けは下地清掃後に水湿しを行い、硬練りモルタルを板槌（つち）の類で叩き均して表面に水分をにじみ出させ、水引き具合をみてから、勾配に注意しながらコテで平滑に塗り均す。

（2）下地の継目はモルタルを充填する。

b）床面のモルタル塗り

（1）床コンクリート面にモルタル塗りを施す場合は、下地表面のレイタンス、汚れ及び付着物などを取り除き、よく清掃した後、水湿しを行う。

（2）塗付けはセメントペーストを十分にこすり付け、はき均した後、水のきわめて少ない硬塗りモルタルを塗付け、表面に水分をにじみ出させ、水引き具合いを見てから、勾配に注意しながらコテで平滑に均す。

（3）下地の種類、構造により接着剤材料、吸水調整剤を使用することもある。

（4）床コンクリート面のモルタル塗りは、コンクリート打込み後、なるべく早く取り掛かるようにする。

（5）コンクリート打込み後に日数の経った面は、セメントペーストを十分に流し、塗付けに掛かる。

c）モルタルの塗り厚は表10による。

表10　モルタルの塗り厚

下地	塗付け箇所	（下塗り＋中塗り＋上塗り）合計
コンクリート	床	15～25mm

7-5 砂利洗い出し

砂利の洗い出し仕上げ舗装は、コンクリートを下地に、砂利を練り込んだモルタルを用いて、表面をコテで均し、硬化の具合を見ながら清水で表面を洗い流し、砂利を露出させる仕上げである。

ⅰ）材料

a）調合に十分注意し、色合いは工事担当者と十分に打合せを行い、決定する。

b）下塗りは「7-4 モルタル塗り ⅱ）工法」に準じる。上塗り後ブラシで２回以上ふき取り、石の並びを調整し、水引き具合を見計らい、清水をポンプで吹付けながら洗い出して仕上げる。

c）洗い出しに用いる砂利に指定のない場合は、セメント２：砂利３に適量の水を加え、平均塗り厚30mm、砂利の大きさは３分砂利とする。

ⅱ）工法

a）仕上げ面より30mm下げた下地表面の汚れや付着物などを取り除いてよく清掃し、必要に応じて水洗いする。

b）下地面の乾燥が激しい場合には、吸水調整材を塗布する。

c）砂利を練り込んだモルタルを塗り付け、所定の高さに均す。

d）砂利塗り込みを終えてから１時間以内に石並びを調整して、コテ押えを行う。

e）表面の乾燥状態を見極め、清水を噴霧器などで吹付けて洗い出す。

f）所定の露出度が得られるまで洗い出し作業を繰り返し、最後はスポンジでセメントノロや水をふき取る。

g）目地を入れた場合は、表面強度を確認したうえで、目地棒を脱型して指定材料でシールする。

8 石工事

8-1 適用範囲

石工事における舗装仕上げは、板状の石材の形状により、乱形と方形に分けられ、コンクリートを下地に、張付けモルタルを用いて石材を張付け、目地を施す舗装である。

8-2 石材

ⅰ）一般事項

a）石材の名称は産地及び特質により、その他必要事項は図面または特記による。

b）石材は寸法、割れ、欠け、傷などの欠点のないもので、加工仕上げの寸法に不足を生じるおそれのないものとして、現場に搬入後、数量、品質について、工事担当者及び施工者が立ち会いのうえ、検査をする。

c）石材の運搬に際しては、表面を損傷しないように十分注意する。

d）化粧砂利は粒の揃ったもので、異種材及び夾雑物（きょうざつぶつ）を含まない優良品とする。

e）石材は寸法、石質、色彩などについて、見本品を施主に提出し、その承諾を得るものとする。

ⅱ）石材

a）小舗石

小舗石は１辺80～100mm程度の立方体に近い形に加工された花崗岩で、茨城県産稲田石、山梨県産塩山石と同等品とする。

b）鉄平石

（1）鉄平石は長野県諏訪産の輝石安山岩またはこれと同等品とする。

（2）張り石に使用する鉄平石の厚さは20mm程度のものとする。

（3）小端積みに用いる材料規格は特記とする。

c）青石

（1）青石は埼玉県秩父産、三重県鳥羽産もしくは愛媛県宇和島産の青色凝灰岩またはこれに準じるものとする。

（2）張り石に使用する青石の厚さは20mm程度のものとする。

（3）小端積みに用いる材料規格は特記とする。

d）丹波石

（1）丹波石は兵庫県丹波付近で産出される安山岩またはこれに準じるものとする。

（2）張り石に使用する丹波石の厚さは 20mm 程度のものとする。

（3）小端積みに用いる材料規格は特記とする。

e）大谷石

栃木県宇都宮産で良質のものとする。

f）割石

「JIS A 5003 石材」の規格により、材質は花崗岩または安山岩とする。

g）雑割石

花崗岩または安山岩とし、材料規格は特記とする。

8-3 床張り石

i）モルタル

a）敷きモルタルはセメント１：砂３を標準にし、敷き厚は図面及び特記によるが、特記のない場合は 20 ～ 25mm とする。

b）化粧目地モルタルはセメント１：砂２を標準とする。

ii）工法

a）割付図に従い、石材に加工を加えながら石相互のなじみや高さ、目地を揃えて仕上げる。

b）敷きモルタルの上に加工した石材を置き、木槌などで石を叩き、石裏全面にモルタルが行き渡るようにする。

c）乱形張りの場合は、端部より割付けして施工し、順次中央部を施工する。

d）石張り完了後、化粧目地モルタルを目地に入れ、目地ゴテで仕上げる。化粧目地は幅 10mm 前後、深さ 5mm 前後とする。

9 タイル工事

9-1 適用範囲

タイルを用いた舗装仕上げは様々な形状の外部床用タイルを用い、コンクリート床打設を下地にモルタルで張り付ける湿式施工となる。タイルの大きさや使用部位によって、推奨される施工方法が異なってくる。

9-2 一般事項

i）下地ごしらえ

a）下地ごしらえは「7-4 モルタル塗り」によるほか、表 11 による。

表 11　タイル張り下地面の工程

仕上げ工法	下地こすり	下塗り	中塗り	下地面の仕上げ
圧着張り	○	○	○	木ゴテ

b）異種構造の取合い部または構造上の要所には、伸縮目地を設ける。なお、目地幅及び目地内の充填材料は特記による。

c）伸縮目地は、下塗りモルタルから構造体と縁を切って設ける。

d）タイルは必要に応じてタイルごしらえ及び適度の水湿しをする。特に、吸水性の大きい陶器質タイルの場合は、水中に浸漬（しんし）させて水湿しを行う。

ii）目地

a）目地詰めはタイル張付け後、24 時間以上経過してから行う。必要がある場合は目詰めに先立ち、目地全体の水湿しを行う。

b) 外装タイルの目地詰めは原則として2回に分けて行う。ただし、目地の形状は適当な沈み目地とし、平目地としてはいけない。

iii) 保護・清掃

a) 直射日光や風雨、凍結などによる被害のおそれ、あるいは他工事との関連による損傷のおそれのある場合は、適切な措置を講じる。

b) 工事完了後タイルを水洗いし、汚点が残らないように清掃する。やむを得ず清掃に酸類を用いる場合は、タイル面を水湿しした後に30倍に希釈した工業用塩酸によって酸洗いを行う。酸洗い後、直ちに水洗いをして、目地部分などに酸分が残らないように注意する。

c) 酸洗いに際しては隣接する仕上げ材料の特性に注意し、特にアルミ、ステンレス、擬石などに酸類が掛からないように適切な保護をする。

9-3 材料

i) タイル

a) タイルは「JIS A 5209 セラミックタイル」に規定するJISマーク表示品及び同等品とする。

b) タイルの形状及び寸法、色合いなどは見本を施主に提出し、承認を受ける。

ii) モルタル

a) 混合セメントを使用したモルタルは混和剤を使用してはいけない。

表12　床タイル張りモルタルの標準調合（容積比）

下地モルタル	張付け材料
セメント1：砂3	セメントペーストまたはセメント1：砂2

b) 白セメントは「JIS R 5210 ポルトランドセメント」による。

c) 1時間以上練り置いたモルタルは使用してはいけない。

d) 目地用モルタルの調合は表13を標準とする。ただし、目地幅3mm以下の場合は砂を使用しない。

表13　目地用モルタルの調合（容積比）

タイルの種類	セメント	白セメント	砂	寒水粉末
床タイル張り	1	―	1.0～1.5	―

e) 張付けモルタルに用いる砂は、川砂、珪砂（けいしゃ）、もしくはこれに準ずるものとし、有害量のゴミ、有機不純物、塩分を含まないものとする。

9-4 外部床タイル張り

タイル張り床下地は、下地に付着したレイタンスなどの表面の汚れを取り除き、施工前に十分に水湿しを行う。タイル張りでは、モルタルを塗り付ける際に、下地に薄くこすりつけるように塗り付けて、下地面との密着を確保した後に、張り付けることがポイントになる。20cm角以下のタイルを張る場合は、最も一般的な圧着張りとし、20cm角を超えるタイルを張る場合は、圧着張り、改良圧着張りまたはセメントペースト張りとする。

i) モルタル塗り厚

舗装用タイル張りのモルタル塗り厚は表14を標準とする。

表14　張付けけモルタルの塗り厚

工法	下地モルタル厚（mm）	張付けモルタル厚（mm）
圧着張り	10～20	5～7
セメントペースト張り	30～50	2～5

ii) 床圧着張り

モルタル下地をこしらえた後、下地に張付けモルタルを塗り付け、直ちに張り付ける方法である。300角のタイルまで適用。モルタル塗厚5～7mmを1回$2m^2$以内とし、モルタルの混ぜ練りから完了までを60分以内とする。塗り置き時間は夏期20分、冬期40分とする。

a）広い面積の床面に対して効率の良い工法である。

b）下地はモルタルを木ゴテで押え、勾配や切物タイルなどを考慮した、精度の良い下地を作成する。

c）下地モルタルの厚みは 10 ～ 20mm とし、仕上り代は２～ 3mm+ タイル厚とする。

d）張付けモルタルが柔らかいうちに叩き押さえ、モルタルが裏面に広がるようにする。

e）各部位の納まり、勾配、割付け、伸縮目地などの確認をする。

iii）セメントペースト張り

コンクリート面にモルタルを敷き均した後、セメントペーストを流してタイルを置き、ゴムトンなどで叩き押さえながら張り付ける方法である。薄いタイルの施工には向かない。

a）小面積の床面に適し、高い精度が得られる工法である。

b）下地は硬練りモルタル（バサモルタル）を木ゴテで均し、タイル張り面をつくる。

c）下地モルタルの厚みは 30 ～ 50mm とし、セメントペースト厚は２～ 5mm とする。

d）タイル仕上がり面を基準に水糸を出す。コンクリート表面を清掃し、水打ちをする。

e）敷きモルタル硬化後は、圧着張りとなる。

f）仕上げ目地の予備直角を出すために３～ 4m ごとに基準張りをする。

g）タイルは 300 角までを適用範囲とする。

10 インターロッキングブロック工事

参考・引用文献：『インターロッキングブロック舗装設計施工要領』インターロッキングブロック舗装技術協会、2007 年
本項目における表の出典は全て同書より

10-1 適用範囲

インターロッキングブロックは、高振動加圧即時脱型方式により製造した舗装用コンクリートブロックである。ゼロスランプのコンクリートを型枠に供給し、強力な振動で締め固め即時脱型することにより製造される。

10-2 一般事項

i）材料

インターロッキングブロック舗装に使用する材料には、インターロッキングブロック、敷砂、目地砂、上層路盤材料、下層路盤材料、不織布及びその他の材料がある。

a）インターロッキングブロックは舗装の表層に使用され、ブロックの種類、形状、寸法、敷設パターン、色調及び表面テクスチャーを選ぶことにより、舗装の耐久性、安全性、快適性及び景観性を改善することができ、歩道から車道まで幅広い舗装に適用される。

b）敷砂はブックの下層に使用される材料で、ブロックに作用する荷重を路盤に均一に伝達する機能を有し、川砂、山砂、海砂などが使用される。

c）目地砂はブロック間の目地に充填される材料で、ブロック間に一定の目地幅を確保するとともに、ブロック相互のかみ合わせ効果を発揮させることにより舗装として機能させる役目を持ち、細目の砂が用いられる。

d）上層路盤は敷砂を介してブロックに働く荷重を受け、さらに荷重を分散させて下層路盤に伝える機能を有し、一般に粒度調整砕石や再生骨材、粒度調整スラグなどの粒状材料、セメントやアスファルトなどの安定処理材料が使用される。

e）下層路盤は上層路盤からの荷重を分散させて路床に伝える機能を有し、一般にクラッシャーランや再生骨材などの粒状材料が使用される。

ii）形状及び寸法

インターロッキングブロックは形状及び寸法により様々に分類される。

a）平面形状には長方形、正方形、六角形などがある。

b）辺の形状には、波形型、ストレート型などがある。波形型は側面積が大きくなるので、荷重伝達率が高く、車道に用いる。

c）厚さは 60mm と 80mm を標準とする。ただし、重交通用に厚さ 100mm、120mm もある。

表 15　主に製造されているインターロッキングブロックの形状及び寸法

タイプ	厚さ（mm）	形状		寸法（mm）
セグメンタル	60・80	長方形	波形型	109.5 × 222、111 × 225、117 × 237
			ストレート型	98 × 198、148 × 198、148 × 248、148 × 298、198 × 298
		正方形	波形型	222 × 222、225 × 225、237 × 237
			ストレート型	98 × 98、148 × 148、198 × 198、298 × 298
フラッグ	60	長方形	ストレート型	298 × 448、298 × 498
	80	長方形	ストレート型	298 × 598、398 × 598
		正方形	ストレート型	398 × 398、448 × 448、498 × 498

iii）インターロッキングブロックの品質規格

インターロッキングブロックの品質は表 16 に示す品質規格に合格しなければならない。

表 16　インターロッキングブロックの品質規格

種類	項目	車道 駐車場（大型車主体） 歩道の車両乗入れ部（大型車主体） 消防車両乗入れ部	歩行者系道路 駐車場（乗用車主体） 歩道の車両乗入れ部（乗用車主体） ―
普通	寸法（幅、長さ）	± 2.5mm 以内	
	厚さ	± 2.5mm 以内	
	曲げ強度	5.0MPa 以上	3.0MPa 以上
透水性	寸法（幅、長さ）	± 2.5mm 以内	
	厚さ	− 1.0 〜＋ 4.0mm 以内	
	曲げ強度	5.0MPa 以上	3.0MPa 以上
	透水係数	1.0×10^{-2}cm/sec 以上	
保水性	寸法（幅、長さ）	± 2.5mm 以内	
	厚さ	± 2.5mm 以内	− 1.0 〜＋ 4.0mm 以内
	曲げ強度	5.0MPa 以上	3.0MPa 以上
	保水性	保水量 0.150g/cm^3 以上	
	吸水性	吸上げ高さ 70% 以上	

注 1：すべり抵抗値（BPN 値）は、歩行者系道路では 40 以上、その他は 60 以上とする。
注 2：ブロックの形状その他の理由により、曲げ強度試験ができない場合は、コアによる圧縮試験を行う。規格値は、曲げ強度 5.0MPa 以上のものは圧縮強度 32.0MPa 以上、曲げ強度 3.0MPa 以上のものは圧縮強度 17.0MPa 以上とする。

強度は曲げ強度を基本とするが、形状や寸法の関係で曲げ強度試験ができないものもあるため、これらについてはコアによる圧縮強度で規定している。インターロッキングブロックの曲げ強度は普通ブロックが5.0MPa以上、透水性ブロックが3.0MPa以上と規定している（「JIS A 5371 プレキャスト無筋コンクリート製品」の推奨仕様 B-3 インターロッキングブロック）。また、大型車が走行する箇所に用いる場合は 5.0MPa 以上、それ以外の歩行者や軽車両が利用する箇所に用いる場合は 3.0MPa 以上としている。なお、軽車両とは乗用車及び 39kN 以下の管理用車両の通行を指す。

iv）敷砂

敷砂層には、砂が使用される。敷砂は敷砂層としての機能を発揮するため、シルトや泥分が少なく、ゴミ、小石などを含まず、表 17 に示す品質規格に合格するものでなければならない。

表 17　敷砂の品質規格

交通量の区分	項目	規格値
歩行者系道路 乗用車主体の駐車場	最大粒径	4.75mm 以下
	0.075mm ふるい通過量	5% 以下
	粗粒率（FM）	1.5 ～ 5.5

a）敷砂に要求される性能を以下に記す。

（1）均一に敷き均しができる。

（2）転圧が容易にできる。

（3）排水性がよい。

（4）凍上や凍結融解の影響を受けない。

（5）水の浸透により性能が大きく変化しない。

以上の性能を満たすため、敷砂は最大粒径が 4.75mm 以下で 0.075mm ふるい通過量が 5% 以下の砂を使用する。

b）敷砂に浸透した水が路盤上に溜まった場合には、敷砂の消失が生じるおそれがある。敷砂層から側溝への迅速な排水ができるように処置をすること。

c）敷砂層に空練りモルタルを使用した箇所では、不陸の発生が増える事例が多く報告されている。したがって、空練りモルタルを使用してはならない。

v）目地砂

目地砂はインターロッキングブロックの目地に充填されて、ブロック相互のかみ合わせ効果を発揮させるとともに、一定の目地幅を確保し、ブロックの角欠けを防止するものであり、表 18 に示す品質規格に合格しなければならない。

表 18　目地砂の品質規格

項目	規格値
最大粒径	2.36mm 以下
0.075mm ふるい通過量	10% 以下

a）インターロッキングブロックの標準目地幅は 3mm 程度に設定されており、そこに充填される目地砂には、以下の性能が要求される。

（1）乾燥砂で目地に充填が容易にできる。

（2）耐久性に富み、細粒化しにくい。

（3）シルトや泥分が少ない。

b）目地への充填性のよさから最大粒径 1.18mm 以下の乾燥硅砂を使う場合がある。

c）桝や付帯設備周りは雨水が溜まりやすいため、目地からの水を防止するために目地砂を固化する方法が用いられることがある。固化の方法は水化重合型のブタジェンやウレタンのプレポリマーなどの液体固化剤を散布、あるいは粒状材料に粉末バインダーをプレミックスした粉末目地材を目地に充填し、散水して固化させる方法がある。

vi）路盤材料

路盤材料には、現地近くで容易に入手できる材料を用いて、粒状路盤工法やセメント安定処理工法などにより施工される。路盤材料の品質規格を表 19 に示す。

表 19　路盤材料の品質規格

材料	規格値
クラッシャーラン、砂など	修正 CBR20%、PI6 以下

a）選択した路盤材料の修正 CBR や PI が路盤材料の品質規格に入らない場合は、補足材やセメントまたは石灰などを添加し、規格を満足するようにして活用を図るとよい。

b）再生路盤材料も有効利用を図るとよい。その使用にあたっては「舗装再生便覧」（日本道路協会）を参考にするとよい。

vii）不織布

不織布は雨水などによる敷砂の流失防止、路床土の細粒分の上昇防止、及び粒状路盤材料の細粒分の流失防止目的で使用される。

a）雨水などによる敷砂の流失を防止する目的で用いられる不織布は、敷砂層と路盤との間に敷設する。また、路床の細粒分の上昇や粒状路盤材料の細粒分の流失による路床の支持力の低下、及び浸透能力の阻害を防止するために用いられる不織布は、路盤と路床の間に敷設する。

b）不織布は、一般的に単位面積当たりの質量が 60g/m^2 以上で、引張り強さが 100N/5cm 以上の耐久性のあるものを使用することが望ましい。

10-3 施工

インターロッキングブロック舗装が十分な機能を発揮するためには、適切な構造設計のもとに、路床、路盤、排水、端部拘束及びブロック敷設などの施工が正しく行われることが必要である。

i）事前調査及び施工基盤の確認

a）事前調査

工事を安全、円滑かつ経済的に行うために、現場の状況、関連工事の進捗状況、全体工事計画などを十分に調査し、インターロッキングブロック舗装の施工に適した計画を立てる。

b）施工基盤の確認

路床、路盤、付帯設備などは、通常のアスファルト舗装やセメントコンクリート舗装の場合と同様に仕上げる。また横断勾配は、車道の場合は 2.0% とし、その他では適用場所に応じて 0.5 ～ 2.0% とする。

（1）路床は正しい仕上がり高さ、横断形状、縦断形状を持ち、かつ、インターロッキングブロック舗装の設計の際に計画した支持力を均一に有していなくてはならない。

（2）インターロッキングブロック舗装の路盤は、路床の場合よりもさらに高精度の仕上がり高さ、厚さ及び支持力と、それらの均一性が必要とされる。

（3）集水桝が所定の高さに設置されていない場合は、所定の高さまで削り取る。

（4）付帯設備の周囲の路盤の締め固めが不足している場合には、付帯設備の周囲を再度入念に締め固める。

（5）インターロッキングブロック舗装の横断勾配は表 20 に示すように、適用場所に応じて 0.5 ～ 2.0% が標準となる。勾配は、敷砂厚さで調整せず、路盤面で確保することを原則とする。

表 20　路面の標準横断勾配

区分	横断勾配（%）
歩道	1.5 ～ 2
自転車道、広場、駐車場	0.5 ～ 1

ii）インターロッキングブロックの敷設

a）敷設準備

敷砂やインターロッキングブロックの敷設に先立って、施工に必要な機械器具の点検整備を行い、計画通りに施工が行えるように敷設の準備を行う。

敷設準備は、施工に用いる機械や工具、材料置場や材料の搬入などを確認する。表 21 にインターロッキングブロック層の標準的な施工機械と工具を示す。

表 21　施工機械と工具

工程			施工機械及び工具	用途
インターロッキングブロック層	敷砂層	敷砂の レベル出し	巻尺、測量機器、水糸	丁張りの設置 仕上がり高の設定
		敷砂の 敷き均し	タイヤショベル、小型ローダ	敷砂の運搬 敷砂の小運搬
			アスファルトフィニッシャー	機械による敷砂の敷き均し (大規模工事に使用)
			均し板（90 × 25 × 2500mm） パイプ（鉄 ϕ 15 ～ 25mm、L=1.8 ～ 2.0m）	人力による敷砂の敷き均し
			タイヤローラ、プレートコンパクタ	敷砂の締め固め
	インターロッキングブロック	ブロックの 敷設	直角定規	ブロック敷設の直角だし 90°、45°張りの角度設定
			フォークリフト、カート	ブロックの運搬と小運搬
			ブロック敷設機（施工機械）	ブロックの運搬と敷設
		ブロックの カッティング	ブロックカッター	ブロックの標準切断
			ダイヤモンドカッター	ブロックの精密切断
		目地調整	あて木、ハンマー（木、ゴム、プラスチック）	ブロックの目地調整
		目地砂充填	一輪車	目地砂の小運搬
			デッキブラシ、ほうき	目地砂の充填
		ブロックの 締め固め	ブロックコンパクタ	ブロックの締め固め
			タイヤローラ	ブロック締め固め（大規模工事）
			振動ローラ（ゴム巻きタイヤ）	ブロック締め固め（大規模工事）
		清掃	デッキブラシ、ほうき	余分な目地砂の回収、清掃

b）端部拘束

荷重分散性能の確保と、交通荷重によるブロックの水平方向への移動によるインターロッキングブロック舗装の破損を防止する目的で、舗装端部にコンクリート構造物などによる端部拘束物を層路盤上に設置する。

歩道の端部拘束には、表 22 に示す寸法の地先境界ブロックや歩車道境界ブロックなどを用いる。芝生などとの境界は、プラスチックや金属製の端部保持材を使ってもよい。

表 22　端部拘束構造物の寸法

適用箇所	交通量		端部拘束の寸法（cm）	
			幅	厚さ
駐車場	駐車スペース	乗用車、小型貨物自動車	20	20
	入出庫口		20	20
歩行者系道路	歩行者、自転車、車椅子（注 1）		10	10
	39kN 以下の管理用車両		15	15
	車両乗入れ部	乗用車、小型貨物自動車	20	20
		大型車両	20 ～ 40	20 ～ 40

注 1：歩道などにおいては、芝生などとの境界はプラスチックや金属製の端部保持材を使ってもよい。
注 2：駐車場の大型車両利用においては、交通量に応じて普通道路の N_7 ～ N_5 を適用する。端部拘束の寸法は幅×厚さ（30 ～ 40cm）×（30 ～ 40cm）。

c）排水処理

（1）インターロッキングブロック舗装の表面排水や地下排水を円滑に行うため、排水処理を施す。

（2）排水処理が悪いとインターロッキングブロック舗装の耐久性に影響を及ぼす。敷砂層や路盤の排水処理が計画通りに施工されていることを確認する。敷砂層の排水が悪いと敷砂の支持力が失われ、ブロック層の不陸の原因となる。

d）レベル出し

（1）インターロッキングブロック舗装を所定の高さに仕上げるために、レベル出しを行う。

（2）インターロッキングブロック舗装の仕上がり高が、縁石や境界ブロックの天端より低い場合には、縁石や境界ブロックの側面に仕上がり高の墨出しを行う。墨出しができない場合には、丁張りを設置し、水糸を張ってブロックの仕上がり高さを設定する。

e）不織布の敷設

（1）敷砂の流失を防止するために、必要に応じて路盤上に不織布を敷設する。

（2）透水性舗装で透水性ブロックを用いる場合、あるいは、路盤に穴をあけて排水処理をする場合などは、雨水の浸透にともなって敷砂が路盤内に流失するおそれがあるため、路盤上（敷砂の下面）に不織布を敷設する。

（3）透水性舗装や保水性舗装のフィルター層にも砂の代わりに不織布を使うことができる。

（4）不織布を連続して敷設する場合の重ね幅は 10cm 程度とする。

f）敷砂層の施工

（1）敷砂は受け入れ時にその品質や量を目視によって確認する。敷砂は必要な厚さで路盤上に敷き均し、均一な密度になるように締め固めて、所定の高さに仕上げる。

（2）敷砂の保管に際しては、ゴミや泥などの混入、雨水などによって砂の含水比が変化することを防ぐためにシートで覆うなどの処置を講じる。

（3）敷砂の敷き均しを行う前に路盤上の浮き石や小石などを取り除くとともに、路盤面に不陸や障害物がないことを確認しておく。

（4）舗装の勾配は必ず路盤面で取ることとし、敷砂の厚さで勾配を調整してはならない。

（5）敷砂は小型ローダや一輪車などで小運搬し、適当な間隔で路盤上に仮置きする。この場合、敷砂を 1 箇所に多量に仮置きせず、少量を分散して配置する。多量の仮置きは仕上がり後の砂の密度に差が生じ、不陸の原因となる。

（6）敷砂の仕上がり厚さに余盛り厚を加えた厚さで路盤上に敷き均す。その後、歩行者系の場合はこの時点での締め固めは一般的に行わないが、大版ブロックを使用する場合は、事前に敷砂を締め固めることがある。その場合、プレートコンパクタを使用する。

（7）敷砂は最適含水比付近の砂を選び、乾燥を防ぐため、敷き均しと締め固めを素早く行う。

（8）敷砂の敷き均し厚は、仕上がり厚に余盛り厚を加えた厚さ、歩道では 30 ± 5 ～ 10mm とする。砂の種類のよって余盛り厚は変わるので、あらかじめ試験を行って余盛り厚を決めるとよい。

（9）敷砂を締め固めた後、舗装面の設計基準高さからブロック厚さを引き、これに敷砂の余盛り厚を加えた高さを基準にして水糸を張り、敷砂の仕上げ高さを決める。ブロック層の締め固めによって圧密されて沈下する 2 ～ 3mm 程度を見込みむとよい。

g）敷設

（1）インターロッキングブロックは平面設計に基づく割付図にしたがって敷設する。

（2）割付図を基に、ブロックを敷設し始める基準点を設置する。この基準点はできるだけ長い直線で設置されている縁石などの 1 点が望ましい。

（3）基準線は、基準点を通り直交する 2 本の基準線を水糸で設定する。なお、基準線の設定にはできるだけ大きい直角定規を用いる。

（4）ブロックの施工は、一方向から敷設して舗装を完成させるのが一般的である。

（5）人力によりブロックを敷設する場合は、ブロックをいったん既設ブロックに強く押し付けてから垂直に下ろす。この際、既設の最前列のブロックに足を乗せてはならない。

（6）施工面積が広く、複数の色調のブロックを使用しないなど、機械化施工の条件が整っている場合には、ブロック敷設機を用いることによって施工の効率化が図れる。

(7) ブロック敷設機には数種類の機種があるが、各々の施工能力は概ね 300 ～ 600㎡/ 日（オペレーター１人、補助２人）である。

(8) ブロック敷設機がクランプでブロックを掴んで一度に敷設できる１ユニットの面積は概ね 1m^2（ブロック数 40 ～ 50 個）である。

(9) 現状の機械化施工はブロックの敷設だけで、端部処理や路面表示、および敷設パターンに応じたブロックの組み替えなどは人力に頼ることになる。

(10) 路面高さが大きく変化する切り下げ部分などのような箇所では、敷砂を緩やかな曲線になるように仕上げ、ブロックを変化点の手前から滑らかな曲線になるようにすり付ける。

h) 目地調整

(1) 目地調整では目地ラインや目地幅の調整を行い、所定の目地幅でブロック相互を十分にかみ合わせることにより、荷重分散性能の向上と美観の改善を図る。

(2) 目地調整では、目地ラインに沿って水糸を張り、水糸からはみ出したブロックを木ハンマーやバールなどで目地通りを確保するとともに、ブロック舗装面全体の目地幅が均一になるように調整する。

(3) 目地通りの修正方法は、縦横に直交する水糸を張り、これを基準として、水糸からはみ出したブロックにあて木をあて、木ハンマーで叩いて押し戻す。また、水糸から引っ込んだブロックは、バールやドライバーなどで移動させて修正する。

i) 端部処理

(1) 舗装端部の処理は美観だけでなく、インターロッキングブロック舗装の供用性能に及ぼす影響が大きいため、正確に行う。

(2) 端部の処理は、エンドブロックまたは正確にカッティング処理をしたカットブロックを使用することを基本とする。

(3) エンドブロックやカットブロックを使用しない場合には、現場打ちコンクリートによる端部処理を行う。

(4) フラッグタイプなどの大版サイズのブロックのカットには、原則としてダイヤモンドカッターを使用する。

(5) セグメンタルタイプのブロックでは、カットブロックを用いる場合の最小幅は、ブロックの長辺および短辺の寸法に対して、各々 1/2 以上とする。

(6) マンホール周りの処理にはカットブロックによる処理、現場打ちコンクリートや樹脂系モルタルによる処理、リング状ブロックによる処理などがあり、平面設計の割付けにしたがって施工する。

(7) 端部の処理を行う場合には目地幅が過大とならないように十分注意し、縁石やマンホール、端部拘束物や他の舗装材料との境界部分も所定の目地幅でブロックを納めることが必要である。

j) インターロッキングブロック層の締め固め

(1) ブロック層の締め固めは舗装面の不陸整正と敷砂の締め固めだけでなく、目地砂をブロック表面まで充填させてインターロッキングブロック舗装の機能を十分に発揮させることを目的に行う。

(2) 車道の場合、ブロック層の締め固めは１次締め固めと２次締め固めを行う。

(3) １次締め固めは主に舗装面の平坦性を得るために行い、目地詰めを行った後に２次締め固めを行って、ブロック表面まで目地砂を充填させる。

(4) 振動ローラによる締め固めを行う場合には、ブロックの破損が生じないように注意する。

(5) 歩道の場合は、インターロッキングブロック専用のコンパクタを用いる。また、歩道の場合は通常２次締め固めを行わない。

k）目地詰め

（1）目地砂の受け入れ時に品質やその量を目視により確認する。

（2）目地砂の充填が不十分であるとブロックの移動や局部沈下などを誘発し、インターロッキングブロック舗装の破損を発生させる原因となるので、目地詰めは入念に行わなければならない。

（3）目地砂の品質はインターロッキングブロック舗装の供用性に及ぼす影響が大きいため、受け入れの際には目視により品質を確認する。

（4）目地砂が濡れていると十分に目地に充填されないため、乾燥した目地砂を使用する。また目地砂の保管に際してはシートなどで覆うなどの処置を講じる。

（5）ブロックが濡れていると目地砂が十分に充填されないため、ブロックが乾燥していることを確認のうえ、目地詰めを行う。

（6）敷砂の乾燥とブロックの雨水による濡れを防止するために、敷砂の敷き均しから目地詰めまでの工程は一連の施工で行うとよい。

（7）目地詰めは以下の手順で行い、目地砂がブロック表面まで十分に充填されるまで繰り返し行う。

①ブロックの表面に砂を均一にまく。

②ほうき、またはデッキブラシなどでブロック表面を掃くようにして砂を目地にすり込む。

③目地詰めは、コンパクタの振動を併用すると効果的である。

④ブロック表面に残った砂は、きれいに取り除く。

l）接合部の処理

（1）接合部の処理は、隣接する既設舗装とインターロッキングブロック舗装とのなじみをよくし、車両の振動緩和や歩行性の向上などを図るために行う。

（2）既設のアスファルト舗装との接合部は、現場打ちコンクリートやプレキャストコンクリート製品ブロックなどの端部拘束物を用いてブロックの移動を抑える。端部拘束物とブロックの間を平坦に仕上げ、車両の走行や歩行の障害にならないよう施工する。

（3）端部拘束物との境界付近は、水が溜まりインターロッキングブロック舗装の破損の原因となりやすいため、ブロックと端部拘束物の間に成型目地材を入れて水の侵入を抑えるとともに、敷砂層からの排水処置を講じるとよい。

m）その他の施工上の留意点

（1）インターロッキングブロック舗装の供用性能を長期間にわたって維持するためには付帯設備、縁石、マンホール周り、出隅・入隅などの施工や敷砂層の排水処理などが重要なポイントとなるため、入念に施工することが必要である。

（2）付帯設備、縁石周りでは、路床、路盤の締め固め不足や敷砂厚の過大などによる局部沈下が発生しやすいため、以下の点に注意して施工する。

①付帯設備や縁石は、設計図書に指定された仕上がり高さに仕上げる。

②付帯設備周りの路盤は締め固め不足となりやすいため、入念に締め固めを行う。また、必要に応じて注入材の使用なども検討する。

③付帯設備周りの埋戻しには良質な材料を使用し、十分に締め固める。

（3）付帯設備周りの排水処理

①マンホール周りは十分に締め固めることが難しく、沈下が生じやすいため、良質の埋戻し材を使用し、入念に締め固めを行うなど、丁寧な施工が必要である。

②付帯設備周りは雨水が溜まりやすいため、目地からの浸透水を防ぐ目的で、付帯設備周り約 0.5m の範囲の目地を固化目地材によって固化する場合がある。この方法は、フラッグ

タイプなどの大版サイズのブロックに有効である。

③目地砂の固化方法は、主に以下の２工法に分類される。

- 液体固化剤による方法：目地砂を目地に充填した後、ブロック表面にブタジェンやウレタンのプレポリマーなどの液体固化剤を散布してゴムレーキなどで目地にすり込み、目地砂を固化させる工法である。
- 固化目地材による方法：砂などの粒状材料に粉末バインダーをプレミックスした目地用材料をほうきなどで目地に充填した後、水を撒布して固化させる工法である。

n）出隅・入隅の施工

敷設パターンにより、出隅・入隅の納まりにエンドブロックを使用できる場合とカットブロックを使用しなければならない場合がある。カットブロックを用いる場合は、カットブロックの最小幅が1/2 以上となるよう、一部の敷設パターンを変えることにより、小さなカットブロックが生じないように工夫する。

11 アスファルト舗装工事

参考文献：『土木工事共通仕様書』国土交通省、日本アスファルト協会 HP「入門講座」

11-1 適用範囲

歩行者、自転車の交通に供する歩道、自転車道あるいは歩行者や自転車以外に、最大積載量 4t 以下の管理用車両や限定された一般車両の通行する歩行者系のアスファルト舗装に関する一般的事項を取扱うものとする。

11-2 アスファルト舗装の構成

アスファルト舗装とは、一般に、表層・基層・路盤からなり、路床上に構築される。通常、表層・基層にアスファルト混合物が用いられる。路盤上に直接厚さ 30 ～ 40mm の表層を設けたものを簡易舗装といい、厚さ 25mm 以下の表層を施したものを表面処理という。

a）表層はアスファルト舗装において最上部にある層のこと。

b）表層の役割は交通荷重を分散し、交通の安全性、快適性など、路面の機能を確保すること。

c）基層は路盤の上にあって、路盤の不陸を整正し、表層に加わる荷重を均一に路盤に伝達する役割をもつ層のこと。

d）路盤は路床の上に設けられ、表層及び基層に均一な支持基盤を与えるとともに、上層から伝えられた交通荷重を分散して路床に伝える役割を果たす層のこと。

e）路床は舗装を支持している地盤のうち、舗装の下面から約 1m の部分のこと。路床の下部を路体という。

アスファルト舗装の構成

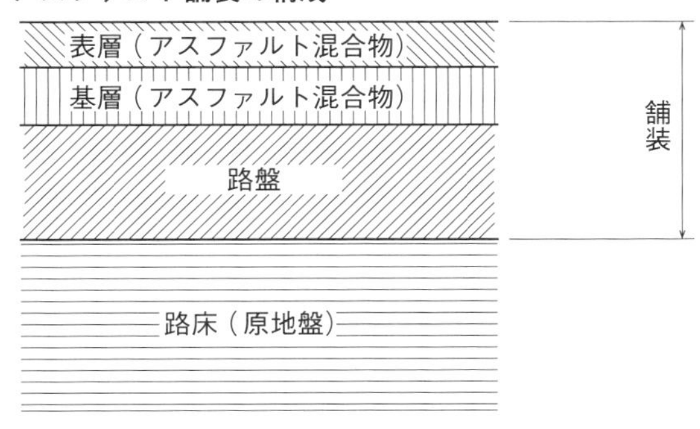

11-3 材料

a）使用する骨材の種類及び最大粒径は、図面及び特記仕様書の定めによるものとする。

b）アスファルト混合物は粗骨材、細骨材、フィラー及びアスファルトを所定の割合で混合した材料。

c）粗骨材及び細骨材は、十分な硬度及び耐久性を有し、ゴミ、泥、有機物などの有害物を含んでいないものとする。

d）粗骨材は 2.36mm ふるいにとどまる骨材を用いる。細骨材は 2.36mm ふるいを通過して 0.075mm ふるいに止まる骨材を用いる。

e）フィラーは、0.075mm ふるいを通過する鉱物質粉末で、一般的に石灰岩を粉末にした石粉を用いる。

f）フィラーは石灰岩、火成岩などを粉砕したもので、十分乾燥し、固まりもなく 200℃ に熱しても変質しないものとする。

g）フィラーに含まれる水分は 1 % 以下とする。

11-4 アスファルトプラント

a）アスファルトプラントは、特記仕様書に定める混合物を製造できるものとする。

b）施工に先立ちアスファルトプラントの位置、設備内容及び性能について工事担当責任者の承諾を得るものとする。

11-5 混合及び運搬

a）施工に先立ちミキサー排出時の混合物の基準温度について工事担当責任者の承諾を得るものとする。また、混合物の温度は、基準温度± 25℃の範囲とし、かつ、185℃を超えないものとする。

b）清浄、平滑な荷台を有するトラックで混合物を運搬するものとする。

11-6 舗設

アスファルト舗装の表層・基層は、アスファルト混合所において適切な温度管理及び品質管理のもとで製造された加熱アスファルト混合物を用いて層を形成する。

アスファルト混合物の敷き均し方法には、人力施工と機械施工があり、これらの選択は工事規模、工種などによって決める。

ダンプトラックで運搬されたアスファルト混合物をアスファルトフィニッシャに供給し、所定の仕上がり幅、厚さが得られるように敷き均す。敷き均し時のアスファルト混合物の温度は、一般に110℃を下回らないようにし、平坦性を確保するためにアスファルトフィニッシャをできるだけ一定速度で連続運転する。

アスファルト混合物の敷き均し後、一般にロードローラやタイヤローラなどの転圧機械により、所定の密度が得られるまで締め固め、所定の形状に平坦に仕上げる。締め固め作業は、継目転圧、初期転圧、2 次転圧及び仕上げ転圧の順で行う。

i ）舗設準備

a）アスファルトコンクリートの舗設に先立ち、路盤面及び基層面の浮き石、ゴミ、土などの有害物を除去するものとする。

b）路盤面及び基層面が雨、雪などで濡れている場合は、乾燥をまって作業を開始するものとする。

ii ）プライムコート及びタックコート

a）プライムコート及びタックコートに使用する石油アスファルト乳剤は、「JIS K 2208 石油アスファルト乳剤」に適合するもので、プライムコートは PK-3、タックコートは PK-4 とし、使用量は特記仕様書の定めによるものとする。

b）プライムコート及びタックコートは、日平均気温が 5℃以下の場合は施工しないものとする。ただし、やむを得ず気温 5℃以下で施工する場合、事前に工事担当責任者の承諾を得るものとする。

c）作業中に降雨が発生した場合には、ただちに作業を中止するものとする。

d）歴青材料の散布は、乳剤温度を管理し、特記仕様書に定める量を均一に散布するものとする。
e）タックコート面を上層のアスファルト混合物を舗設するまでの間、良好な状態に維持するものとする。

iii）敷均し

a）敷均しは、フィニッシャによるものとする。なお、その他の方法による場合は、事前に工事担当責任者の承諾を得るものとする。
b）敷均しは、下層の表面が湿っていない時に施工するものとする。なお、作業中に降雨が生じた場合には、敷均した部分をすみやかに締め固め仕上げて、作業を中止するものとする。
c）敷均しは、日平均気温が 5℃以下の場合施工しないものとする。ただし、やむを得ず気温 5℃以下で舗設する場合は、事前に工事担当責任者の承諾を得るものとする。

iv）締め固め及び継目の施工

a）混合物は、敷均し後、ローラによって特記仕様書に定める締め固め度が得られるよう十分に締め固めるものとする。また、ローラによる締め固めが不可能な箇所は、タンパなどで十分に締め固めて仕上げるものとする。
b）横継目、縦継目及び構造物との接触部は、十分締め固め、密着させ平坦に仕上げるものとする。

第2章

床舗装・縁取り・土留めにおける
共通数量算出と歩掛り

本章では床舗装工事に関わる共通的な工事として、仮設から舗装工事までの各工事の施工規準に基づいた数量の算出規準と歩掛りを取り上げる。また、舗装工事の基礎部分の数量の拾い方について、その数量計算例を示す。

1 水盛遣方

i ）数量の算出と単位

a）舗装工事の遣方は土間、その他工作物に設け、その延べ面積に要する材料、人工により算出する。

b）水盛遣方の単位は m^2 とする。

ii ）細目及び歩掛り

水盛遣方　　m^2 当り（1 号表）

細目	内容	歩掛り	単位	単価	金額
造園工	世話役	0.01	人		
普通作業員		0.01	人		
雑品	水杭・水貫・釘・水糸・縄など	人工の 5%	%		
経費					
計					

2 清掃片付け

i ）数量の算出と単位

a）水盛遣方面積を計上する。

b）工事期間中の清掃を含む最終片付けとして算出し、発生材の積込み、清掃まで含んだものとする。

c）単位は m^2 とする。

ii ）細目及び歩掛り

清掃片付け　　m^2 当り（2 号表）

細目	内容	歩掛り	単位	損料	単価	金額
消耗品	箒、ジョレンなどの損料	100	式	50%		
普通作業員	清掃作業	0.01	人			
経費						
計						

3 鋤取り

i ）数量の算出と単位

a）鋤取り面積にて算出する。

b）土量の算出にあたっては、鋤取り面積に鋤取り厚を乗じたものとする。

c）鋤取りは厚さ 30cm 未満とし、30cm 以上の場合は掘削として計上する。

d）普通土砂以外の土の場合及び深さ 0.3m 以上の場合は、別途計上とする。

e）鋤取りは人力を原則とする。機械掘削については特記とする。

f）単位は m^2 とする。

ii）細目及び歩掛り

鋤取り　　　　　　　　　　　　　　　　　　　　m^2 当り（3 号表）

細目	内容	歩掛り	単位	単価	金額
普通作業員	深さ 30cm 未満	0.1	人		
経費					
計					

4 埋戻し

i）数量の算出と単位

a）鋤取り土量から鋤取り部に施工されるコンクリート及び地業などの合計量を差し引いたもので算出する。

b）小運搬を必要とする場合は、別途計上とする。

c）単位は m^3 とする。

ii）細目及び歩掛り

埋戻し　　　　　　　　　　　　　　　　　　　　m^3 当り（4 号表）

細目	内容	歩掛り	単位	単価	金額
普通作業員	深さ 1.0m 内外	0.12	人		
経費					
計					

5 残土処分

残土処分には、場内、場外の区別があるが、現場の状況や残土捨場の状況により大きく相違するので、ここでは場内処分を示し、場外処分については参考として土砂の運搬を示す。

i）数量の算出と単位

a）鋤取り量から埋戻し土量を差し引いて算出する。

b）場外、場内搬出処分は、土量を区分して計上する。

c）土砂の機械運搬

（1）地山 $1m^3$ の土量を運搬する日数とする。

（2）運転距離は片道であり、往路と復路が異なる場合は平均距離とする。

（3）自動車専用道路を利用する場合は別途計上とする。

（4）運搬距離が、60km を超える場合は別途計上とする。

（5）人口集中地区での運搬とする。

d）単位は m^3 とする。

ii）細目及び歩掛り

1. 残土場内処分　　　　　　　　　　　　　　　　m^3 当り（5 号表）

細目	内容	歩掛り	単位	単価	金額
普通作業員	土工、深さ 1.0m まで	0.47	人		
経費					
計					

2. 残土場外処分／土砂の運搬［距離 0.3km 以下］　m^3 当り（6 号表）

細目	内容	歩掛り	単位	単価	金額
機械運転	機械運転手、2t 積ダンプトラック	0.054	日		
経費					
計					

3. 残土場外処分／土砂の運搬［距離 3.0km 以下］　m^3 当り（7 号表）

細目	内容	歩掛り	単位	単価	金額
機械運転	機械運転手、2t 積ダンプトラック	0.096	日		
経費					
計					

4. 残土場外処分／土砂の運搬［距離 7.0km 以下］　m^3 当り（8 号表）

細目	内容	歩掛り	単位	単価	金額
機械運転	機械運転手、2t 積ダンプトラック	0.156	日		
経費					
計					

6 砂利地業

i）数量の算出と単位

a）断面積に長さを掛けて算出する。

b）断面積は転圧後の仕上げ厚で算出し、その割増率は 17% とする。

c）単位は m^3 とする。

ii）細目及び歩掛り

砂利地業　m^3 当り（9 号表）

細目	内容	歩掛り	単位	単価	金額
砂利	砂利またはクラッシャーラン C-40	1.17	m^3		
土工	普通作業員敷き均し、突固めとも	0.2	人工		
経費					
計					

7 コンクリート

i）数量の算出と単位

a）積算にあたって、コンクリートは原則として、レディミクストコンクリートとする。

b）コンクリートは圧縮設計強度別に計上する。

c）打込み断面積に奥行きを掛けて、容積にて算出する。

d）コンクリート中の溝及びボルトホール、面取り、伸縮目地の間隔、内径 15cm 以下の管類または、これらに相当する排水孔やコンクリート中の鉄筋などはコンクリート量から控除しないものとする。

e）単位は m^3 とする。

ii）細目及び歩掛り

ここでは参考として、小規模で現場練りの場合の歩掛りをコンリート配合別に示す。

【注】コンクリート調合記号（セ）はセメント、（ス）は砂、（ジ）は砂利を表す。

1. コンクリート（現場練り　配合１：２：４）（セ：ス：ジ）　　m^3 当り（10 号表）

細目	内容	歩掛り	単位	単価	金額
セメント	普通ポルトランドセメント	330.0	kg		
砂利	径５～25mm	0.92	m^3		
砂	粗目	0.46	m^3		
普通作業員	小運搬、突固めとも	1.20	人工		
経費					
計					

2. コンクリート（現場練り　配合１：３：６）（セ：ス：ジ）　　m^3 当り（11 号表）

細目	内容	歩掛り	単位	単価	金額
セメント	普通ポルトランドセメント	230.0	kg		
砂利	径５～25mm	0.94	m^3		
砂	粗目	0.47	m^3		
普通作業員	小運搬、突固めとも	1.10	人工		
経費					
計					

8 コンクリート打設

i）数量の算出

a）レディミクストコンクリート（生コン）使用時のみ、打設手間を算出する。

b）通常は人力投入打設とし、養生材や養生手間も含むものとする。

c）コンクリートのロスに対する割増は材料の 7% を計上する。

d）建設機械による打設の場合は特記による。

e）単位は m^3 とする。

ii）細目及び歩掛り

1. レディミクストコンクリート打設手間　　m^3 当り（12 号表）

細目	内容	歩掛り	単位	単価	金額
コンクリート	$Fc=18N/mm^2$	1.07	m^3		
世話役	世話人（造園工）	0.01	人		
特殊作業員	打設手間	0.10	人		
普通作業員	手元工	0.10	人		
小器具	シュート、バイブレーターなど	人工の 3%	式		
経費					
計					

注）小運搬作業を必要とする場合は、普通作業員を 0.13 人加算。小運搬の範囲は場内及び場内への狭小導入路、高低差などの理由で生じるもの。

2. レディミクストコンクリート打設手間（ポンプ車使用の場合）　m^3 当り（13 号表）

細目	内容	歩掛り	単位	単価	金額
コンクリート	Fc=18N/mm^2	1.07	m^3		
世話役	世話人（造園工）	0.01	人工		
特殊作業員	打設手間	0.05	人		
普通作業員	手元工	0.05	人		
経費					
計					

注）ポンプ車は別途計上する

9 鉄筋加工組立

i ）数量の算出と単位

a）鉄筋は JIS 規格による。使用鉄筋の単位当たり重量に長さを掛けて、重量で算出する。

b）設計図には基準長さが示されており、実際の長さは示されていないので、必要に応じてフックや定着長さ、継手長さを計算し、その部分を加算した数量を算出する。

c）通常の場合、継手は 6m ごとにあるものとする。

d）鉄筋の切断ロスは 3% とする。

e）結束鉄線は、材料費の 0.5% を計上する。

f）単位は kg とする。ただし、溶接金網を使用する場合は m^2 とする。

ii ）細目及び歩掛り

1. 鉄筋加工組立　kg 当り（14 号表）

細目	内容	歩掛り	単位	単価	金額
鉄筋	D10	1.03	kg		
結束線	鉄筋の 0.5%	0.005	kg		
鉄筋工	加工、組立	0.0045	人		
普通作業員	手元工	0.002	人		
経費					
計					

2. 溶接金網組立　m^2 当り（15 号表）

細目	内容	歩掛り	単位	単価	金額
溶接金網	φ 50、150 × 150mm	1.15	m^2		
スペーサー	かぶり 60/70、モルタルスペーサ	1.00	個		
造園工		0.02	人		
普通作業員	手元工	0.01	人		
経費					
計					

10 型枠組払い

i ）型枠の選定

型枠は合板型枠（コンパネ）を標準とし、簡易型枠、A 種とし、その選定は以下による。

（1）簡易型枠：土間コンクリートなどの型枠。

（2）A 種　　：基礎などの型枠。

ⅱ）数量の算出と単位

ａ）コンクリートに接する実面積で算出し、施工目地や伸縮目地の面積も加算する。

ｂ）単位は m^2 とする。

ⅲ）細目及び歩掛り

1. 堰板組払い（簡易）　m^2 当り（16 号表）

細目	内容	歩掛り	単位	損料率	単価	金額
堰板	杉板材4.0m×110mm×15mm・特1など	1.70	枚	30%		
さん材	60 × 30mm	0.10	m^3	40%		
釘金物		0.20	kg			
造園工	加工組払い手間	0.06	人工			
普通作業員	手元工	0.03	人工			
経費						
計						

2.A 種型枠組払い　m^2 当り（17 号表）

細目	内容	歩掛り	単位	損料率	単価	金額
型枠用合板	900 × 1800mm 合板　t=12mm	1.70	枚	30%		
さん材	60 × 30mm	0.008	m^3	40%		
角材	100 × 100mm	0.20	m^3	20%		
釘金物		0.28	kg			
剥離剤		0.02	l			
型枠工		0.08	人			
普通作業員	手元工	0.04	人			
経費						
計						

11 煉瓦工事

煉瓦舗装は、路床の状態が乾燥、安定してから路床面に地業工事を行う。歩行専用に利用する舗装はクッション砂を用い、煉瓦を敷き並べるものとする。路床の状態が不安定な場合、あるいは乗用車の駐車空間床舗装の場合には、路床面に地業工事、コンクリート下地を用い、煉瓦据付けには空練りモルタルを用い、煉瓦を敷き並べるものとする。

煉瓦の並べ方には、煉瓦の平面を見せる並べ方と、側面の小端面を見せる並べ方がある。この並べ方の違いにより、表面の密度と同時に仕上げの厚さが異なる。ここでは、土工事及び地業、下地工事は除き、仕上げ部分についての積算をする。

ⅰ）数量の算出と単位

a）施工面積を算出し、目地込み面積とする。

b）材料のロス率は使用材料の 5.0% とし、使用材料に加算するものとする。

c）空練りの場合は、普通作業員の手間を 75% とする。

d）単位は m^2 とする。

ii) 細目及び歩掛り

1. 煉瓦平張り

m^2 当り (18 号表)

細目	内容	歩掛り	単位	単価	金額
煉瓦	普通煉瓦　210 × 100 × 60mm	44.0	枚		
モルタル	セメント 1：砂 3	0.032	m^3		
煉瓦工	敷き手間	0.1	人		
普通作業員	手元工	0.07	人		
経費					
計					

2. 煉瓦小端立て

m^2 当り (19 号表)

細目	内容	歩掛り	単位	単価	金額
煉瓦	普通煉瓦　210 × 100 × 60mm	15.0	枚		
砂	細目	0.004	m^3		
煉瓦工	敷き手間	0.072	人		
普通作業員	手元工	0.013	人		
経費					
計					

3. 煉瓦小端積み

m^2 当り (20 号表)

細目	内容	歩掛り	単位	単価	金額
煉瓦	普通煉瓦　210 × 100 × 60	68.0	枚		
モルタル	セメント 1：砂 3、空練り	0.032	m^3		
煉瓦工	敷き手間	0.23	人		
普通作業員	手元工	0.09	人		
経費					
計					

12 左官工事

左官仕上げの床舗装は、コンクリート下地を利用した舗装となる。左官工事は床舗装下地の上の仕上げ部分の積算とする。仕上げには、直接コンクリートを押える仕上げとモルタル塗り及び砂利の洗い出し仕上げを取りあげる。モルタル仕上げには金ゴテ押えと刷毛引き仕上げがある。モルタル配合別の積算を示すが、モルタル配合は使用用途により分けて用いる。

12-1 モルタル

i) 数量の算出と単位

a) 塗り面積に塗り厚を乗じて、容積にて算出する。

b) モルタルの配合別に計上する。

c) ロスによる増しは、材料代に見込むものとし、単価に含むものとする。

d) 単位は m^3 とする。

ii) 細目及び歩掛り

a) 歩掛表は材料ロス≒ 10% を考慮した数字とした。

b) 歩掛表は、材料小運搬及び練り合わせを含むものとした。

c) モルタル塗りの場合は、塗り手間を別途計上する。

d) 通常の養生費も含む。

1 モルタル（配合比 セメント１：砂１）　　m^3 当り（21 号表）

細目	内容	歩掛り	単位	単価	金額	備考
セメント	普通ポルトランド	1,023	kg			27.5 袋
砂	細目	0.83	m^3			
土工	普通作業員	1.5	人			
経費						
計						

2 モルタル（配合比 セメント１：砂２）　　m^3 当り（22 号表）

細目	内容	歩掛り	単位	単価	金額	備考
セメント	普通ポルトランド	693	kg			18.0 袋
砂	細目	1.045	m^3			
普通作業員	土工	1.3	人			
経費						
計						

3 モルタル（配合比 セメント１：砂３）　　m^3 当り（23 号表）

細目	内容	歩掛り	単位	単価	金額	備考
セメント	普通ポルトランド	583	kg			13.25 袋
砂	細目	1.155	m^3			
普通作業員	土工	1.1	人			
経費						
計						

12-2 床コンクリート直仕上げ

ｉ）数量の算出と単位

a）仕上げ実面積を算出する。

b）単位は m^2 とする。

ii）細目及び歩掛り

床コンクリート直仕上げ　　m^2 当り（24 号表）

細目	内容	歩掛り	単位	単価	金額
左官工	金ゴテ押え仕上げ、刷毛引き	0.04	人		
経費					
計					

12-3 床モルタル塗り仕上げ

ｉ）数量の算出と単位

a）モルタル塗り種別ごとに実面積を算出する。

b）単位は m^2 とする。

ii）細目及び歩掛り

1. 床モルタル金ゴテ押え　　m^2 当り（25 号表）

細目	内容	歩掛り	単位	単価	金額	備考
モルタル塗	セメント１：砂３	0.02	m^3			
左官工	金ゴテ押え仕上げ　塗回数１回	0.05	人			塗厚 20mm
普通作業員	手元	0.01	人			
経費						
計						

2. 床モルタル刷毛引き　　　　　　　　　　　　　　　　　　　　　m^2 当り（26 号表）

細目	内容	歩掛り	単位	単価	金額	備考
モルタル塗	セメント 1：砂 3	0.02	m^3			
左官工	刷毛引き　塗回数 1 回	0.04	人			塗厚 20mm
普通作業員	手元工	0.01	人			
経費						
計						

12-4 砂利洗い出し仕上げ

i ）数量の算出と単位

a）仕上げ実面積で算出し、目地込み面積とする。

b）単位は m^2 とする。

ii ）細目及び歩掛り

床砂利洗い出し仕上げ　　　　　　　　　　　　　　　　　　　　　m^2 当り (27 号表)

細目	内容	歩掛り	単位	単価	金額
セメント	普通ポルトランドセメント	7.3	kg		
砂		0.016	m^3		
白セメント	ドロマイトプラスター	8.5	kg		
顔料		0.2	kg		
種石	洗い砂利	12.3	kg		
左官工	塗り込み・洗い出し作業	0.23	人		
普通作業員	手元工	0.06	人		
経費					
計					

13 石工事

自然石板石張りの舗装は、堅固な下地の上に石材をモルタルにて張り付けるものとなる。張り方は石材により、乱形及び方形に分けられる。石材の厚みは 15 ～ 30mm 内外とし、材料のロス率は 8% とする。張付けモルタル及び目地モルタルは 1（セメント）：3（砂）を使用。目地幅は 10 ～ 15mm 内外とする。

この他に石材を用いた簡易な舗装に砂利舗装がある。この舗装は路床を地均して、砂利を敷き均すもの。この舗装は砂利の転圧を行わず敷き均すもので、砂利がやがて路床に沈み込み、舗装面の凹みに対して砂利を補充するという管理が必要になる。用いる砂利の材料により化粧砂利を用い、庭の場内舗装などにも用いられる。敷き厚は 50mm とする。

i ）数量の算出と単位

a）施工実面積で算出し、目地込み面積とする。

b）単位は m^2 とする。

ii ）細目及び歩掛り

1. 自然石乱形張り　　　　m^2 当り（28 号表）

細目	内容	歩掛り	単位	単価	金額
乱形板石	自然石　石厚 15 ～ 50mm	1.08	m^2		
モルタル	1：3、張付け・目地とも	0.025	m^3		
石工	張り手間	0.29	人		
普通作業員	手元工	0.17	人		
経費					
計					

2. 自然石方形張り　　　　m^2 当り（29 号表）

細目	内容	歩掛り	単位	単価	金額
方形板石	自然石　石厚 15 ～ 50mm	1.08	m^2		
モルタル	1：3、張付け・目地とも	0.025	m^3		
石工	張り手間	0.27	人		
普通作業員	手元工	0.15	人		
経費					
計					

3. 階段蹴上自然石小端積み　　　　m^2 当り（30 号表）

細目	内容	歩掛り	単位	単価	金額
方形板石	小端石300×75mm、石厚20～35mm	1.08	m^2		
モルタル	1：3、張付け・目地とも	0.025	m^3		
石工	張り手間	0.8	人		
普通作業員	手元工	0.6	人		
経費					
計					

4. 砂利敷き（敷き厚 50mm）　　　　m^2 当り（31 号表）

細目	内容	歩掛り	単位	単価	金額
砂利	径 5 ～ 25mm	0.06	m^2		
造園工	表面仕上げ均し	0.002	人		
普通作業員	手元工、敷き均し、小運搬	0.0015	人		
経費					
計					

14 タイル工事

タイル張りの舗装は、地業及び下地コンクリート工事を行った後、タイル張り施工に先立ち、下地の調整と平滑化のために下地モルタル塗りを行う。この工事は左官工事となる。タイルの張付け工事の張付けモルタルと張り付け、目地モルタルを含む仕上げ工事となる。床の張付けは圧着張りが一般的である。

i ）数量の算出と単位

a）タイルの種類別に設計寸法による実面積を算出し、目地込み面積とする。

b）役物タイルは施工実延長にて算出し、タイル張り面積から差し引くものとする。

c）単位は m^2 とする。

ii) 細目及び歩掛り

1. タイル張り　　　　m² 当り (32 号表)

細目	内容	歩掛り	単位	単価	金額
タイル	150 × 150 × 10 ～ 15mm	42.0	枚		
モルタル	セメント 1：砂 3、張付け	0.03	m^3		
目地モルタル	セメント 1：砂 1	0.002	m^3		
タイル工	張り手間	0.24	人		
普通作業員	手元工	0.03	人		
経費					
計					

2. 階段タイル張り　　　　m² 当り (33 号表)

細目	内容	歩掛り	単位	単価	金額
タイル	150 × 66 × 10 ～ 15mm	8.0	枚		
モルタル	セメント 1：砂 3、張付け	0.003	m^3		
目地モルタル	セメント 1：砂 1	0.0002	m^3		
石工	張り手間	0.09	人		
普通作業員	手元工	0.03	人		
経費					
計					

15 インターロッキングブロック工事

インターロッキングブロックは主に舗装材として用いられ、通常は厚さ 60mm と 80mm のものがある。歩行用床舗装には 60mm、乗用車の駐車空間床舗装には 80mm が用いられる。目地材は砂を標準とする。ここではコンクリート平板もこの項に入れることにした。

コンクリート平板には、表面を化粧仕上げしたものや透水性のものもある。300mm 角、400mm 角、300 × 600mm、450 × 600mm などの規格があり、厚さはいずれも 60mm となる。

下地はいずれもクッション砂で 3mm 目地を標準とする。

i) 数量の算出と単位

a) 施工実面積を算出し、目地込み面積とする。

b) 材料のロス率は 3% とする。

c) 単位は m² とする。ただし、階段蹴上げの場合は m とする。

ii) 細目及び歩掛り

1. インターロッキングブロック舗装　　　　m² 当り (34 号表)

細目	内容	歩掛り	単位	単価	金額
インターロッキングブロック	98 × 198 × 60mm	53.0	枚		
砂	粗目・最大粒径 4.75mm 以下	0.034	m^3		
目地砂	細目・最大粒径 2.36mm 以下	0.003	m^3		
ブロック工	据付け手間	0.1	人		
普通作業員	手元工	0.07	人		
経費					
計					

2インターロッキングブロック舗装（階段蹴上使用）　　m当り（35号表）

細目	内容	歩掛り	単位	単価	金額
インターロッキングブロック	113 × 228 × 60mm	9.0	枚		
モルタル	セメント1：砂3、空練り	0.005	m^3		
ブロック工	張り手間	0.02	人		
普通作業員	手元工	0.01	人		
経費					
計					

3. コンクリート平板舗装　　m^2 当り（36号表）

細目	内容	歩掛り	単位	単価	金額
平板	□300 × 60mm	12	枚		
砂	粗目・最大粒径4.75mm以下	0.034	m^3		
目地砂	細目・最大粒径2.36mm以下	0.002	m^3		
ブロック工	据付け手間	0.07	人		
普通作業員	手元工	0.04	人		
経費					
計					

16 アスファルト舗装工事

アスファルト舗装は、路床設計［CBR3］として考える。エクステリア工事のような工事規模が小さい場合あるいは機械施工が困難な場合は人力による施工とする。ここでも、下地の路盤工事を除くアスファルト仕上げ部分を取り上げる。透水性アスファルト舗装は、透水性が高く、雨上がりでも水溜まりのできにくい、空隙の多い開粒度アスファルト混合物を使用する。人力施工では舗装厚基準で50mm以下とする。また人力施工する時に用いる機械は振動ローラ（ハンドガイド式）、振動コンパクタを用いる。

i）数量の算出と単位

a）施工実面積を算出し、目地込み面積とする。

b）材料のロス率は7%とする。

c）アスファルト混合物の使用料は、設計面積×仕上がり厚×締め固め後密度×（1＋ロス率）とする。ロス率は10%とする。

d）アスファルト舗装人力施工使用機械は、振動ローラ（ハンドガイド式）、振動コンパクタとする。

e）単位は、舗装が m^2、運転が日とする。

ii）細目及び歩掛り

1. 密粒度アスファルトコンクリート舗装　　m^2 当り（37号表）

細目	内容	歩掛り	単位	単価	金額
アスファルト	密粒度アスコン・50mm	118.3	kg		
瀝青材	PK=4、タックコート	0.43	ℓ		
振動ローラ	ハンドガイド式、0.5～0.6t	0.04	日		
振動コンパクタ	漸進型、40～60kg	0.04	日		
特殊作業員		0.02	人		
普通作業員	手元工	0.07	人		
経費					
計					

2. 振動ローラ運転 日当り（38 号表）

細目	内容	歩掛り	単位	単価	金額
運転手	特殊	1.0	人		
燃料代	軽油	2.0	ℓ		
機械損料	振動ローラ（ハンドガイド式）	1.23	日		
経費					
計					

3. 振動コンパクタ運転 日当り（39 号表）

細目	内容	歩掛り	単位	単価	金額
運転手	特殊	1.0	人		
燃料代	ガソリン	3.0	ℓ		
機械損料	前進コンパクタ 40 ～ 60kg	1.40	日		
経費					
計					

4. 透水性アスファルトコンクリート舗装 m^2 当り（40 号表）

細目	内容	歩掛り	単位	単価	金額
アスファルト	開粒度アスコン・50mm	107.3	kg		
振動ローラ	ハンドガイド式、0.5 ～ 0.6t	0.05	日		
振動コンパクタ	漸進型・40 ～ 60kg	0.05	日		
特殊作業員		0.015	人		
普通作業員	手元工	0.02	人		
経費					
計					

5. 振動ローラ運転（透水性） 日当り（41 号表）

細目	内容	歩掛り	単位	単価	金額
運転手	特殊	1.0	人		
燃料代	軽油	3.0	ℓ		
機械損料	振動ローラ（ハンドガイド式）	1.44	日		
経費					
計					

6. 振動コンパクタ運転（透水性） 日当り（42 号表）

細目	内容	歩掛り	単位	単価	金額
運転手	特殊	1.0	人		
燃料代	ガソリン	4.0	ℓ		
機械損料	前進コンパクタ 40 ～ 60kg	1.40	日		
経費					
計					

第3章

床舗装・縁取りの標準図及び積算表

1 歩行用床舗装の標準図及び積算表

歩行用床とは、人が通行するときに用いられる通路、園路を指し、比較的簡易な歩行用通路といえる。しかし、荷重は小さいとはいえ、亀裂が生じたり、滑ったりつまずいたり、摩耗するような材料の舗装は問題である。したがって、安全で丈夫な通路とすることが望まれる。さらに、床コンクリートは、コンクリート面を直接仕上げるものと、モルタル塗りなどの舗装仕上げをするものや、床舗装材を基礎として利用するものがある。舗装材により、下地をコンクリートではなくサンドクッションを用いる弾性舗装もある。

歩行用床程度の簡易な舗装工事の積算は比較的簡単といえるが、舗装床を地面の高さ（GL）よりどの程度上げるか、あるいは、堰板や鋤取り端部など、現場の状況により異なってくる。そこでまず本項目では、右ページの図のように、歩行用床の鋤取り、堰板は片側だけとして積算した。

土工事の数量拾い出しについては、床舗装工事の場合、掘削深さが 30cm 未満の場合がほとんどと考えられるために、工事種別としては鋤取りの範囲とした。したがって、残土処分数量はわずかになり、ほぼ埋戻し工事は発生しないと考えるが、数量計算においては鋤取り面積に余裕をみるため、わずかに埋戻しが発生するとして例示した。さらに、鋤取り数量は 1 m^2 の範囲とするが、鋤取り土量は片端部の鋤取りを含むものとしている。

1-1 一般事項

a）数量計算表に用いた記号「A」は面積を表し、「V」は容積を表す。

b）代価表での残土処分は場外処分としたが、場外搬出か、場内処分かは現場状況により決めることにする。

c）砂利地業については、クラッシャーラン C-40 を用いることにする。

d）堰板は現場の状況により相違するが、ここでは片側の端部のコンクリート止めのみとして計算した。

e）コンクリートについては、原則レディーミクストコンクリートとし、Fc=18N/mm^2 の打設とした。

f）インターロッキングブロックや平板のような下地をコンクリート打ちしない舗装では、縁取りを設けた舗装となるが、鋤取り土量は片端部の縁石を含む範囲とし、舗装仕上げの面積は縁石を除いて計算した。

1-2 歩行用床舗装工事の土工事数量計算例

i ）鋤取り工事

鋤取りは前述の通り、掘削深さ 30cm 未満のものは鋤取りとして扱うことにし、鋤取り数量（面積）は 1.0m^2 とする。鋤取り土量の構成は、地業数量（Vc）＋コンクリート埋設部数量（Vd）＋端部鋤取り数量となる。

下図より、鋤取り土量（V_1）＝1/2(a＋b)×h×1

コンクリート打ち・直仕上げ

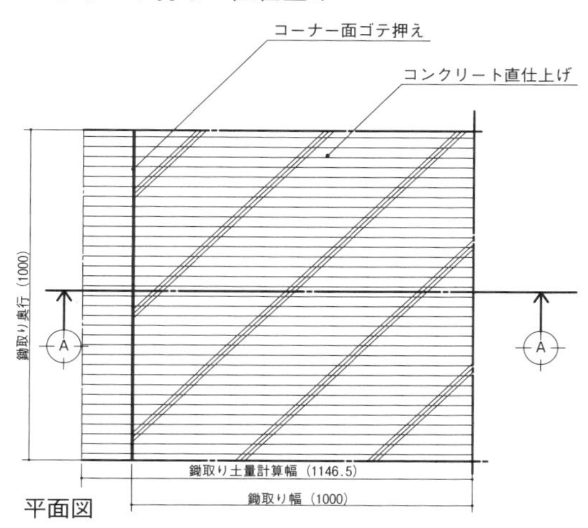

平面図

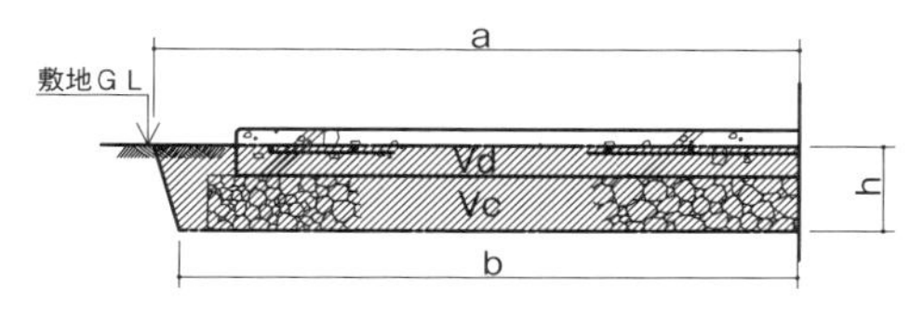

A－A断面図

ii ）埋戻し工事

通常、床舗装のような場合は鋤取った土を埋め戻すことはないが、端部の一部を堰枢作業余地とするために床実面積よりも多く鋤取りしたことで、埋戻しが発生する。

埋戻し数量（V_2）は、鋤取り土量（V_1）から地業数量（Vc)、コンクリート埋設部数量（Vd）の合計数量を引いた数量となる。

埋戻し数量（V_2)＝V_1 －(Vc ＋ Vd)

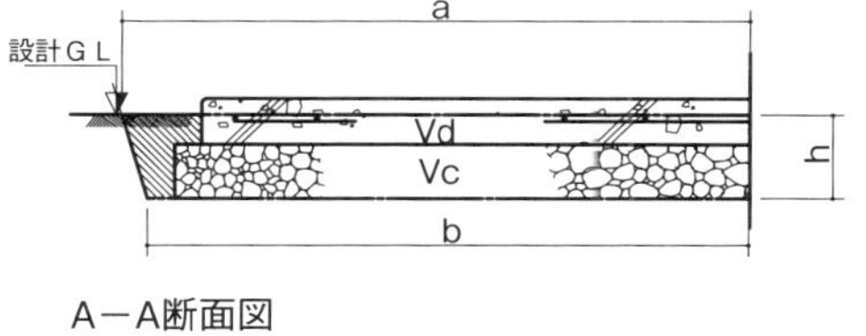

A－A断面図

iii ）残土処分工事

残土処分数量（V_3）は鋤取り土量（V_1）から埋戻し数量（V_2）を引いたものになる。

残土処分数量（V_3)＝ V_1 － V_2

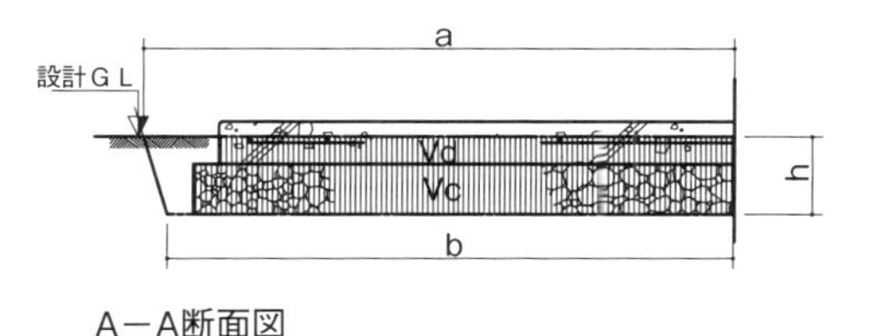

A－A断面図

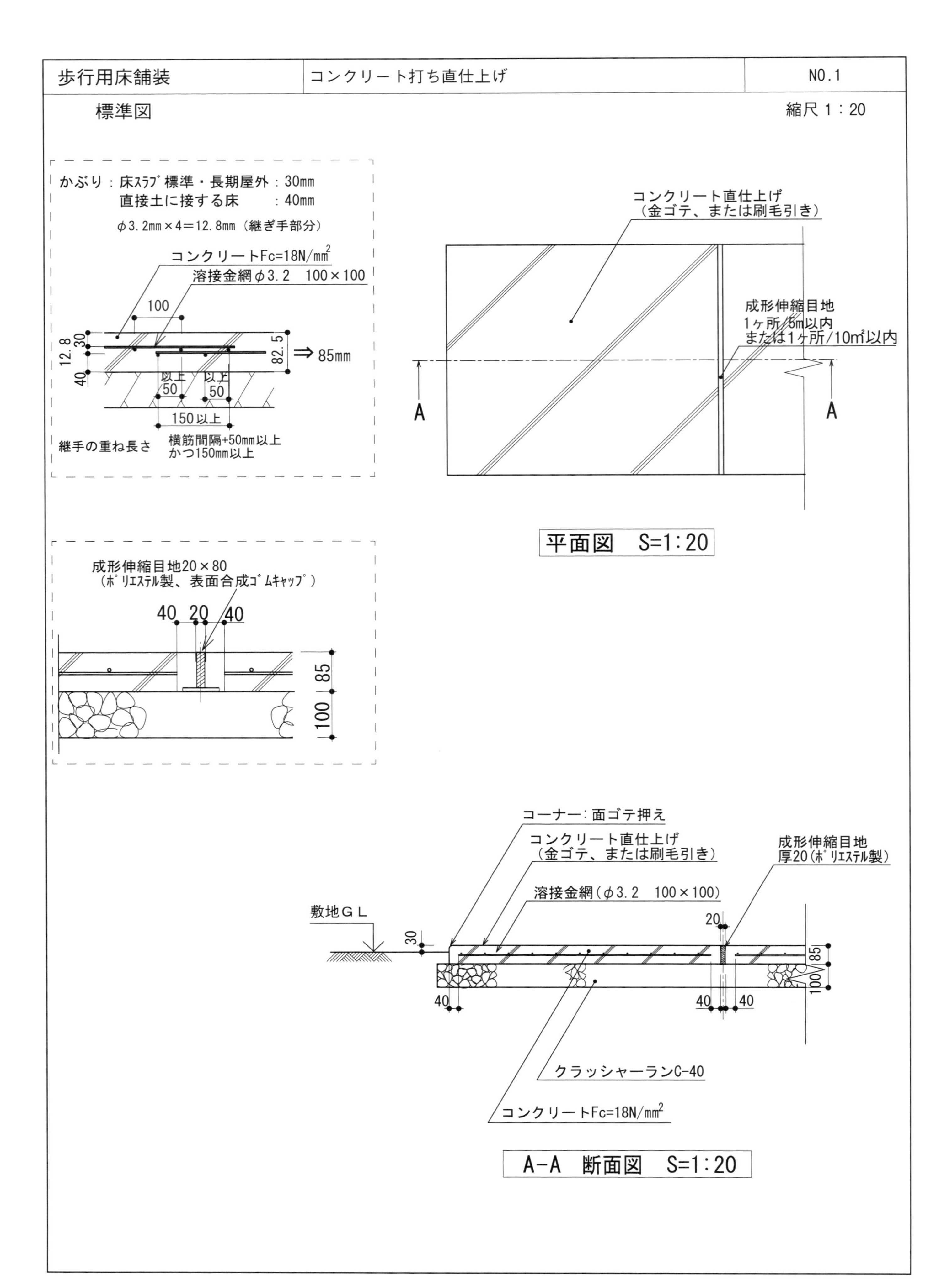
歩行用床舗装
コンクリート打ち直仕上げ
NO.1
標準図
縮尺 1：20
かぶり：床ｽﾗﾌﾞ標準・長期屋外：30mm
直接土に接する床：40mm
φ3.2mm×4＝12.8mm（継ぎ手部分）
コンクリートFc=18N/mm2
溶接金網φ3.2 100×100
100
12.8
30
40
82.5
⇒85mm
以上 50
以上 50
150以上
継手の重ね長さ
横筋間隔+50mm以上
かつ150mm以上
コンクリート直仕上げ
（金ゴテ、または刷毛引き）
成形伸縮目地
1ヶ所/5m以内
または1ヶ所/10m²以内
A
A
平面図 S=1:20
成形伸縮目地20×80
（ﾎﾟﾘｴｽﾃﾙ製、表面合成ｺﾞﾑｷｬｯﾌﾟ）
40 20 40
85
100
コーナー:面ゴテ押え
コンクリート直仕上げ
（金ゴテ、または刷毛引き）
成形伸縮目地
厚20（ﾎﾟﾘｴｽﾃﾙ製）
溶接金網（φ3.2 100×100）
敷地GL
30
20
85
100
40
40
40
クラッシャーランC-40
コンクリートFc=18N/mm2
A-A 断面図 S=1:20

歩行用床舗装	コンクリート打ち直仕上げ	NO.1

数量計算表・代価表

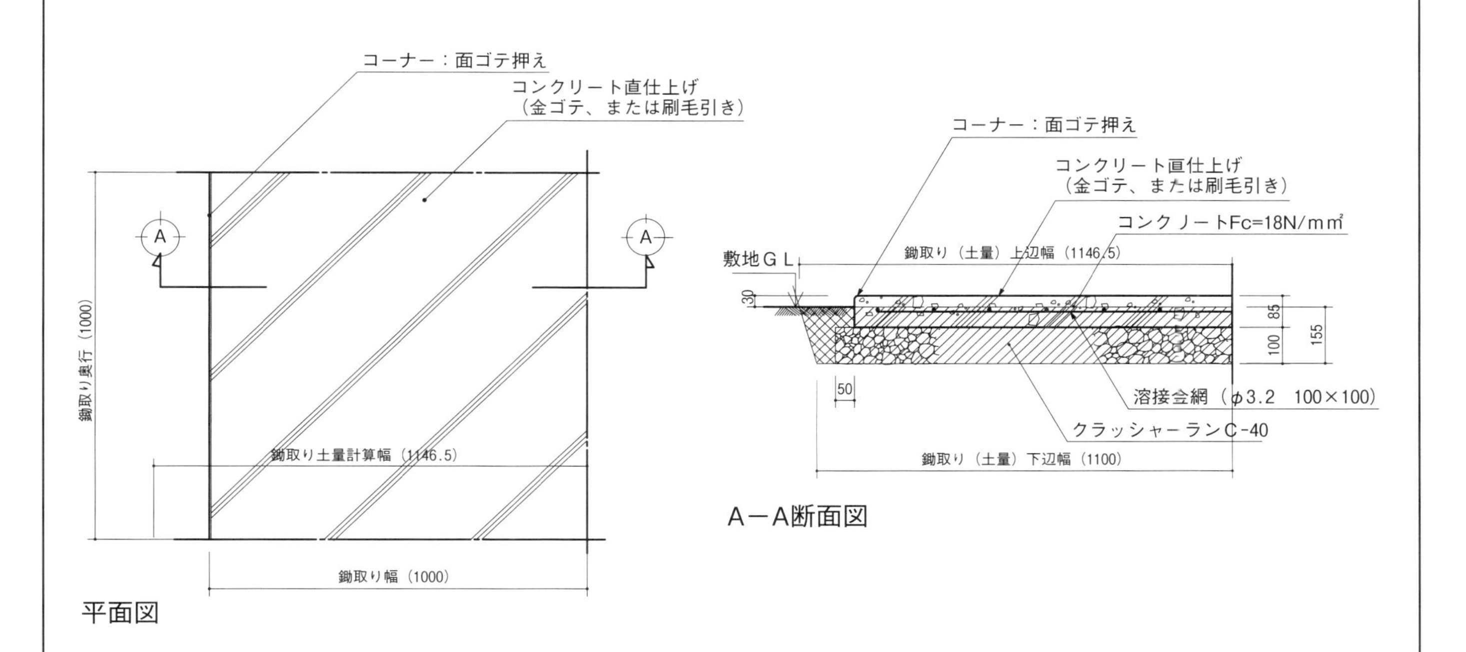

■数量計算表　　m² 当り

細　目	単位	計算式	計　算	計算結果
水盛遣方　(A_1)	m²	施工幅×施工奥行	A_1=1.0×1.0	1.0
鋤取り　(A_2)	m²	施工幅×施工奥行	A_2=1.0×1.0	1.0
鋤取り土量　(V_1)	m³	1/2(鋤取り上辺＋鋤取り下辺)×鋤取り深さ×施工奥行	V_1=1/2(1.1465＋1.1)×0.155×1.0	0.1741
埋戻し　(V_2)	m³	V_1－V_3	V_2=0.1741－0.16	0.0141
残土処分　(V_3)	m³	V_4＋コンクリート埋設部数量	V_3=0.105＋0.055×1.0×1.0	0.16
地業　(V_4)	m³	地業高×地業幅×施工奥行	V_4=0.1×1.05×1.0	0.105
堰板　(A_3)	m²	コンクリート厚×施工奥行	A_3=0.085×1.0	0.085
溶接金網　(A_4)	m²	施工幅×施工奥行	A_4=1.0×1.0	1.0
コンクリート打設 (V_5)	m³	コンクリート厚×施工幅×施工奥行	V_5=0.085×1.0×1.0	0.085
直仕上げ　(A_5)	m²	施工幅×施工奥行	A_5=1.0×1.0	1.0

注）鋤取りの代価表数量は１m² とするが、鋤取り土量は片端部を含むものとし、埋戻し数量等に関わるので算出しておく。
　　堰板は片側の端部コンクリート止めのみとして算出。

◆代価表　　m² 当り

細　目	内　容	数　量	単位	単　価	金　額	備　考
水盛遣方		1.0	m²			
鋤取り	人力	1.0	m²			
埋戻し	人力	0.0141	m³			
残土処分	場外処分・２t車、片道８kmまで	0.16	m³			
地業	クラッシャーラン C-40	0.105	m³			
堰板	杉板ァ９mm	0.085	m²			
溶接金網	φ3.2　100×100	1.0	m²			
コンクリート打設	Fc=18N/mm² 人力打設・小運搬共	0.085	m³			
直仕上げ	金ゴテまたは刷毛引き	1.0	m²			
清掃片付け		1.0	m²			
合　計						

歩行用床舗装	コンクリート打ち直仕上げ	NO.2

標準図

縮尺 1：20

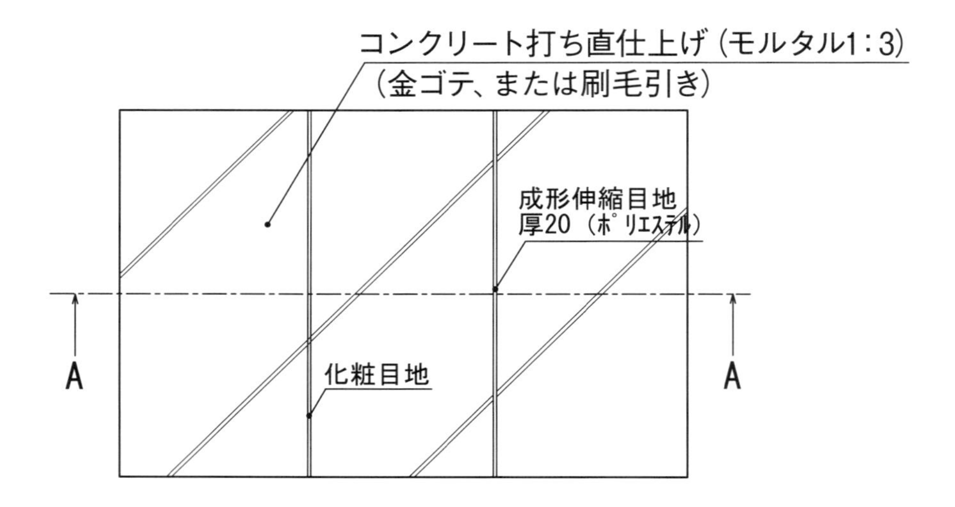

平面図　S=1：20

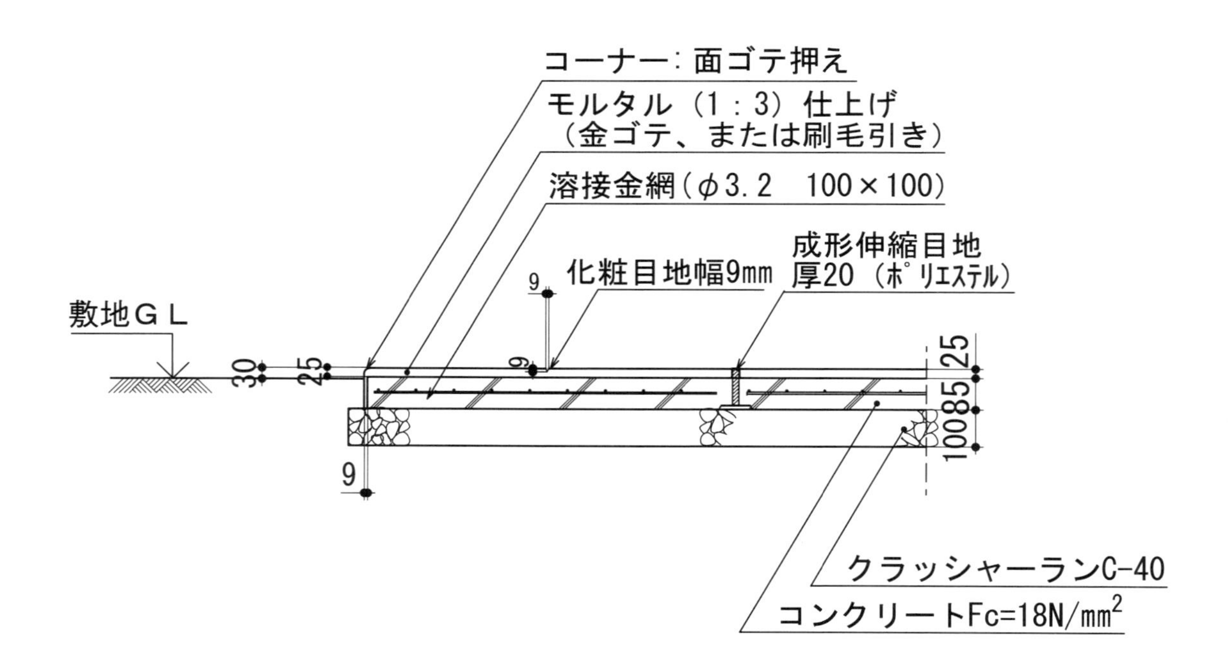

A-A　断面図　S=1：20

歩行用床舗装	コンクリート打ち直仕上げ	NO.2

数量計算表・代価表

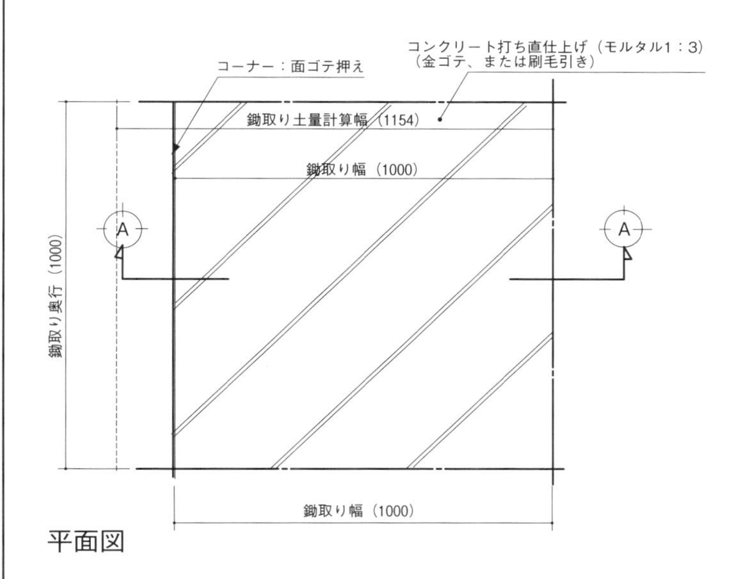

平面図

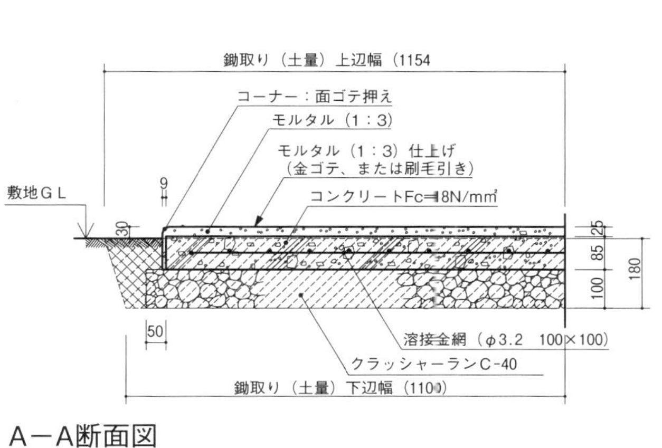

A－A断面図

■数量計算表

m^2 当り

細　目	単位	計算式	計　算	計算結果
水盛遣方　(A_1)	m^2	施工幅×施工奥行	A_1=1.0×1.0	1.0
鋤取り　(A_2)	m^2	施工幅×施工奥行	A_2=1.0×1.0	1.0
鋤取り土量　(V_1)	m^3	1/2(鋤取り上辺＋鋤取り下辺)×鋤取り深さ×施工奥行	V_1=1/2(1.154＋1.1)×0.18×1.0	0.2029
埋戻し　(V_2)	m^3	V_1－V_3	V_2=0.2029－0.195	0.0079
残土処分　(V_3)	m^3	V_4＋（コンクリート・モルタル）埋設部数量	V_3=0.105＋0.09×1.0×1.0	0.195
地業　(V_4)	m^3	地業高×地業幅×施工奥行	V_4=0.1×1.05×1.0	0.105
堰板　(A_3)	m^2	コンクリート厚×施工奥行	A_3=0.085×1.0	0.085
溶接金網　(A_4)	m^2	施工幅×施工奥行	A_4=1.0×1.0	1.0
コンクリート打設　(V_5)	m^3	コンクリート厚×施工幅×施工奥行	V_5=0.085×1.0×1.0	0.085
モルタル仕上げ　(A_5)	m^2	（施工幅＋立上り高）×施工奥行	A_5=(1.0＋0.11)×1.0	1.11

注）鋤取りの代価表数量は１m^2とするが、鋤取り土量は片端部を含むものとし、埋戻し数量等に関わるので算出しておく。
　　堰板は片側の端部コンクリート止めのみとして算出。

◆代価表

m^2 当り

細　目	内　容	数　量	単位	単　価	金　額	備　考
水盛遣方		1.0	m^2			
鋤取り	人力	1.0	m^2			
埋戻し	人力	0.0079	m^3			
残土処分	場外処分・2t車、片道8kmまで	0.195	m^3			
地業	クラッシャーラン C-40	0.105	m^3			
堰板	杉板ァ9mm	0.085	m^2			
溶接金網	φ3.2　100×100	1.0	m^2			
コンクリート打設	Fc=18N/mm^2 人力打設・小運搬共	0.085	m^3			
モルタル仕上げ	金ゴテまたは刷毛引き	1.11	m^2			
清掃片付け		1.0	m^2			
合　計						

歩行用床舗装	砂利洗い出し	NO.3

標準図

縮尺1：20

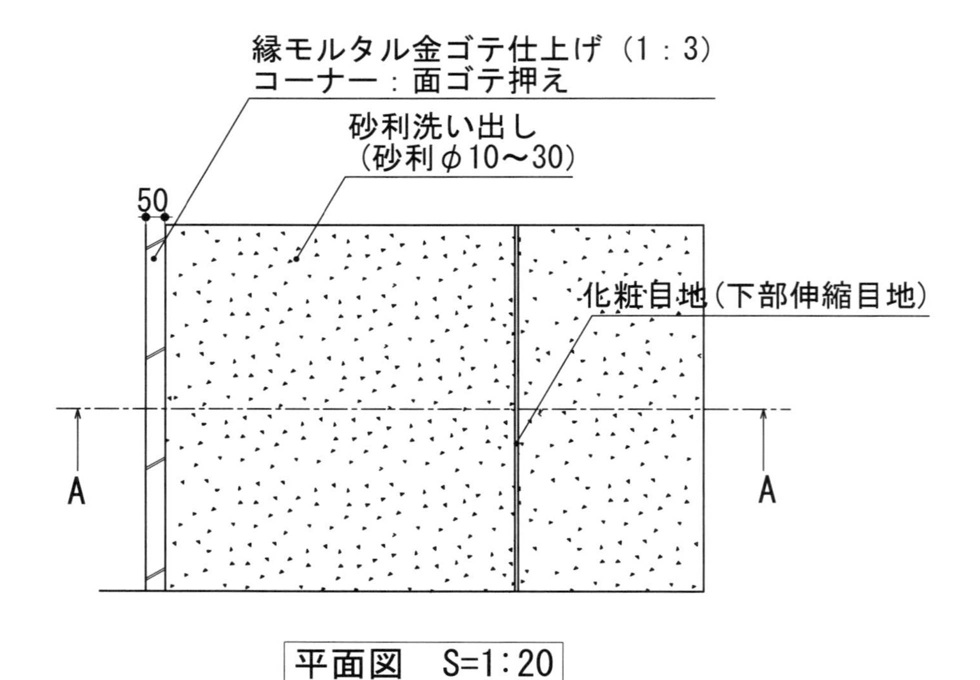

平面図　S=1:20

縁モルタル金ゴテ仕上げ（1：3）
コーナー：面ゴテ押え

中塗りモルタル(1:3)厚み20mm

砂利洗い出し
（砂利ϕ10〜30）

化粧目地
（目地の位置を一致させる）

敷地GL

50

30

30〜50

85

100

9

伸縮目地

溶接金網（ϕ3.2　100×100）

クラッシャーランC-40

コンクリートFc=18N/mm^2

仕上げ厚30mmの場合：中塗り1：3　20mm
洗い出し　10mm

A-A　断面図　S=1:20

歩行用床舗装	砂利洗い出し	NO.3

数量計算表・代価表

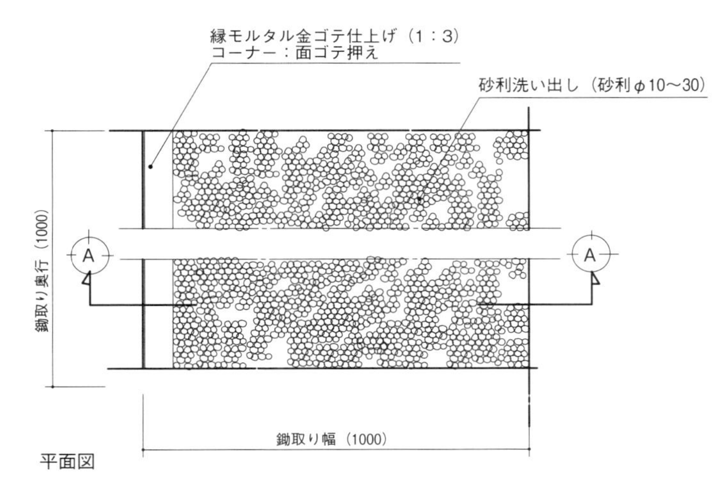

平面図

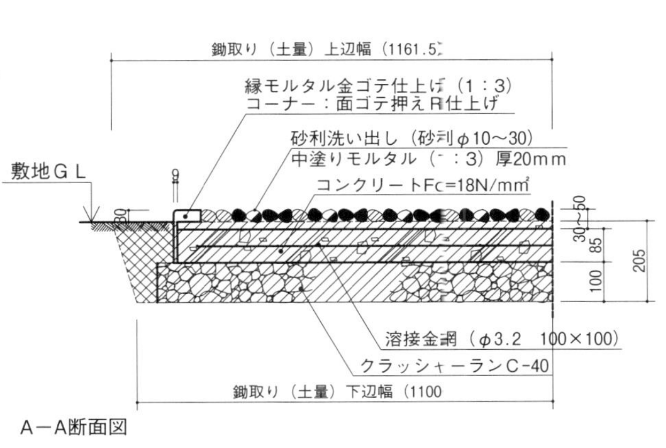

A－A断面図

■数量計算表

m² 当り

細　目	単位	計算式	計　算	計算結果
水盛遣方 (A_1)	m²	施工幅×施工奥行	A_1=1.0×1.0	1.0
鋤取り (A_2)	m²	施工幅×施工奥行	A_2=1.0×1.0	1.0
鋤取り土量 (V_1)	m³	1/2(鋤取り上辺＋鋤取り下辺)×鋤取り深さ×施工奥行	V_1=1/2(1.1615＋1.1)×0.205×1.0	0.2318
埋戻し (V_2)	m³	V_1-V_3	V_2=0.2318－0.21	0.0218
残土処分 (V_3)	m³	V_4＋コンクリート埋設部数量	V_3=0.105＋0.105×1.0×1.0	0.21
地業 (V_4)	m³	地業高×地業幅×施工奥行	V_4=0.1×1.05×1.0	0.105
堰板 (A_3)	m²	コンクリート厚×施工奥行	A_3=0.085×1.0	0.085
溶接金網 (A_4)	m²	施工幅×施工奥行	A_4=1.0×1.0	1.0
コンクリート打設 (V_5)	m³	コンクリート厚×施工幅×施工奥行	V_5=0.085×1.0×1.0	0.085
砂利洗い出し (A_5)	m²	施工幅×施工奥行	A_5=1.0×1.0	1.0

注）鋤取りの代価表数量は1m² とするが、鋤取り土量は片端部を含むものとし、埋戻し数量等に関わるので算出しておく。
　　堰板は片側の端部コンクリート止めのみとして算出。

◆代価表

m² 当り

細　目	内　容	数　量	単位	単　価	金　額	備　考
水盛遣方		1.0	m²			
鋤取り	人力	1.0	m²			
埋戻し	人力	0.0218	m³			
残土処分	場外処分・2t車、片道8kmまで	0.21	m³			
地業	クラッシャーラン C-40	0.105	m³			
堰板	杉板ァ9mm	0.085	m²			
溶接金網	φ3.2　100×100	1.0	m²			
コンクリート打設	Fc=18N/mm² 人力打設・小運搬共	0.085	m³			
砂利洗い出し	砂利φ 10 ～ 30	1.0	m²			
清掃片付け		1.0	m²			
合　計						

歩行用床舗装	タイル張り（150角）	NO.4

標準図

縮尺 1：20

＊参考資料：『タイル手帖』　全国タイル業協会

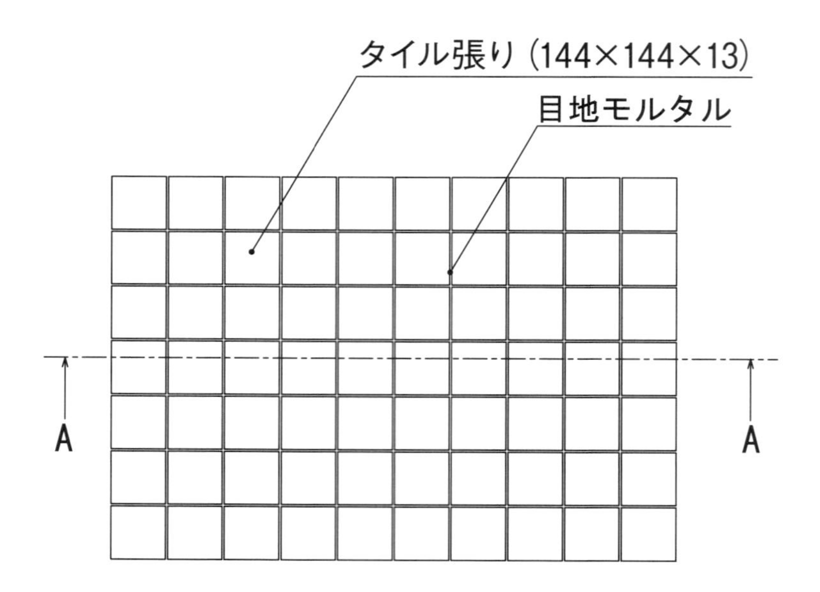

平面図　S=1：20

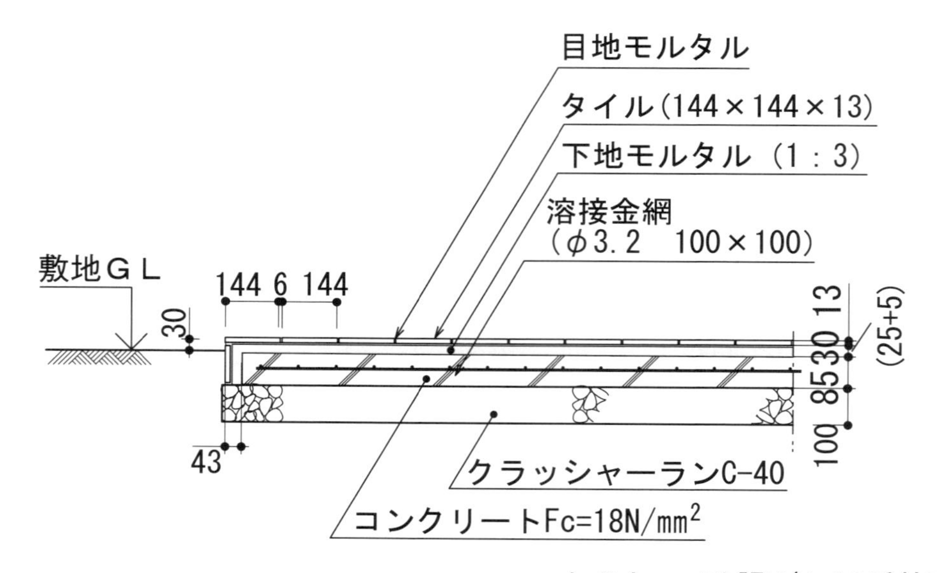

セメントペースト張り（タイル手帖P44）
＊　タイル厚み13mm
＊　セメントペースト厚2～5mm
＊　下地モルタル厚25mm
＊　目地6mm

A－A　断面図　S=1：20

歩行用床舗装	タイル張り（150角）	NO.4

数量計算表・代価表

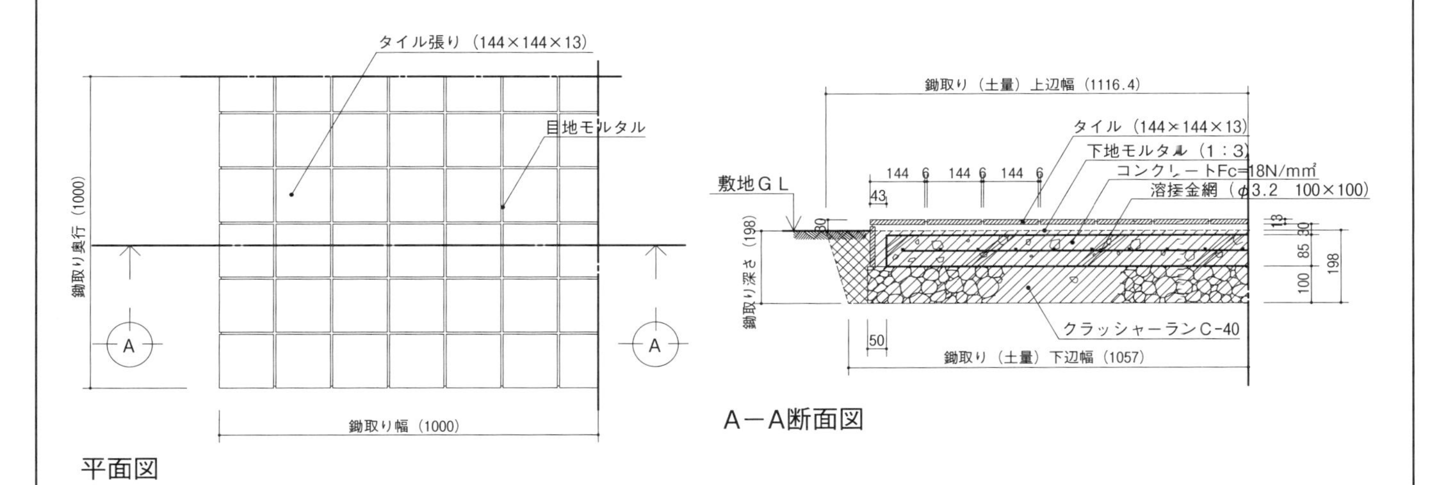

■数量計算表　　m²当り

細　目	単位	計算式	計　算	計算結果
水盛遣方　(A_1)	m²	施工幅×施工奥行	A_1=1.0×1.0	1.0
鋤取り　(A_2)	m²	施工幅×施工奥行	A_2=1.0×1.0	1.0
鋤取り土量　(V_1)	m³	1/2(鋤取り上辺＋鋤取り下辺)×鋤取り深さ×施工奥行	V_1=1/2(1.1164＋1.057)×0.198×1.0	0.2152
埋戻し　(V_2)	m³	V_1－V_3	V_2=0.2152－0.1987	0.0165
残土処分　(V_3)	m³	V_4＋（コンクリート・モルタル）埋設部数量	V_3=0.1007＋0.098×1.0×1.0	0.1987
地業　(V_4)	m³	地業高×地業幅×施工奥行	V_4=0.1×1.007×1.0	0.1007
堰板　(A_3)	m²	コンクリート厚×施工奥行	A_3=0.085×1.0	0.085
溶接金網　(A_4)	m²	コンクリート幅×施工奥行	A_4=0.957×1.0	0.957
コンクリート打設 (V_5)	m³	コンクリート厚×コンクリート幅×施工奥行	V_5=0.085×0.957×1.0	0.0813
タイル張り　(A_5)	m²	(施工幅＋立上り高）×施工奥行	A_5=(1.0＋0.115)×1.0	1.115

注）鋤取りの代価表数量は1m²とするが、鋤取り土量は片端部を含むものとし、埋戻し数量等に関わるので算出しておく。
　　堰板は片側の端部コンクリート止めのみとして算出。

◆代価表　　m²当り

細　目	内　容	数　量	単位	単　価	金　額	備　考
水盛遣方		1.0	m²			
鋤取り	人力	1.0	m²			
埋戻し	人力	0.0165	m³			
残土処分	場外処分・2t車、片道8kmまで	0.1987	m³			
地業	クラッシャーラン C-40	0.1007	m³			
堰板	杉板ァ9mm	0.085	m²			
溶接金網	φ3.2　100×100	0.957	m²			
コンクリート打設	Fc=18N/mm² 人力打設・小運搬共	0.0813	m³			
タイル張り	150角タイル（立上り共）　144×144×13	1.115	m²			
清掃片付け		1.0	m²			
合　計						

歩行用床舗装	自然石乱形張り	NO.5

標準図

縮尺 1：20

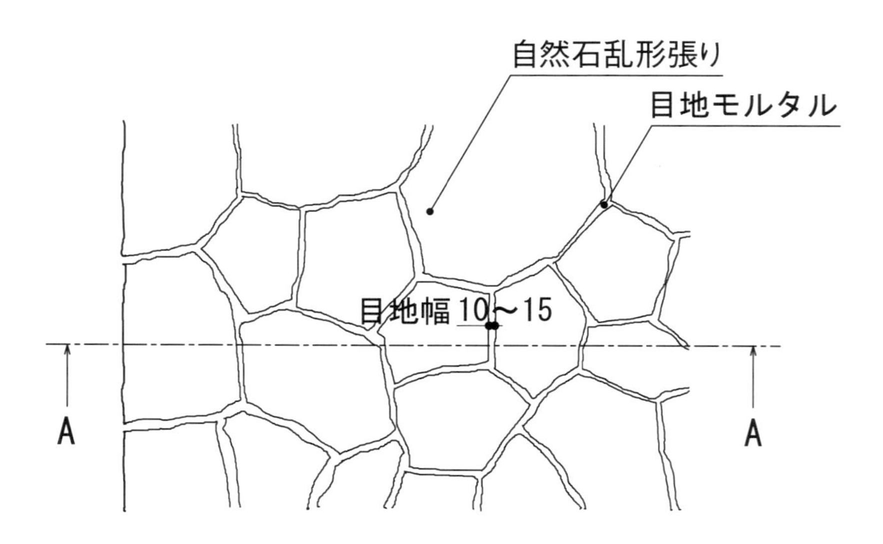

平面図　S=1:20

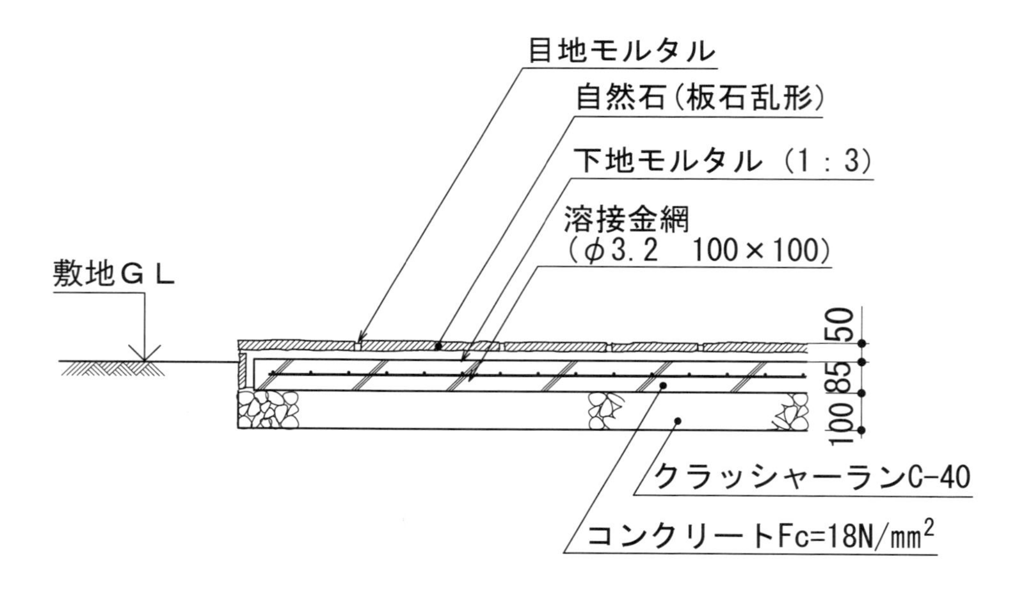

A-A　断面図　S=1:20

歩行用床舗装	自然石乱形張り	NO.5

数量計算表・代価表

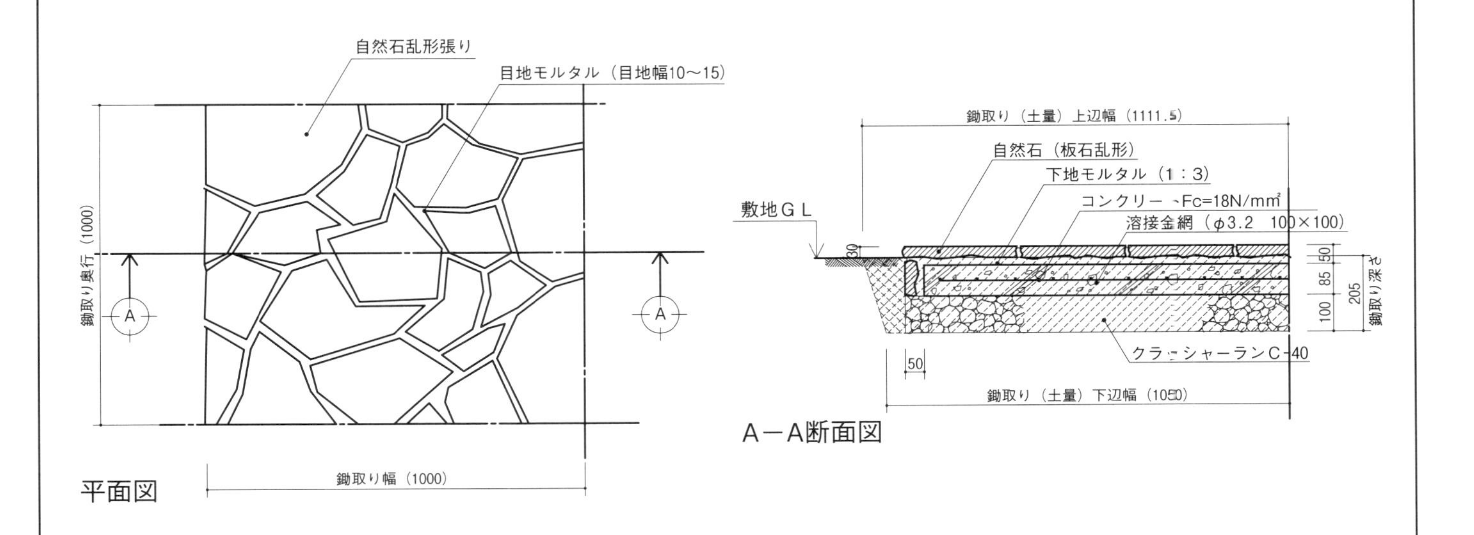

■数量計算表

m^2 当り

細　目	単位	計算式	計　算	計算結果
水盛遣方　(A_1)	m^2	施工幅×施工奥行	A_1=1.0×1.0	1.0
鋤取り　(A_2)	m^2	施工幅×施工奥行	A_2=1.0×1.0	1.0
鋤取り土量　(V_1)	m^3	1/2(鋤取り上辺＋鋤取り下辺)×鋤取り深さ×施工奥行	V_1=1/2(1.1115＋1.05)×0.205×1.0	0.2216
埋戻し　(V_2)	m^3	V_1－V_3	V_2=0.2216－0.205	0.0166
残土処分　(V_3)	m^3	V_4＋（コンクリート・モルタル）埋設部数量	V_3=0.1＋0.105×1.0×1.0	0.205
地業　(V_4)	m^3	地業高×地業幅×施工奥行	V_4=0.1×1.0×1.0	0.1
堰板　(A_3)	m^2	コンクリート厚×施工奥行	A_3=0.085×1.0	0.085
溶接金網　(A_4)	m^2	コン幅×施工奥行	A_4=0.95×1.0	0.95
コンクリート打設　(V_5)	m^3	コンクリート厚×コン幅×施工奥行	V_5=0.085×0.95×1.0	0.0808
自然石乱形張り　(A_5)	m^2	（施工幅＋立上り高）×施工奥行	A_5=(1.0＋0.105)×1.0	1.105

注）鋤取りの代価表数量は１m^2 とするが、鋤取り土量は片端部を含むものとし、埋戻し数量等に関わるので算出しておく。
　　堰板は片側の端部コンクリート止めのみとして算出。

◆代価表

m^2 当り

細　目	内　容	数　量	単位	単　価	金　額	備　考
水盛遣方		1.0	m^2			
鋤取り	人力	1.0	m^2			
埋戻し	人力	0.0166	m^3			
残土処分	場外処分・２t車、片道８km まで	0.205	m^3			
地業	クラッシャーラン C-40	0.1	m^3			
堰板	杉板ァ９mm	0.085	m^2			
溶接金網	φ3.2　100×100	0.95	m^2			
コンクリート打設	Fc=18N/mm^2 人力打設・小運搬共	0.0808	m^3			
自然石乱形張り	自然石板石乱形・石厚 30mm ～	1.105	m^2			
清掃片付け		1.0	m^2			
合　計						

歩行用床舗装	自然石方形張り	NO.6

標準図

縮尺 1：20

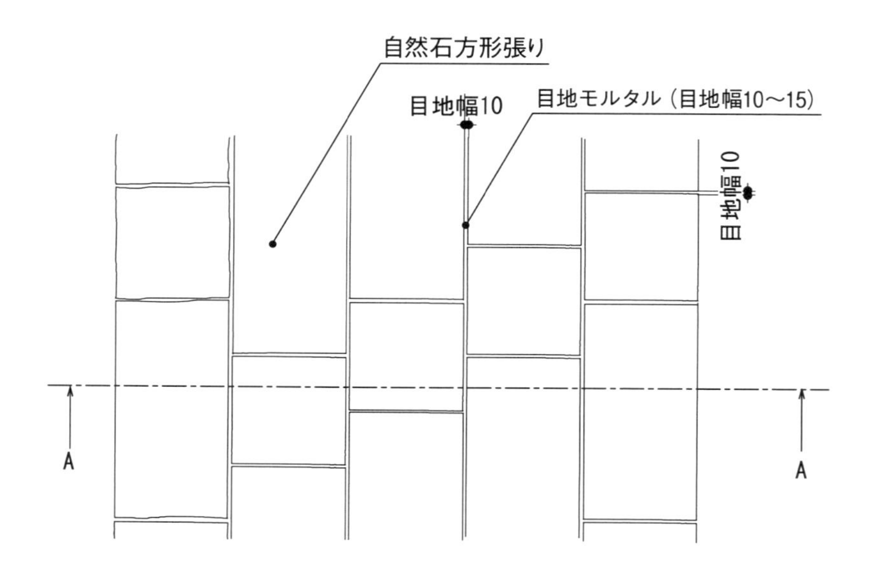

平面図　S=1：20

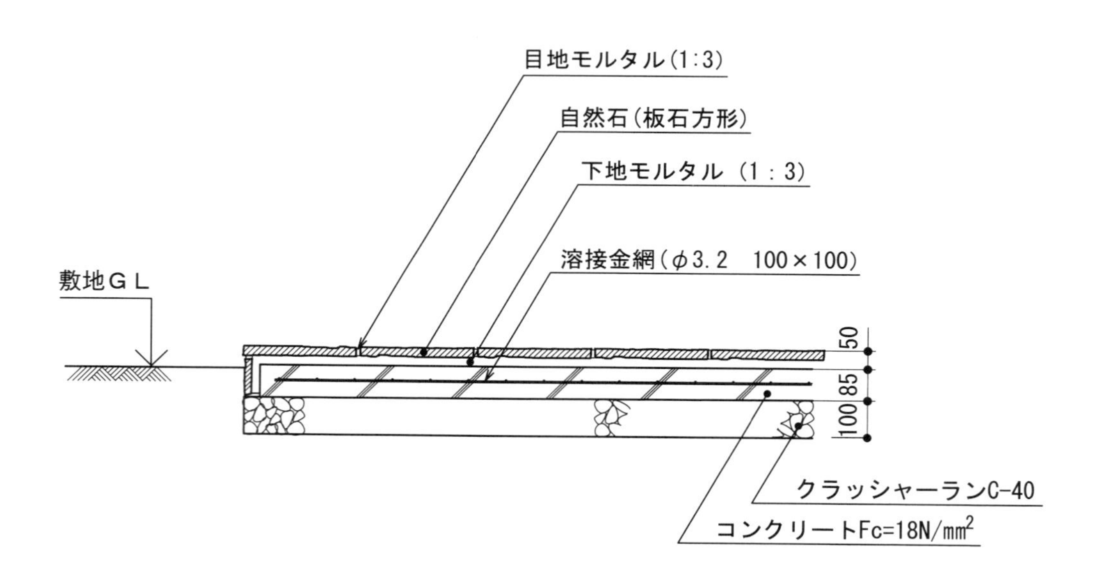

A-A　断面図　S=1：20

歩行用床舗装	自然石方形張り	N0.6

数量計算表・代価表

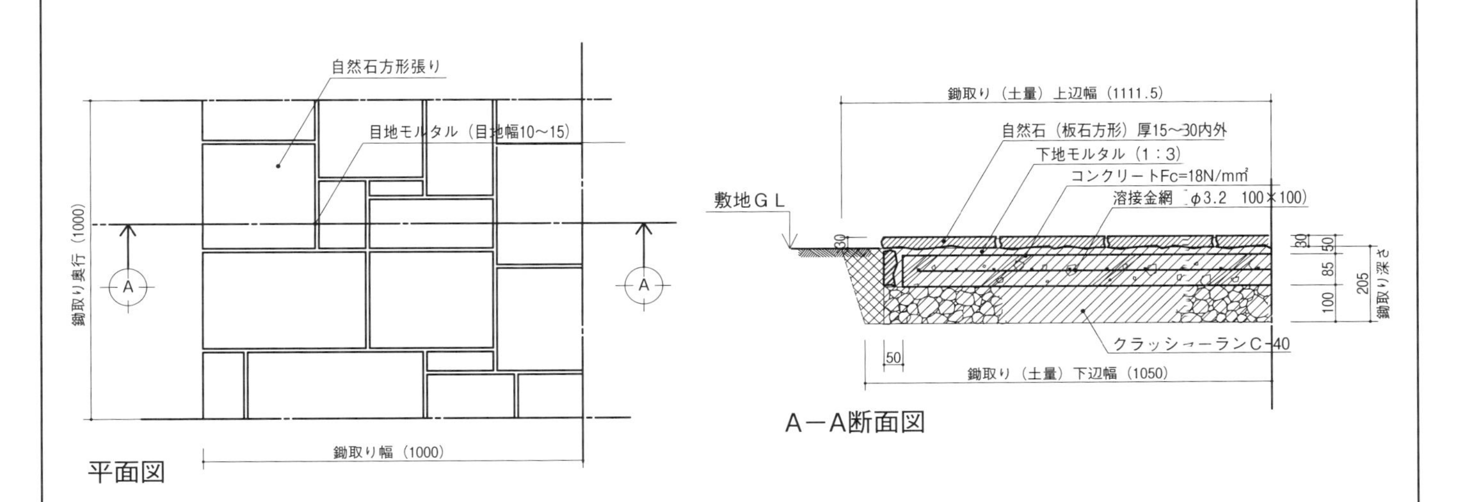

■数量計算表

m² 当り

細　目	単位	計算式	計　算	計算結果
水盛遣方　(A_1)	m²	施工幅×施工奥行	A_1=1.0×1.0	1.0
鋤取り　(A_2)	m²	施工幅×施工奥行	A_2=1.0×1.0	1.0
鋤取り土量　(V_1)	m³	1/2(鋤取り上辺＋鋤取り下辺)×鋤取り深さ×施工奥行	V_1=1/2(1.1115＋1.05)×0.205×1.0	0.2216
埋戻し　(V_2)	m³	V_1－V_3	V_2=0.2216－0.205	0.0166
残土処分　(V_3)	m³	V_4＋(コンクリート・モルタル) 埋設部数量	V_3=0.1＋0.105×1.0×1.0	0.205
地業　(V_4)	m³	地業高×地業幅×施工奥行	V_4=0.1×1.0×1.0	0.1
堰板　(A_3)	m²	コンクリート厚×施工奥行	A_3=0.085×1.0	0.085
溶接金網　(A_4)	m²	コンクリート幅×施工奥行	A_4=0.95×1.0	0.95
コンクリート打設 (V_5)	m³	コンクリート厚×コンクリート幅×施工奥行	V_5=0.085×0.95×1.0	0.0808
自然石方形張り (A_5)	m²	(施工幅＋立上り高) ×施工奥行	A_5=(1.0＋0.105)×1.0	1.105

注）鋤取りの代価表数量は１m² とするが、鋤取り土量は片端部を含むものとし、埋戻し数量等に関わるので算出しておく。
堰板は片側の端部コンクリート止めのみとして算出。

◆代価表

m² 当り

細　目	内　容	数　量	単位	単　価	金　額	備　考
水盛遣方		1.0	m²			
鋤取り	人力	1.0	m²			
埋戻し	人力	0.0166	m³			
残土処分	場外処分・２t車、片道８km まで	0.205	m³			
地業	クラッシャーラン C-40	0.1	m³			
堰板	杉板ァ９mm	0.085	m²			
溶接金網	φ3.2　100×100	0.95	m²			
コンクリート打設	Fc=18N/mm² 人力打設・小運搬共	0.0808	m³			
自然石方形張り	自然石板石方形・石厚 30mm ～	1.105	m²			
清掃片付け		1.0	m²			
合　計						

歩行用床舗装	インターロッキングブロック敷き（200×100×60）	NO.7

標準図　　　　縮尺 1：20

＊参考資料：『建築工事標準仕様書・同解説　JASS 7 メーソンリー工事』　日本建築学会
　　　　　　エスビック株式会社「2015－2016 エクステリア総合カタログ」技術情報

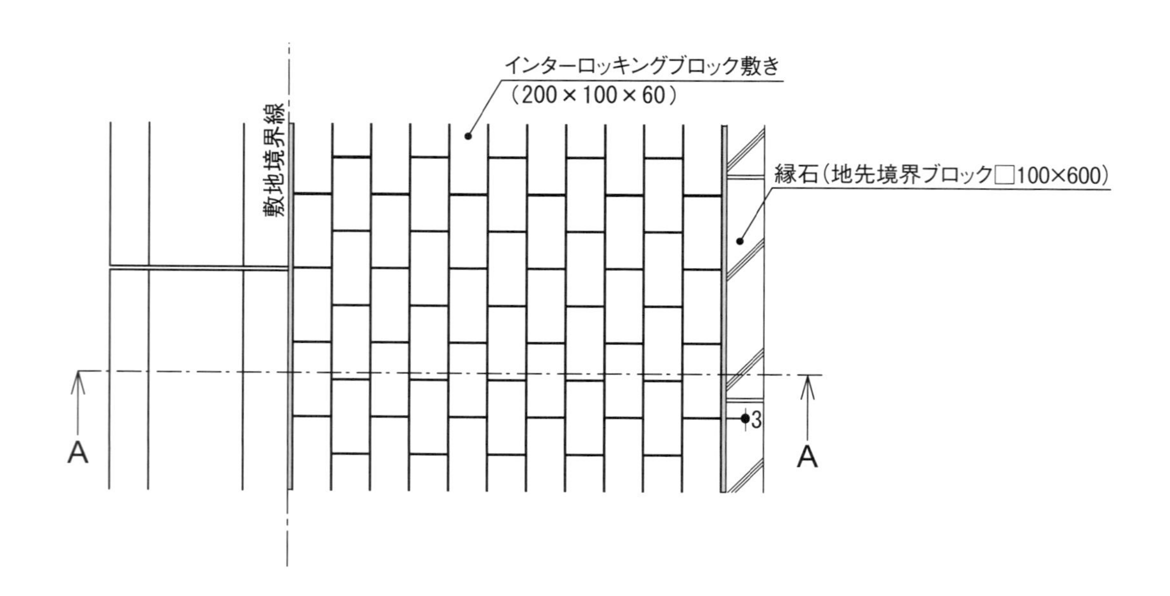

平面図　S=1：20

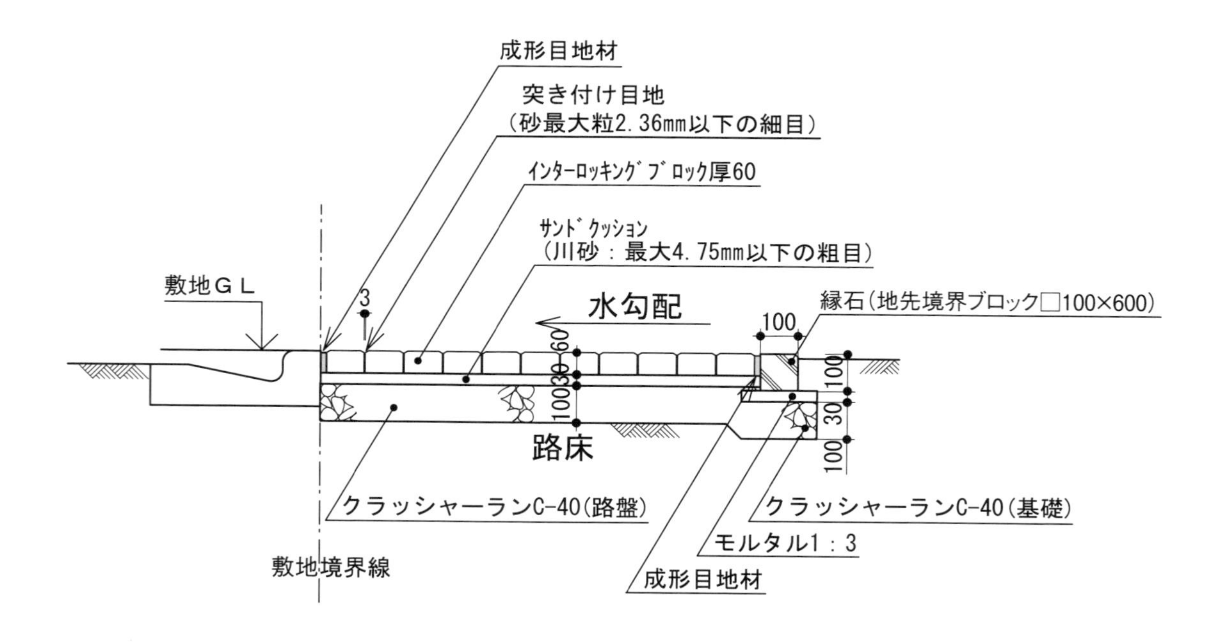

成形目地材：弾力性のある合成ゴム、
　　　　　　エラスタイト等形のあるもの

A-A　断面図　S=1：20

歩行用床舗装	インターロッキングブロック敷き（200×100×60）	NO.7

数量計算表・代価表

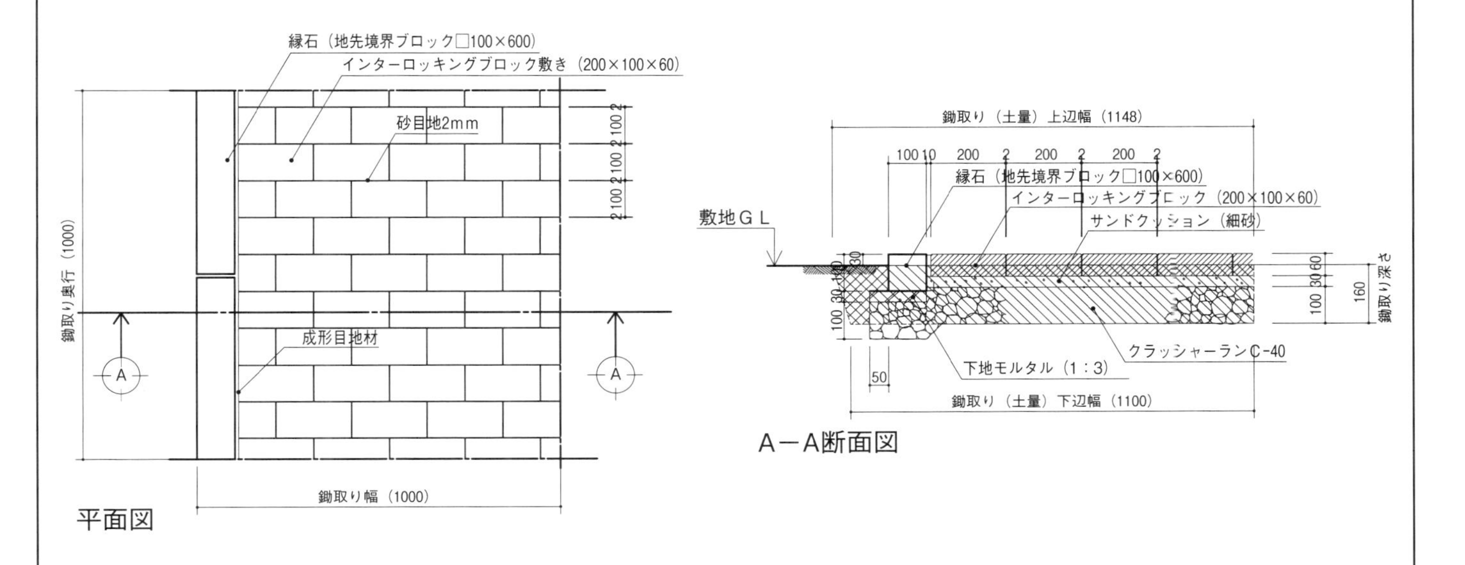

■数量計算表

m^2 当り

細　目	単位	計算式	計　算	計算結果
水盛遣方　(A_1)	m^2	施工幅×施工奥行	A_1=1.0×1.0	1.0
鋤取り　(A_2)	m^2	施工幅×施工奥行	A_2=1.0×1.0	1.0
鋤取り土量　(V_1)	m^3	1/2(鋤取り上辺＋鋤取り下辺)×鋤取り深さ×施工奥行	V_1=1/2(1.148＋1.1)×0.16×1.0	0.1798
埋戻し　(V_2)	m^3	V_1－V_3	V_2=0.1798－0.165	0.0148
残土処分　(V_3)	m^3	V_4+埋設部数量	V_3=0.105＋0.06×1.0×1.0	0.165
地業　(V_4)	m^3	地業高×地業幅×施工奥行	V_4=0.1×1.05×1.0	0.105
サンドクッション (V_5)	m^3	サンドクッション厚×サンドクッション幅×施工奥行	V_5=0.03×0.9×1.0	0.027
インターロッキング敷き　(A_3)	m^2	インターロッキングブロック幅×施工奥行	A_3=0.9×1.0	0.9
縁石	m	施工奥行	1.0	1.0

注）鋤取りの代価表数量は１m^2 とするが、鋤取り土量は片端部を含むものとし、埋戻し数量等に関わるので算出しておく。
　　縁石部は別途積算とする。

◆代価表

m^2 当り

細　目	内　容	数　量	単位	単　価	金　額	備　考
水盛遣方		1.0	m^2			
鋤取り	人力	1.0	m^2			
埋戻し	人力	0.0148	m^3			
残土処分	場外処分・２t車、片道８kmまで	0.165	m^3			
地業	クラッシャーラン C-40	0.105	m^3			
サンドクッション	細砂ァ 30mm	0.027	m^3			
インターロッキング敷き	φ200×100×60	0.9	m^2			
縁石	地先境界ブロック□100 × 600	1.0	m			
清掃片付け		1.0	m^2			
合　計						

歩行用床舗装	敷設用煉瓦敷き	NO.8

標準図（敷設用煉瓦230×114×50）　　縮尺 1：20

＊参考資料：『建築工事標準仕様書・同解説　JASS 7 メーソンリー工事』 日本建築学会
エスビック株式会社「2015－2016 エクステリア総合カタログ」技術情報

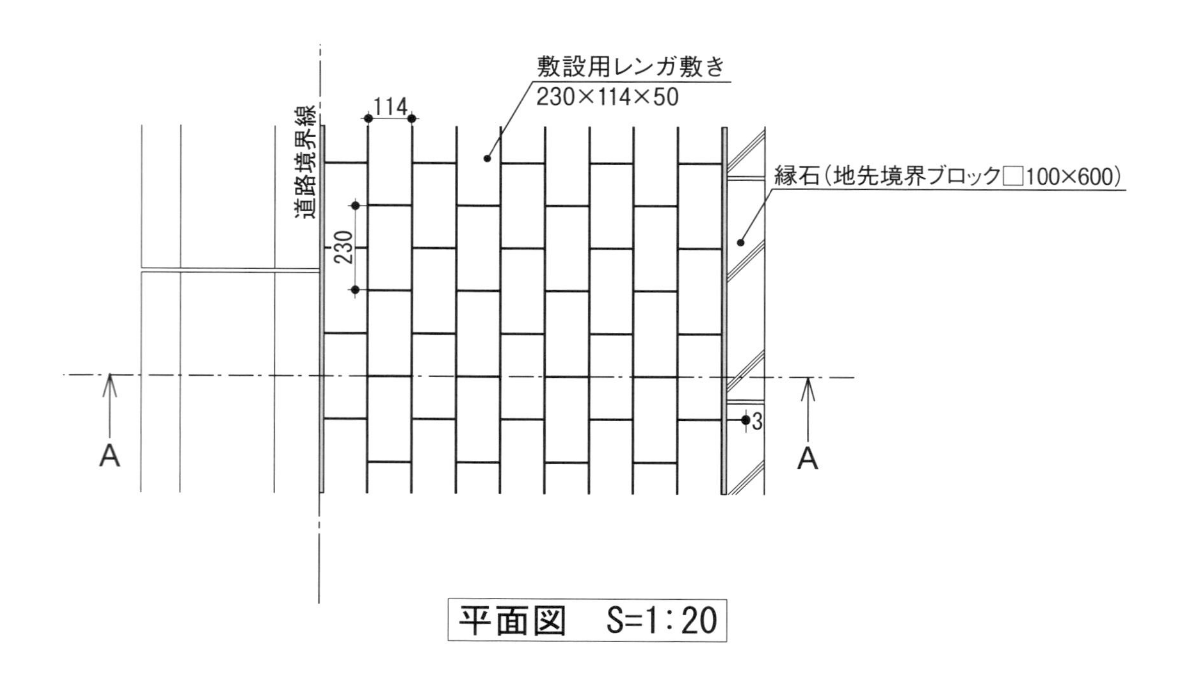

平面図　S=1：20

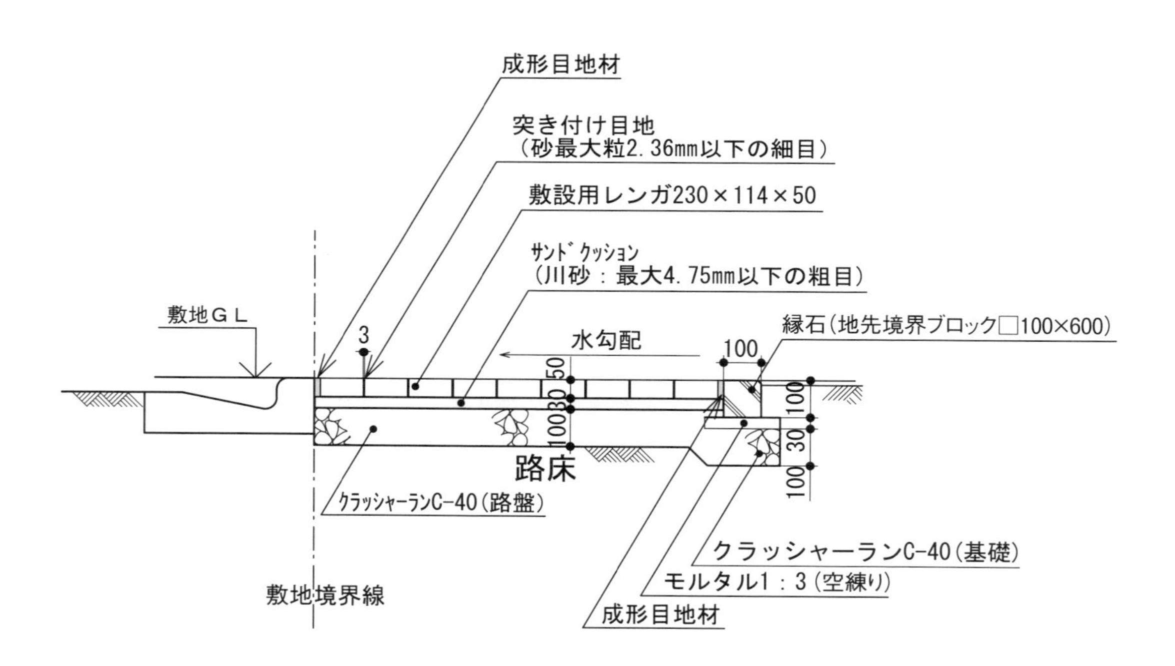

成形目地材：弾力性のある合成ゴム、
エラスタイト等形のあるもの

A－A　断面図　S=1：20

歩行用床舗装	敷設用煉瓦敷き	NO.8

数量計算表・代価表

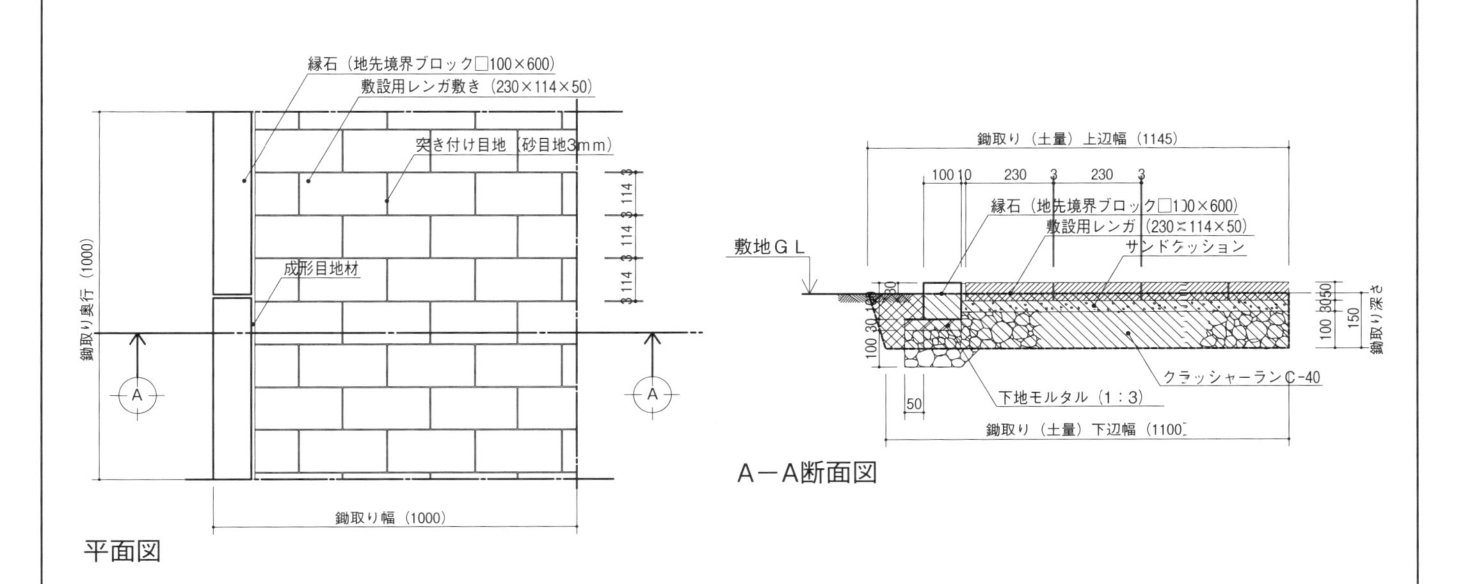

■数量計算表　　m^2当り

細　目	単位	計算式	計　算	計算結果
水盛遣方　(A_1)	m^2	施工幅×施工奥行	A_1=1.0×1.0	1.0
鋤取り　(A_2)	m^2	施工幅×施工奥行	A_2=1.0×1.0	1.0
鋤取り土量　(V_1)	m^3	1/2(鋤取り上辺＋鋤取り下辺)×鋤取り深さ×施工奥行	V_1=1/2(1.145＋1.1)×0.15×1.0	0.1684
埋戻し　(V_2)	m^3	V_1－V_3	V_2=0.1684－0.155	0.0134
残土処分　(V_3)	m^3	V_4＋埋設部数量	V_3=0.105＋(0.03＋0.02)×1.0×1.0	0.155
地業　(V_4)	m^3	地業高×地業幅×施工奥行	V_4=0.1×1.05×1.0	0.105
サンドクッション　(V_5)	m^3	サンドクッション厚×サンドクッション幅×施工奥行	V_5=0.03×0.9×1.0	0.027
煉瓦敷き　(A_3)	m^2	レンガ幅×施工奥行	A_3=0.9×1.0	0.9
緑石	m	施工奥行	1.0	1.0

注）鋤取りの代価表数量は1m^2とするが、鋤取り土量は片端部を含むものとし、埋戻し数量等に関わるので算出しておく。
　　緑石部は別途積算とする。

◆代価表　　m^2当り

細　目	内　容	数　量	単位	単　価	金　額	備　考
水盛遣方		1.0	m^2			
鋤取り	人力	1.0	m^2			
埋戻し	人力	0.0134	m^3			
残土処分	場外処分・２t車、片道８kmまで	0.155	m^3			
地業	クラッシャーラン C-40	0.105	m^3			
サンドクッション	細砂ァ 30mm	0.027	m^3			
煉瓦敷き	敷設用230×114×50	0.9	m^2			
緑石	地先境界ブロック□100 × 600	1.0	m			
清掃片付け		1.0	m^2			
合　計						

歩行用床舗装	コンクリート平板敷き	NO.9

標準図（コンクリート平板300×300×60）　　縮尺 1：20

＊参考資料：『造園施設標準設計図集（平成 24 年度版）』 UR 都市機構

コンクリート平板寸法表		洗出し平板寸法表	
300×300×60	無筋	300×300×60	無筋
400×400×60	無筋	400×400×60	無筋
300×600×60	有筋	300×600×60	有筋
450×600×60	有筋	450×600×60	有筋

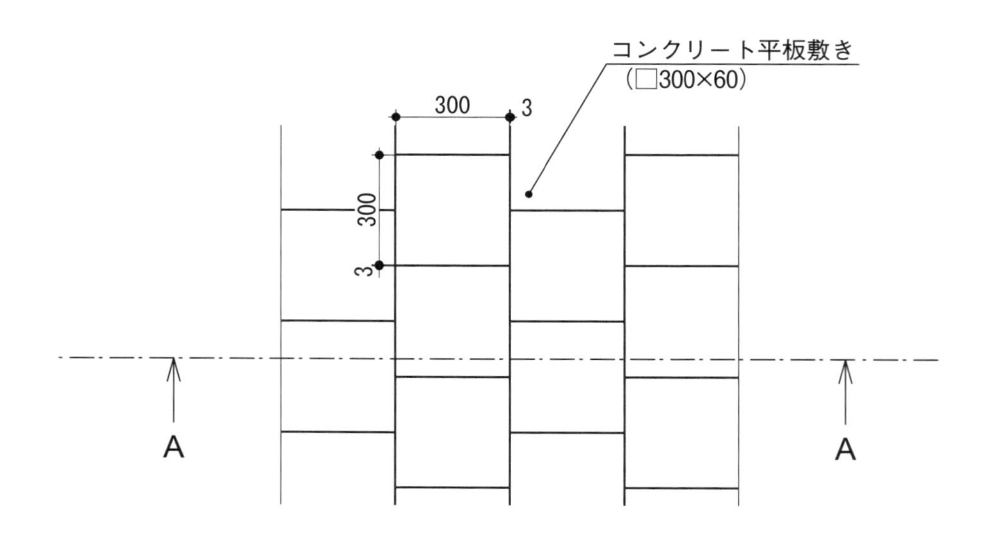

平面図　S=1：20

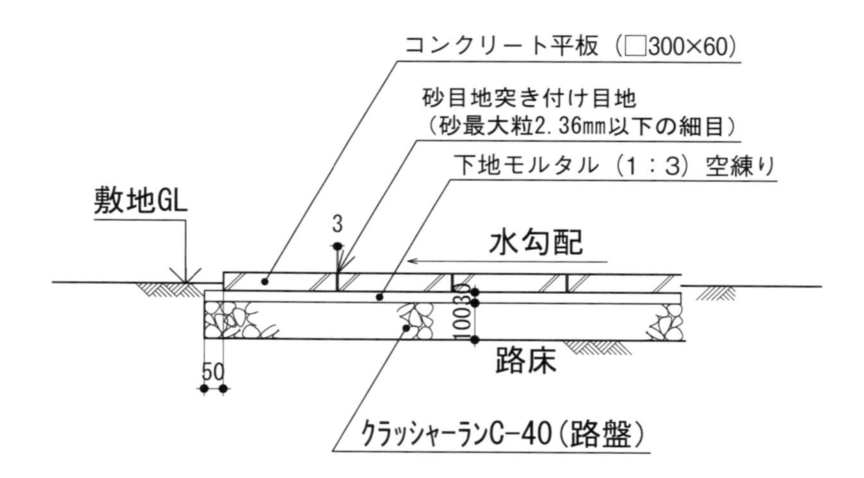

A-A　断面図　S=1：20

歩行用床舗装	コンクリート平板敷き	NO.9

数量計算表・代価表

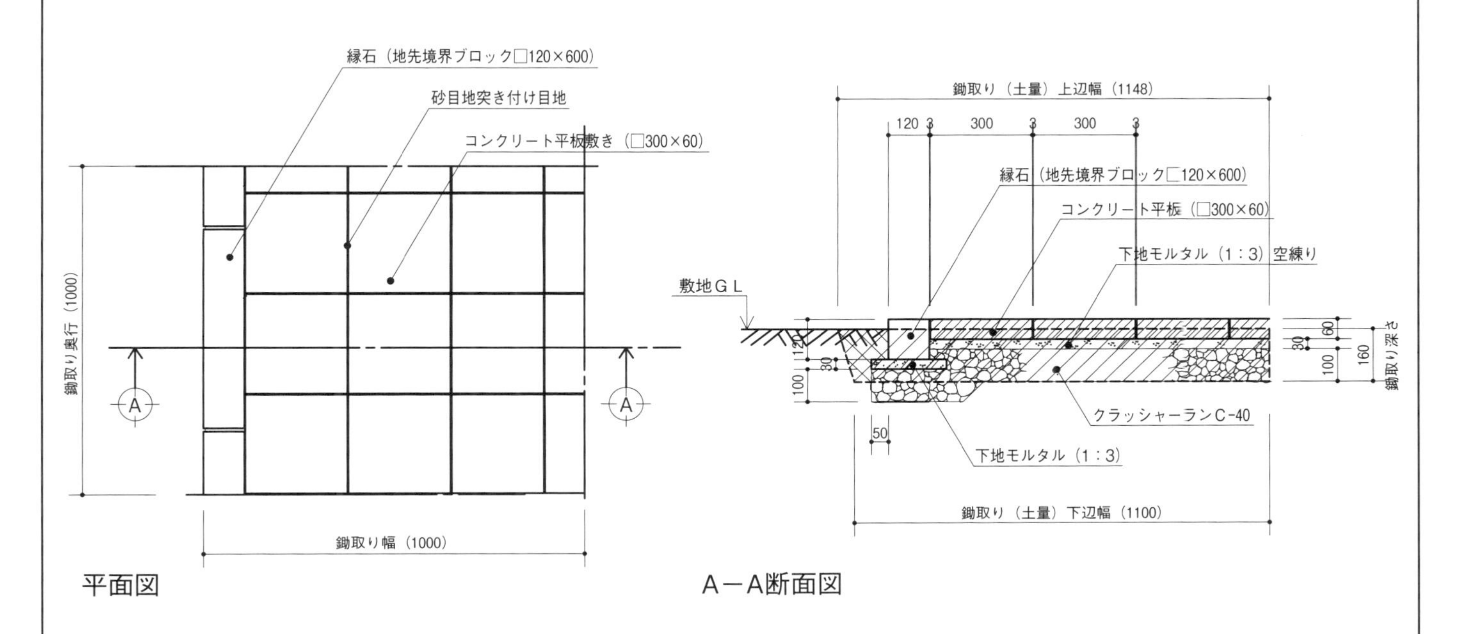

■数量計算表

m^2当り

細　目	単位	計算式	計　算	計算結果
水盛遣方　(A_1)	m^2	施工幅×施工奥行	A_1=1.0×1.0	1.0
鋤取り　(A_2)	m^2	施工幅×施工奥行	A_2=1.0×1.0	1.0
鋤取り土量　(V_1)	m^3	1/2(鋤取り上辺＋鋤取り下辺)×鋤取り深さ×施工奥行	V_1=1/2(1.148＋1.1)×0.16×1.0	0.1798
埋戻し　(V_2)	m^3	V_1－V_3	V_2=0.1798－0.165	0.0148
残土処分　(V_3)	m^3	V_4＋埋設部数量	V_3=0.105＋(0.03＋0.03)×1.0×1.0	0.165
地業　(V_4)	m^3	地業高×地業幅×施工奥行	V_4=0.1×1.05×1.0	0.105
モルタル　(V_5)	m^3	モルタル厚×モルタル幅×施工奥行	V_5=0.03×0.88×1.0	0.0264
コンクリート平板 (A_3)	m^2	平板幅×施工奥行	A_3=0.88×1.0	0.88
縁石	m	施工奥行	1.0	1.0

注）鋤取りの代価表数量は1m^2とするが、鋤取り土量は片端部を含むものとし、埋戻し数量等に関わるので算出しておく。
　　縁石部は別途積算とする。

◆代価表

m^2当り

細　目	内　容	数　量	単位	単　価	金　額	備　考
水盛遣方		1.0	m^2			
鋤取り	人力	1.0	m^2			
埋戻し	人力	0.0148	m^3			
残土処分	場外処分・2t車、片道8kmまで	0.165	m^3			
地業	クラッシャーランC-40	0.105	m^3			
モルタル	空練り1：3	0.0264	m^3			
コンクリート平板	敷設用230×114×50	0.88	m^2			
縁石	地先境界ブロック□120 × 600	1.0	m			
清掃片付け		1.0	m^2			
合　計						

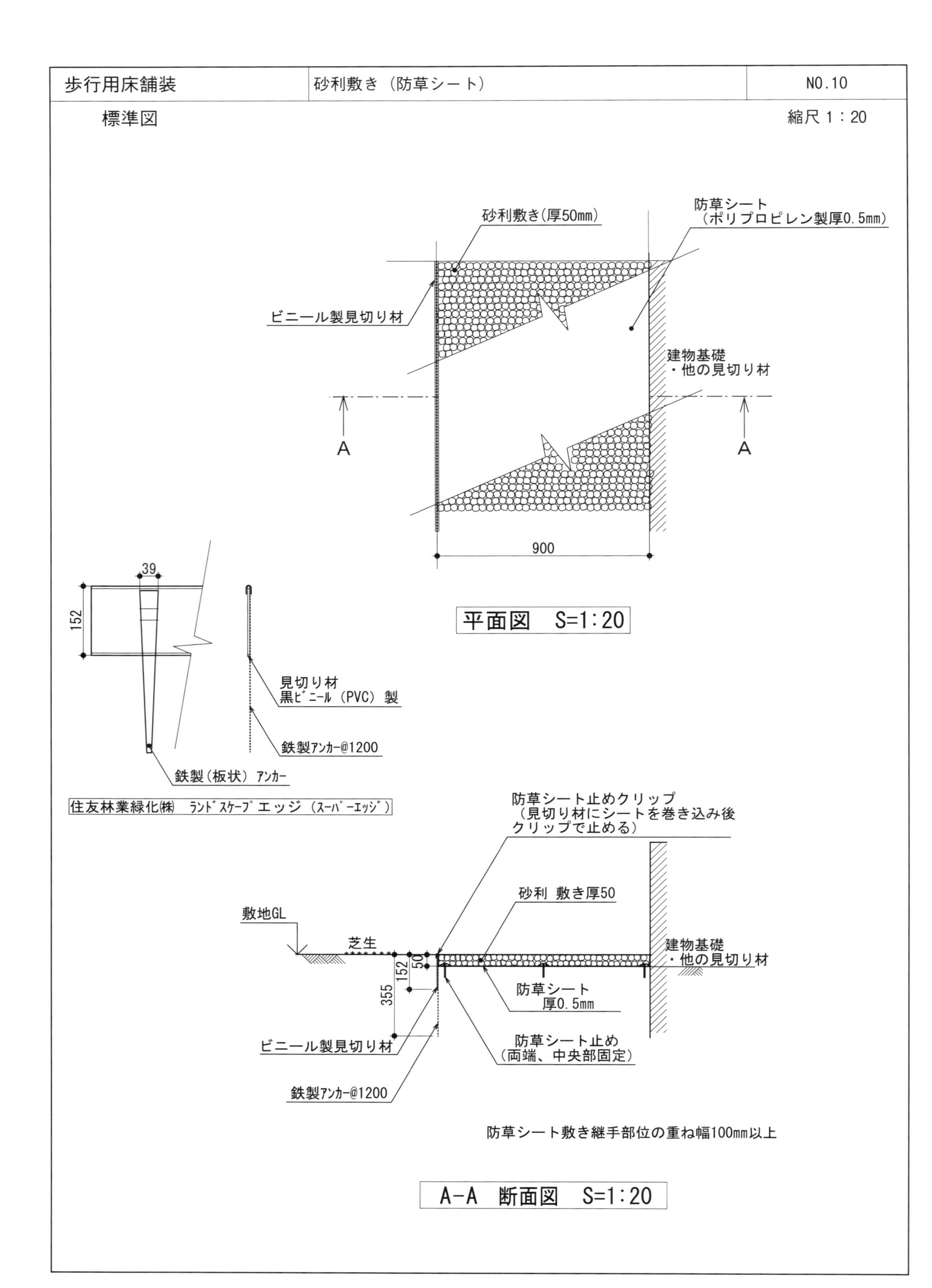

歩行用床舗装
砂利敷き（防草シート）
NO.10
標準図
縮尺 1：20
砂利敷き(厚50mm)
防草シート
（ポリプロピレン製厚0.5mm）
ビニール製見切り材
建物基礎
・他の見切り材
A
A
900
平面図　S=1:20
39
152
見切り材
黒ビニール（PVC）製
鉄製アンカー@1200
鉄製（板状）アンカー
住友林業緑化㈱　ランドスケープエッジ（スーパーエッジ）
防草シート止めクリップ
（見切り材にシートを巻き込み後
クリップで止める）
砂利 敷き厚50
敷地GL
芝生
建物基礎
・他の見切り材
50
152
355
防草シート
厚0.5mm
防草シート止め
（両端、中央部固定）
ビニール製見切り材
鉄製アンカー@1200
防草シート敷き継手部位の重ね幅100mm以上
A-A　断面図　S=1:20

歩行用床舗装	砂利敷き（防草シート）	NO.10

数量計算表・代価表

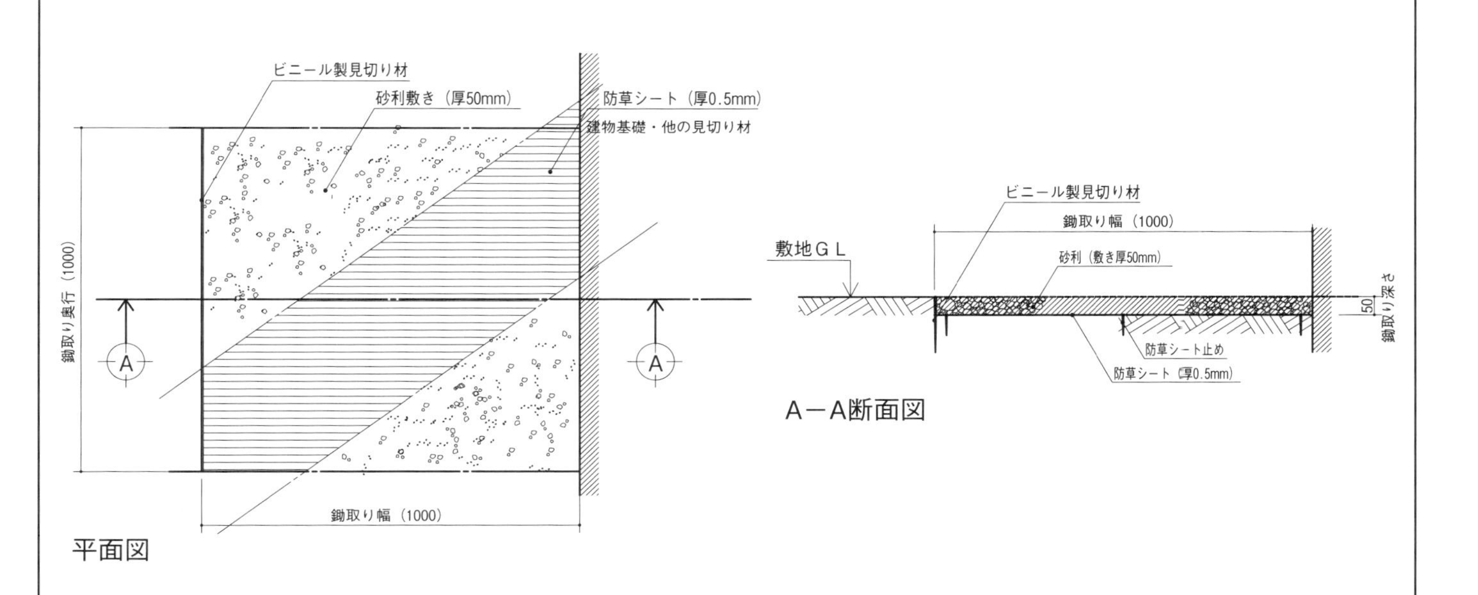

■数量計算表　　m^2当り

細　目	単位	計算式	計　算	計算結果
水盛遣方　(A_1)	m^2	施工幅×施工奥行	A_1=1.0×1.0	1.0
鋤取り　(A_2)	m^2	施工幅×施工奥行	A_2=1.0×1.0	1.0
鋤取り土量　(V_1)	m^3	鋤取り幅×鋤取り深さ×施工奥行	V_1=1.0×0.05×1.0	0.05
残土処分　(V_3)	m^3	V_1		0.05
防草シート　(A_3)	m^2	施工幅×施工奥行	A_3=1.0×1.0	1.0
砂利敷き　(A_4)	m^2	施工幅×施工奥行	A_4=1.0×1.0	1.0

注）鋤取り土量は余幅を無視する。

◆代価表　　m^2当り

細　目	内　容	数　量	単位	単　価	金　額	備　考
水盛遣方		1.0	m^2			
鋤取り	人力	1.0	m^2			
残土処分	場外処分・２t車、片道８kmまで	0.05	m^3			
防草シート	見切り及び止めピン込み	1.0	m^3			
砂利敷き	敷き厚 50mm	1.0	m^2			
清掃片付け		1.0	m^2			
合　計						

2 階段床舗装の標準図及び積算表

階段の積算は、歩行用床通路に続く高低差のある宅地などに用いられ、高低差の解消のための通路といえる。したがって、通路幅及び舗装仕上げは歩行用床と同様な仕様となるのが一般的で、階段の下地はコンクリートとなる。

数量計算及び代価表における階段の積算はまず、標準的な階段踏面幅（300mm）と蹴上高（180mm）で計算し、階段1段における幅1mを基準とし、単位は段mとする。これにより、階段の段数及び階段幅の寸法にも対応でき、階段の積算数量は、階段幅×段数ということになる。

階段の堰板面積は階段の蹴上部分とするが、現場状況により、必要に応じて簓部分の堰板を見込むものとする。ここでは、現場の状況を無視して蹴上部分の堰板面積として積算する。

鋤取りの範囲については、コンクリート下地の蹴上下端から傾斜に沿ったコンクリート厚及び地業厚分を鋤取るものとする。さらに、鋤取り土量は残土処分として計上する。場内処分か、場外処分かは現場の状況により判断する。

階段下地については、鉄筋コンクリート造とし、ここでは鉄筋は「異形棒綱・D10」、配筋は「@300×@300」を用いたが、現場の状況に応じて鉄筋及び配筋を検討する。さらに階段の蹴上、踏面の形状も、ここでは蹴上180mm・踏面300mm（一部330mm）としたが、現場に応じ、歩行に支障のない範囲で検討する。

2-1 一般事項

a）数量計算表に用いた記号「A」は面積を表し、「V」は容積を表す。

b）代価表での残土処分は場外処分としたが、場外搬出か、場内処分かは現場状況により決めることにする。

c）砂利地業については、クラッシャーラン C-40 を用いることにする。

d）堰板は現場の状況により相違するが、ここでは片側の端部のコンクリート止めのみとして計算した。

e）階段側面（簓部分）の堰板は除いて計算した。

f）コンクリートについては、原則レディーミクストコンクリートとし、Fc=18N/mm^2 の打設とした。

2-2 階段床舗装工事の土工事数量計算例

i ）鋤取り工事

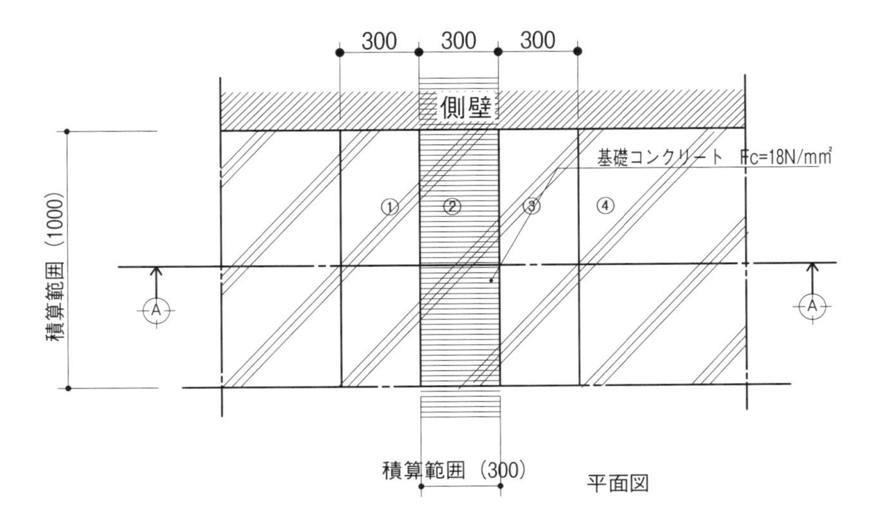

平面図

a）階段の鋤取りは階段１段分（踏面幅 300mm〔一部 330mm〕・蹴上 180mm）の標準階段幅 1.0 m範囲を鋤取ることとする。

b）鋤取り土量（V_1) は階段の下地 1.0 m部分の傾斜に沿った地業及びコンクリート厚さを鋤取ることとする。

c）鋤取り土量の計算は次のようになる。

（1）鋤取り位置は蹴上（b）の始端から踏面（a）の終端までとする。

（2）踏面の垂直方向の範囲は計算がし難いので、階段の下地傾斜と直交する同面積の範囲で計算する。

（3）鋤取り土量$(V_1) = (d+e) \times c \times 1$

① $c^2 = a^2 + b^2$（三平方の定理）

② $c^2 = 0.3^2 + 0.18^2 = 0.09 + 0.0324 = 0.1224$　※踏面 0.3m、蹴上 0.18m の階段の場合

③ $c = \sqrt{0.1224} = 0.349 \fallingdotseq 0.35$

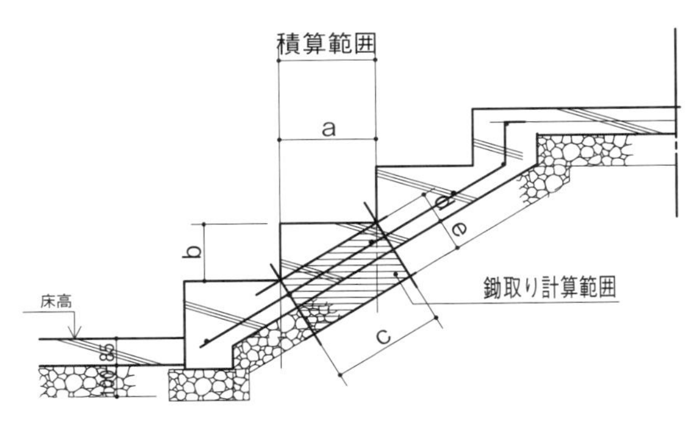

A－A断面図

ii ）埋戻し工事

階段の埋戻し工事は埋め戻す余地がないので、埋戻しは発生しない。

iii ）残土処分工事

残土処分数量は鋤取り土量と等しくなる。

階段床舗装	コンクリート打ち（下地）	NO.11

標準図

縮尺 1：20

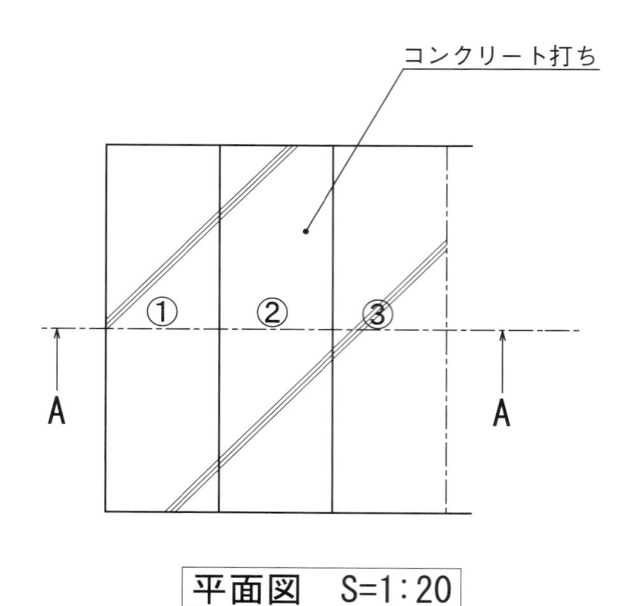

平面図　S=1：20

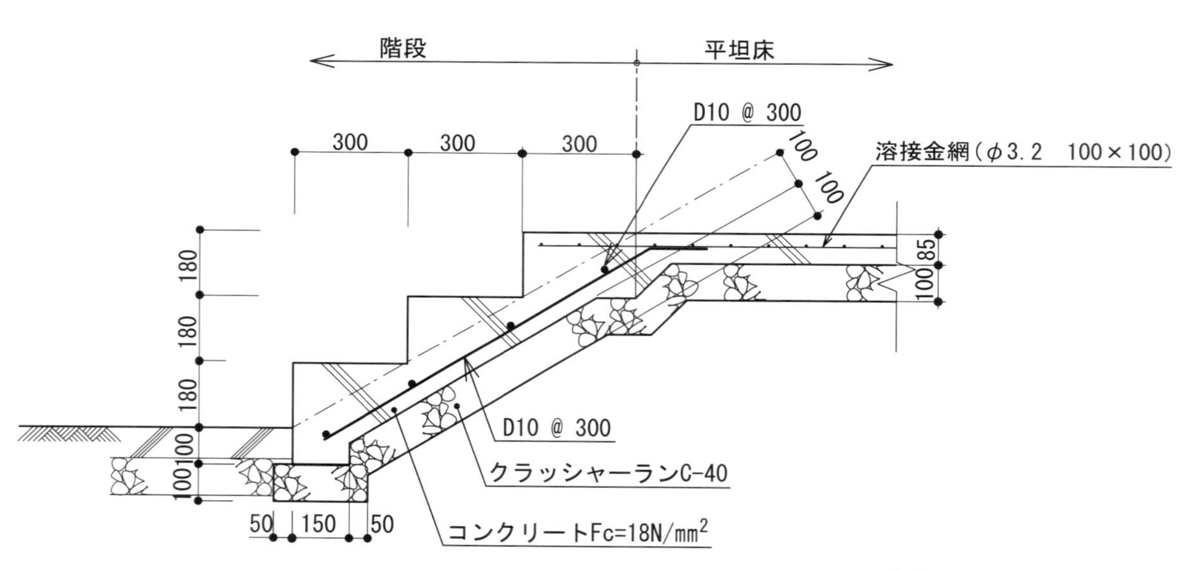

A−A　断面図　S=1：20

※鉄筋を補強する場合の配筋図

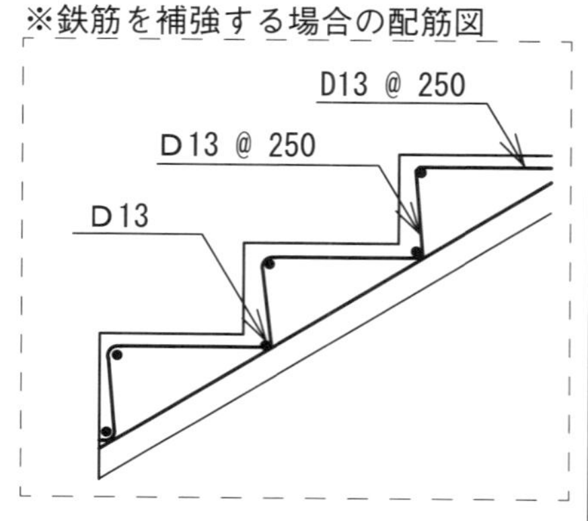

階段床舗装	コンクリート打ち（下地）	NO.11

数量計算表・代価表

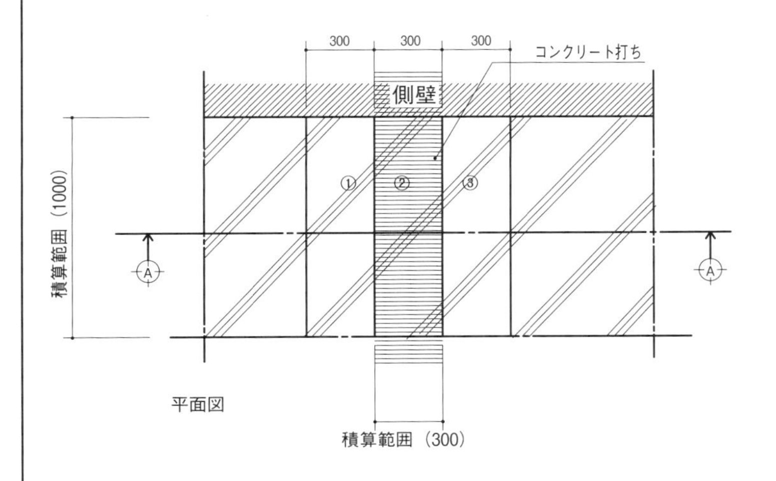

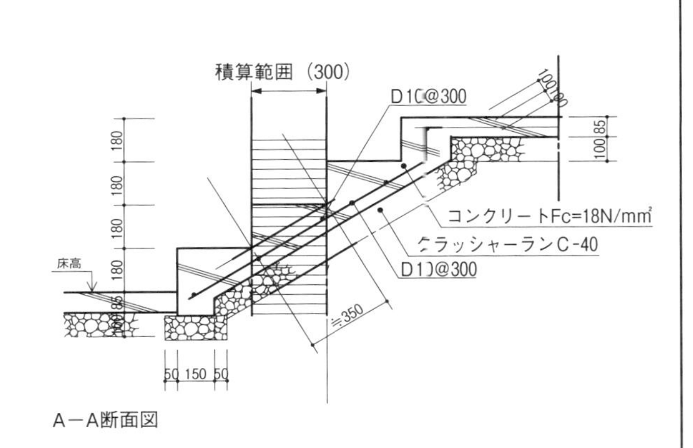

■数量計算表

段ｍ当り

細　目	単位	計算式	計　算	計算結果
水盛遣方　(A_1)	m^2	踏面寸法×階段幅	A_1=0.3×1.0	0.3
鋤取り　(A_2)	m^2	鋤取り幅×階段幅	A_2=0.35×1.0	0.35
鋤取り土量　(V_1)	m^3	鋤取り深さ×鋤取り幅×階段幅	V_1=0.2×0.35×1.0	0.07
残土処分　(V_3)	m^3	V_1		0.07
地業　(V_4)	m^3	地業高×地業幅×階段幅	V_4=0.1×0.35×1.0	0.035
堰板　(A_3)	m^2	蹴上寸法×階段幅	A_3=0.18×1.0	0.18
鉄筋加工組立	kg	(横筋長×横筋本数＋縦筋長×縦筋本数)×単位質量	(1.0×1＋0.35×3.333)×0.56	1.2133
コンクリート打設 (V_5)	m^3	(コンクリート厚×コンクリート幅＋1/2×蹴上寸法×踏面寸法) ×階段幅	V_5=(0.1×0.35＋1/2×0.18×0.3)×1.0	0.062

注）鋤取り土量は、残土処分数量に関わるので算出しておく。

◆代価表

段ｍ当り

細　目	内　容	数　量	単位	単　価	金　額	備　考
水盛遣方		0.3	m^2			
鋤取り	人力	0.35	m^2			
残土処分　(V_3)	場外処分・2t車、片道8kmまで	0.07	m^3			
地業　(V_4)	クラッシャーラン C-40	0.035	m^3			
堰板	杉板ア 9mm	0.18	m^2			
鉄筋加工組立	D10@300	1.2133	kg			
コンクリート打設	Fc=18N/mm² 人力打設・小運搬共	0.062	m^3			
清掃片付け		0.3	m^2			
合　計						

階段床舗装	モルタル塗り	NO.12

標準図

縮尺 1：20

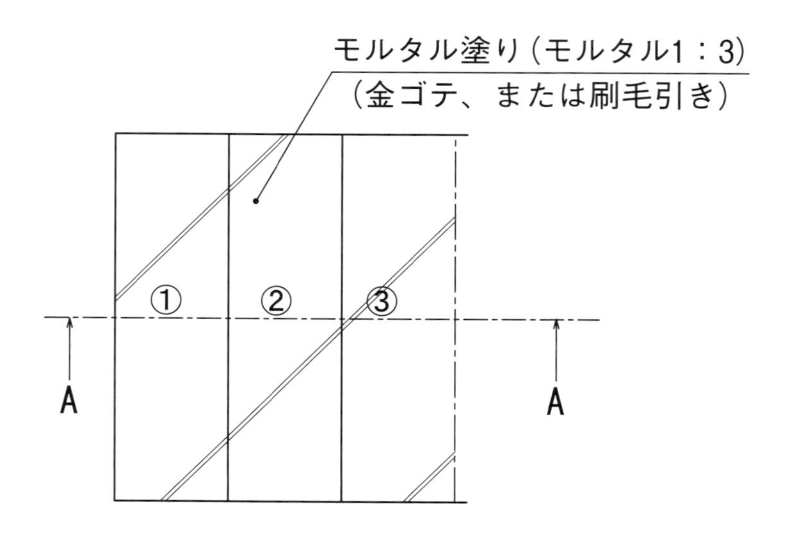

平面図 S=1:20

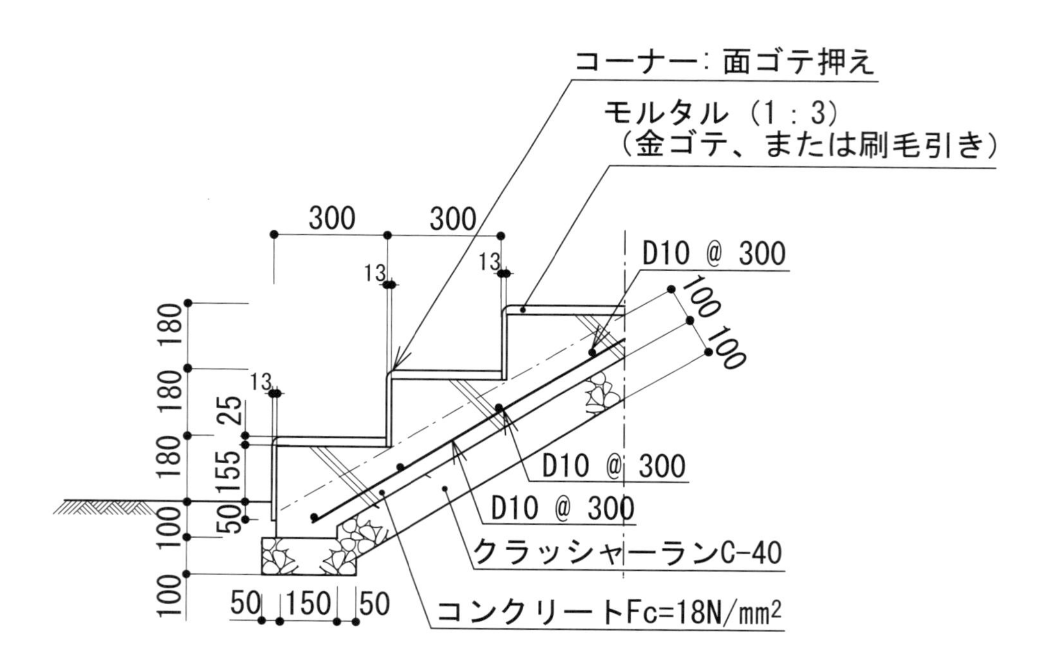

A-A 断面図 S=1:20

階段床舗装	モルタル塗り	NO.12

数量計算表・代価表

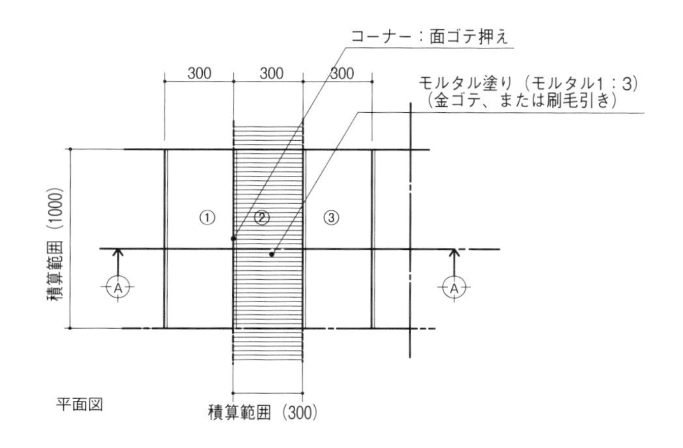

平面図

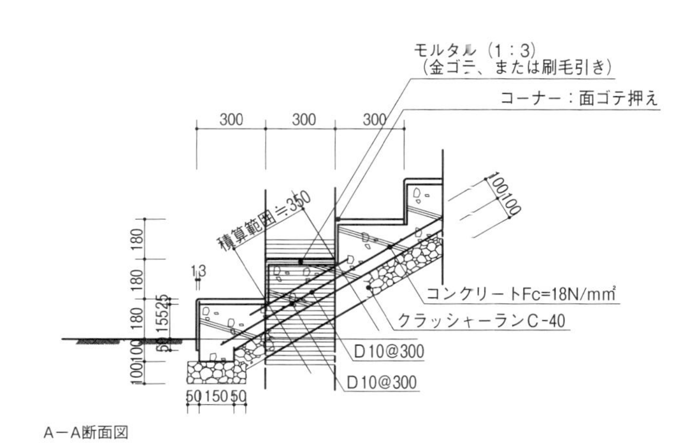

A－A断面図

■数量計算表

段ｍ当り

細　目	単位	計算式	計　算	計算結果
水盛遣方　(A_1)	m^2	踏面寸法×階段幅	A_1=0.3×1.0	0.3
鋤取り　(A_2)	m^2	鋤取り幅×階段幅	A_2=0.35×1.0	0.35
鋤取り土量　(V_1)	m^3	鋤取り深さ×鋤取り幅×階段幅	V_1=0.2×0.35×1.0	0.07
残土処分　(V_3)	m^3	V_1		0.07
地業　(V_4)	m^3	地業高×地業幅×階段幅	V_4=0.1×0.35×1.0	0.035
堰板　(A_3)	m^2	蹴上寸法×階段幅	A_3=0.18×1.0	0.18
鉄筋加工組立	kg	(横筋長×横筋本数＋縦筋長×縦筋本数)×単位質量	(1.0×1＋0.35×3.333)×0.56	1.2133
コンクリート打設 (V_5)	m^3	(コンクリート厚×コンクリート幅＋1/2×蹴上寸法×踏面寸法)×階段幅	V_5=(0.1×0.35＋1/2×0.18×0.3)×1.0	0.062
モルタル仕上げ (A_4)	m^2	(蹴上寸法＋踏面寸法)×階段幅	A_4=(0.18＋0.3)×1.0	0.48
コーナー面ゴテ押え	m	階段幅	1.0	1.0

注）鋤取り土量は、残土処分数量に関わるので算出しておく。

◆代価表

段ｍ当り

細　目	内　容	数　量	単位	単　価	金　額	備　考
水盛遣方		0.3	m^2			
鋤取り	人力	0.35	m^2			
残土処分	場外処分・2t車、片道8kmまで	0.07	m^3			
地業	クラッシャーラン C-40	0.035	m^3			
堰板	杉板ァ9mm	0.18	m^2			
鉄筋加工組立	D10@300	1.2133	kg			
コンクリート打設	Fc=18N/mm² 人力打設・小運搬共	0.062	m^3			
モルタル仕上げ		0.48	m^2			
コーナー面ゴテ押え		1.0	m			
清掃片付け		0.3	m^2			
合　計						

階段床舗装	砂利洗い出し	NO.13

標準図　　　　　　　　　　　　　　　　　　　　縮尺 1：20

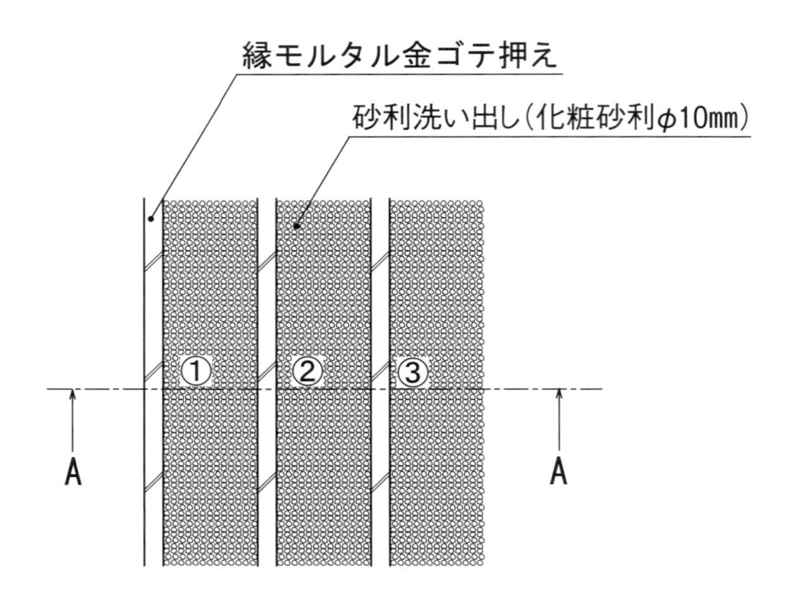

平面図　S=1：20

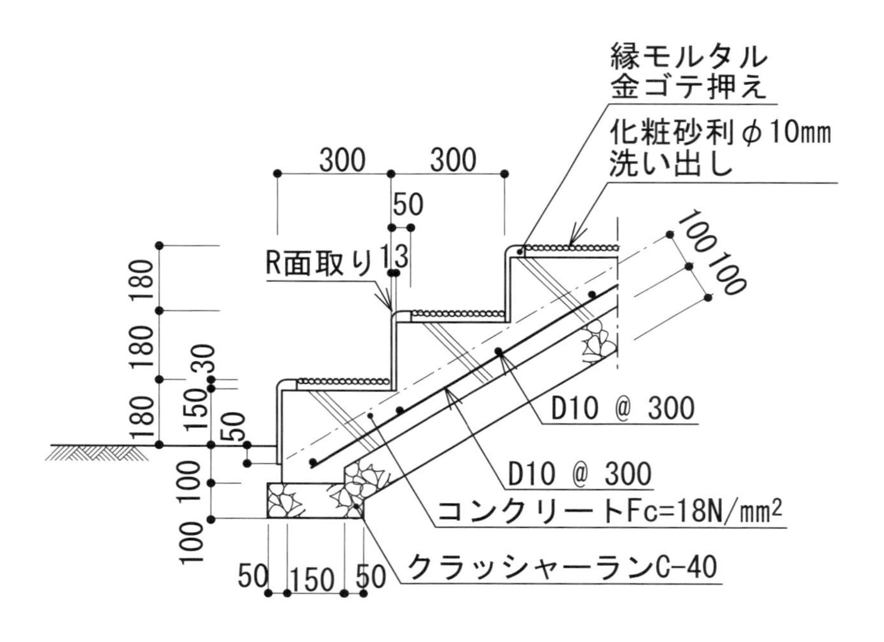

A-A　断面図　S=1：20

階段床舗装	砂利洗い出し	NO.13

数量計算表・代価表

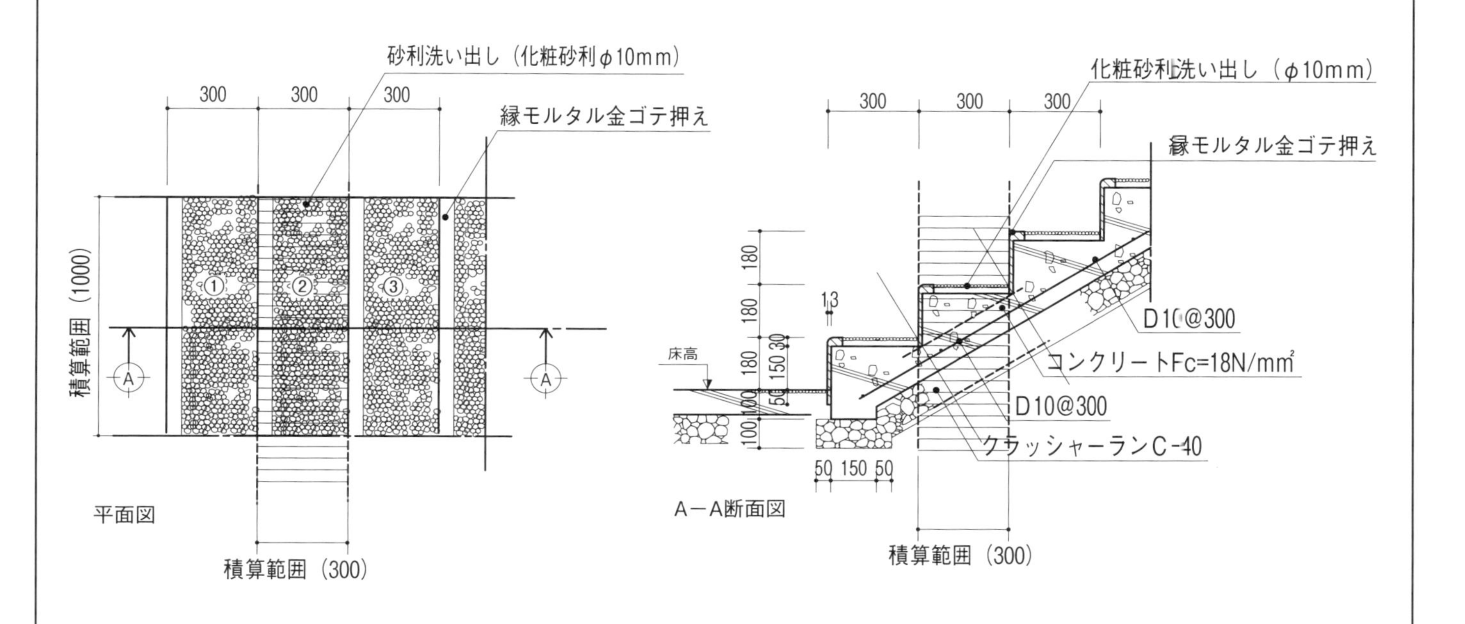

■数量計算表

段m当り

細　目	単位	計算式	計　算	計算結果
水盛遣方　(A_1)	m^2	踏面寸法×階段幅	A_1=0.3×1.0	0.3
鋤取り　(A_2)	m^2	鋤取り幅×階段幅	A_2=0.35×1.0	0.35
鋤取り土量　(V_1)	m^3	鋤取り深さ×鋤取り幅×階段幅	V_1=0.2×0.35×1.0	0.07
残土処分　(V_3)	m^3	V_1		0.07
地業　(V_4)	m^3	地業高×地業幅×階段幅	V_4=0.1×0.35×1.0	0.035
堰板　(A_3)	m^2	蹴上寸法×階段幅	A_3=0.18×1.0	0.18
鉄筋加工組立	kg	(横筋長×横筋本数＋縦筋長×縦筋本数)×単位質量	(1.0×1＋0.35×3.333)×0.56	1.2133
コンクリート打設 (V_5)	m^3	(コンクリート厚×コンクリート幅＋1/2×蹴上寸法×踏面寸法)×階段幅	V_5=(0.1×0.35＋1/2×0.18×0.3)×1.0	0.062
砂利洗い出し (A_4)	m^2	(踏面寸法－モルタル縁幅)×階段幅	A_4=(0.3−0.05)×1.0	0.25
縁モルタル金ゴテ押え	m	階段幅	1.0	1.0

注）鋤取り土量は、残土処分数量に関わるので算出しておく。

◆代価表

段m当り

細　目	内　容	数　量	単位	単　価	金　額	備　考
水盛遣方		0.3	m^2			
鋤取り	人力	0.35	m^2			
残土処分	場外処分・2t車、片道8kmまで	0.07	m^3			
地業	クラッシャーラン C-40	0.035	m^3			
堰板	杉板ァ9mm	0.18	m^2			
鉄筋加工組立	D10@300	1.2133	kg			
コンクリート打設	Fc=18N/mm² 人力打設・小運搬共	0.062	m^3			
砂利洗い出し	砂利φ 10mm・踏面	0.25	m^2			
縁モルタル金ゴテ押え		1.0	m			
清掃片付け		0.3	m^2			
合　計						

階段床舗装	タイル張り（150角）	NO.14

標準図　　縮尺 1：20

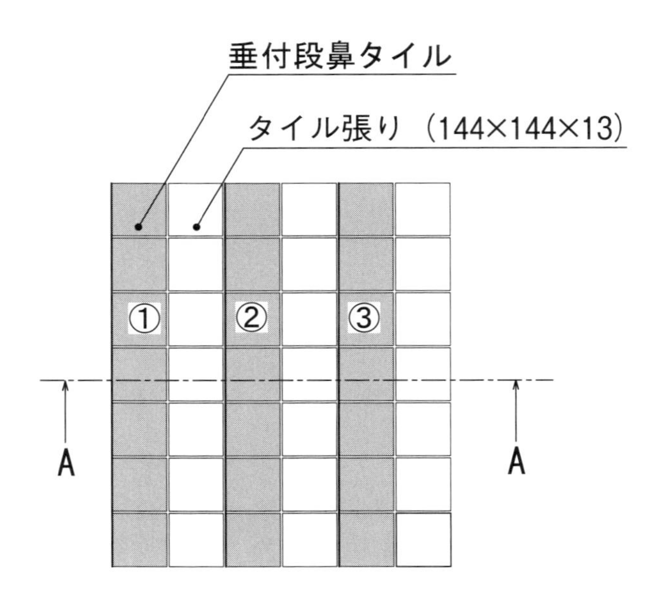

平面図　S=1:20

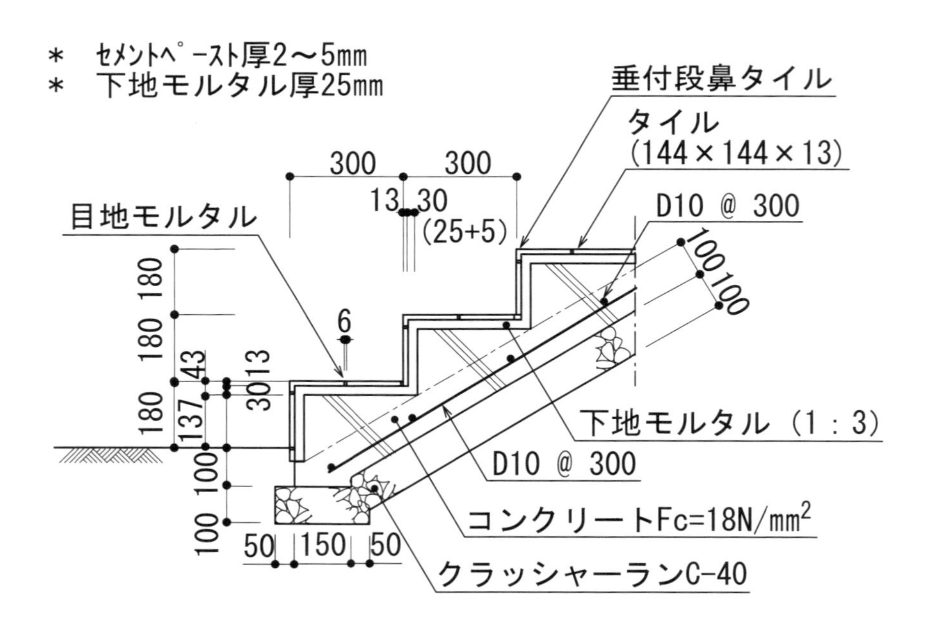

A-A　断面図　S=1:20

階段床舗装	タイル張り（150角）	NO.14

数量計算表・代価表

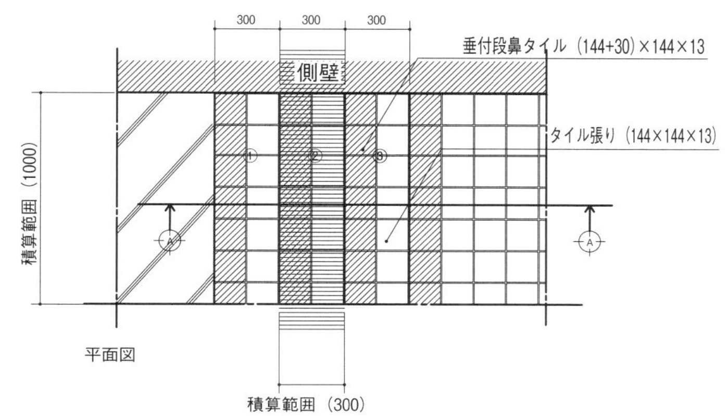

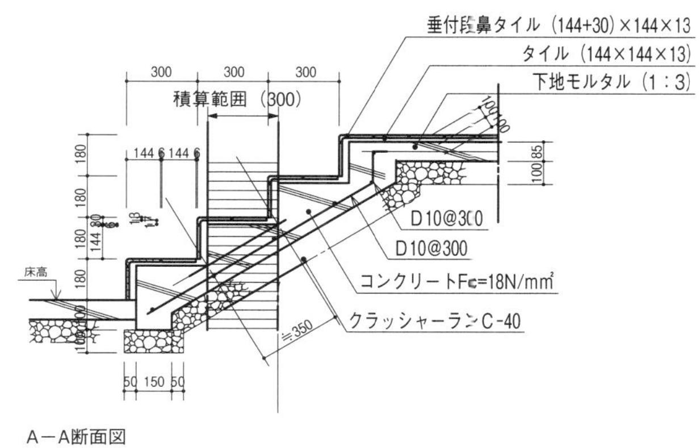

■数量計算表

段ｍ当り

細　目	単位	計算式	計　算	計算結果
水盛遣方　(A_1)	m^2	踏面寸法×階段幅	A_1=0.3×1.0	0.3
鋤取り　(A_2)	m^2	鋤取り幅×階段幅	A_2=0.35×1.0	0.35
鋤取り土量　(V_1)	m^3	鋤取り深さ×鋤取り幅×階段幅	V_1=0.2×0.35×1.0	0.07
残土処分　(V_3)	m^3	V_1		0.07
地業　(V_4)	m^3	地業高×地業幅×階段幅	V_4=0.1×0.35×1.0	0.035
堰板　(A_3)	m^2	蹴上寸法×階段幅	A_3=0.18×1.0	0.18
鉄筋加工組立	kg	（横筋長×横筋本数＋縦筋長×縦筋本数）×単位質量	（1.0×1＋0.35×3.333）×0.56	1.2133
コンクリート打設 (V_5)	m^3	（コンクリート厚×コンクリート幅＋1/2×蹴上寸法×踏面寸法）×階段幅	V_5=（0.1×0.35＋1/2×0.18×0.3）×1.0	0.062
タイル張り　(A_4)	m^2	（踏面寸法＋蹴上寸法－垂付段鼻タイル寸法）×階段幅	A_4=（0.3＋0.18－0.18）×1.0	0.3
役物タイル張り	m	階段幅	1.0	1.0

注）鋤取り土量は、残土処分数量に関わるので算出しておく。

◆代価表

段ｍ当り

細　目	内　容	数　量	単位	単　価	金　額	備　考
水盛遣方		0.3	m^2			
鋤取り	人力	0.35	m^2			
残土処分	場外処分・２t車、片道８kmまで	0.07	m^3			
地業	クラッシャーラン C-40	0.035	m^3			
堰板	杉板ァ９mm	0.18	m^2			
鉄筋加工組立	D10@300	1.2133	kg			
コンクリート打設	Fc=18N/mm² 人力打設・小運搬共	0.062	m^3			
タイル張り	150角タイル（踏面・蹴上共）　144×144×13	0.3	m^2			
役物タイル張り	150角垂付段鼻タイル　（144＋30）×144×13	1.0	m			
清掃片付け		0.3	m^2			
合　計						

階段床舗装	自然石乱形張り	NO.15

標準図　　縮尺 1：20

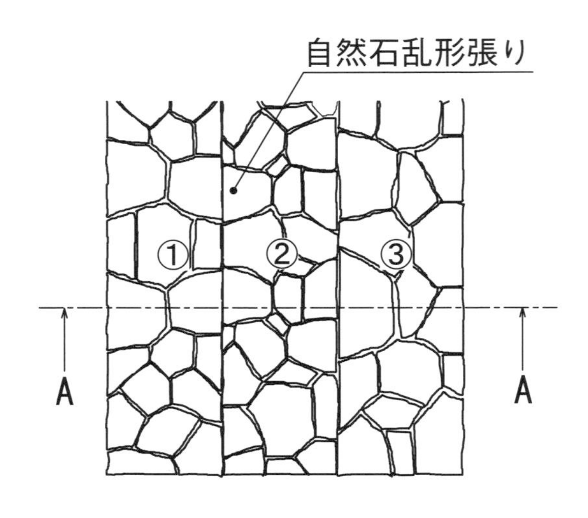

平面図　S=1:20

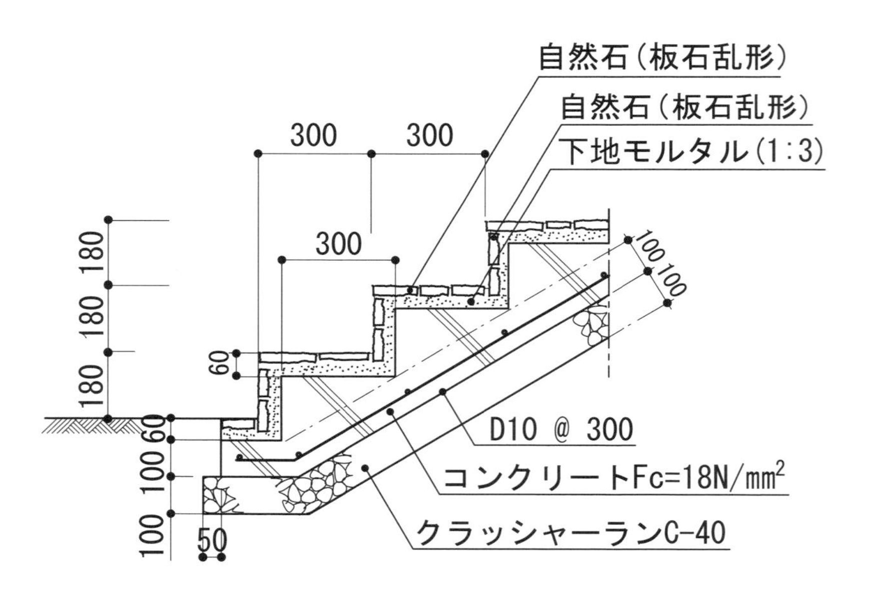

A-A　断面図　S=1:20

階段床舗装	自然石乱形張り	NO.15

数量計算表・代価表

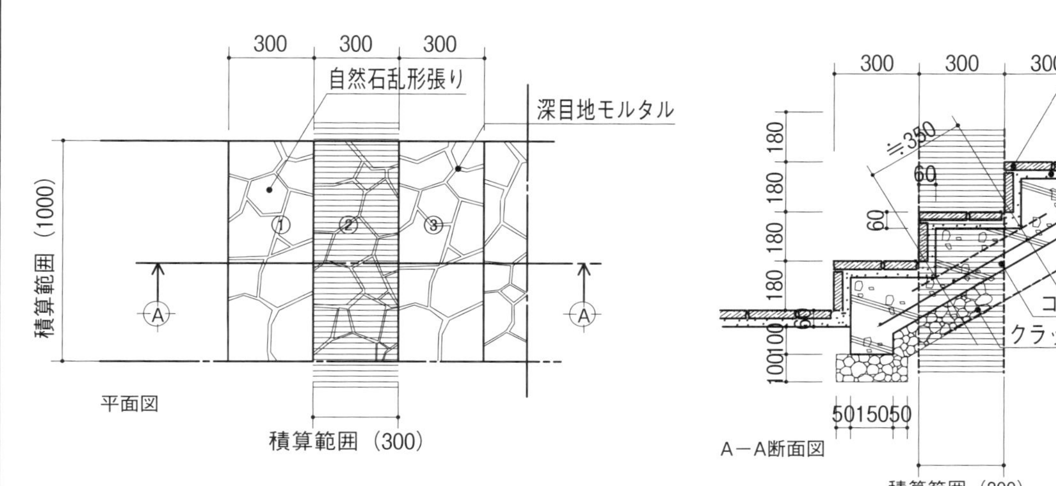

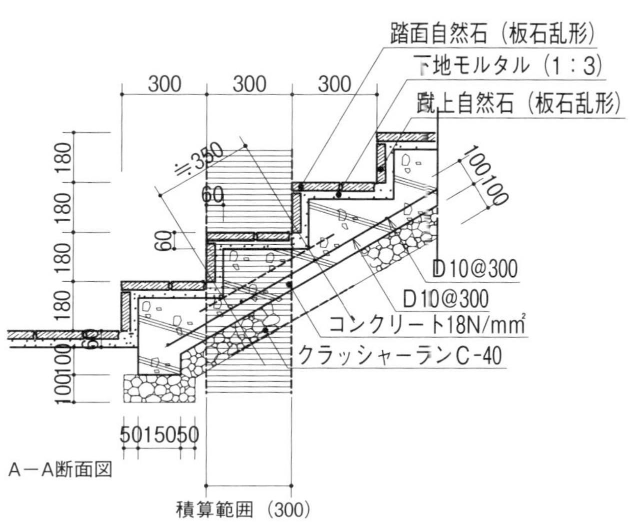

■数量計算表

段ｍ当り

細　目	単位	計算式	計　算	計算結果
水盛遣方　(A_1)	m^2	踏面寸法×階段幅	A_1=0.3×1.0	0.3
鋤取り　(A_2)	m^2	鋤取り幅×階段幅	A_2=0.35×1.0	0.35
鋤取り土量　(V_1)	m^3	鋤取り深さ×鋤取り幅×階段幅	V_1=0.2×0.35×1.0	0.07
残土処分　(V_3)	m^3	V_1		0.07
地業　(V_4)	m^3	地業高×地業幅×階段幅	V_4=0.1×0.35×1.0	0.035
堰板　(A_3)	m^2	蹴上寸法×階段幅	A_3=0.18×1.0	0.18
鉄筋加工組立	kg	(横筋長×横筋本数＋縦筋長×縦筋本数)×単位質量	(1.0×1＋0.35×3.333)×0.56	1.2133
コンクリート打設 (V_5)	m^3	(コンクリート厚×コンクリート幅＋1/2×蹴上寸法×踏面寸法)×階段幅	V_5=(0.1×0.35＋1/2×0.18×0.3)×1.0	0.062
自然石乱形張り (A_4)	m^2	(踏面寸法＋蹴上寸法)×階段幅	A_4=(0.3＋0.18)×1.0	0.48

注）鋤取り土量は、残土処分数量に関わるので算出しておく。

◆代価表

段ｍ当り

細　目	内　容	数　量	単位	単　価	金　額	備　考
水盛遣方		0.3	m^2			
鋤取り	人力	0.35	m^2			
残土処分	場外処分・2t車、片道8kmまで	0.07	m^3			
地業	クラッシャーラン C-40	0.035	m^3			
堰板	杉板ァ9mm	0.18	m^2			
鉄筋加工組立	D10@300	1.2133	kg			
コンクリート打設	Fc=18N/mm² 人力打設・小運搬共	0.062	m^3			
自然石乱形張り	自然石板石乱形（踏面・蹴上共）　厚30mm～	0.48	m^2			
清掃片付け		0.3	m^2			
合　計						

階段床舗装	自然石乱形張り（蹴上自然石小端積み）	NO.16

標準図　縮尺 1：20

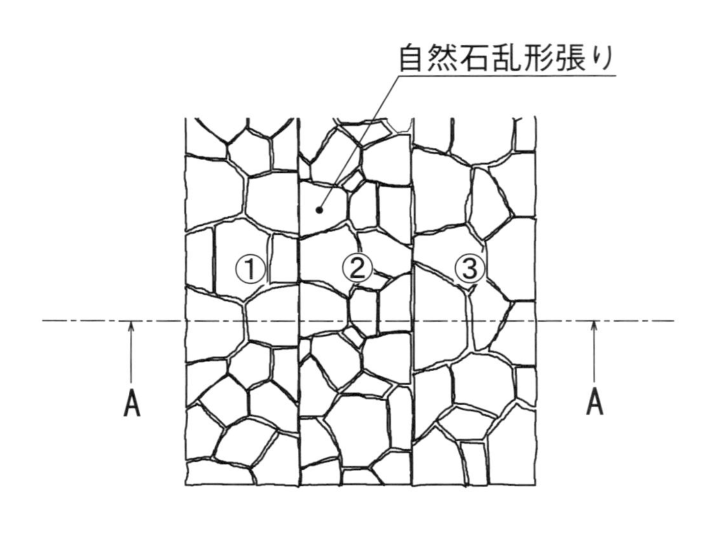

平面図　S=1：20

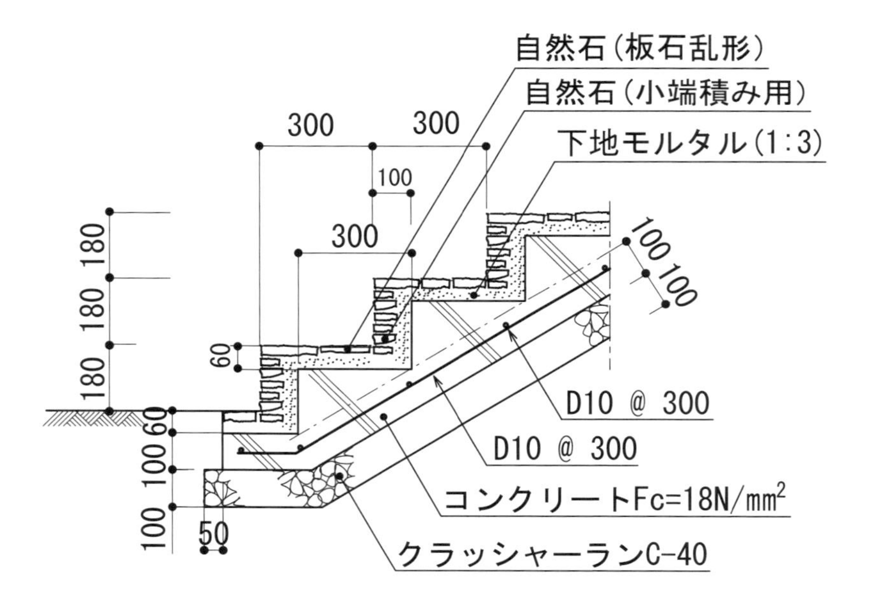

A-A　断面図　S=1：20

階段床舗装	自然石乱形張り（蹴上自然石小端積み）	NO.16

数量計算表・代価表

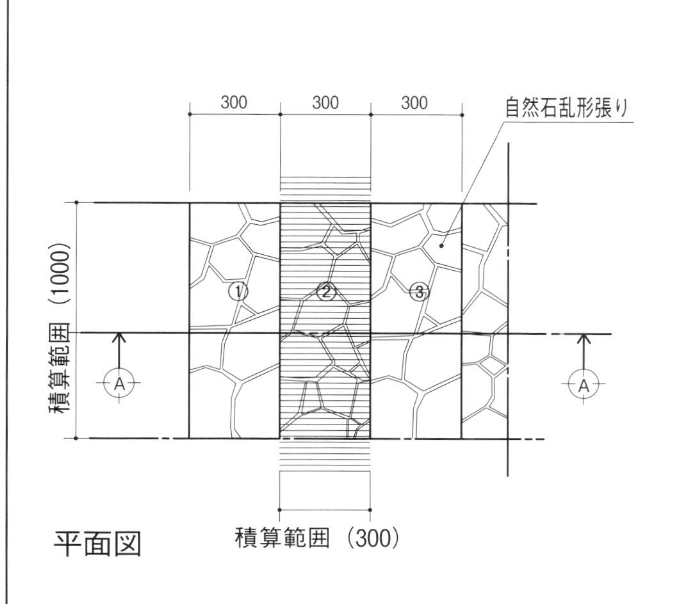

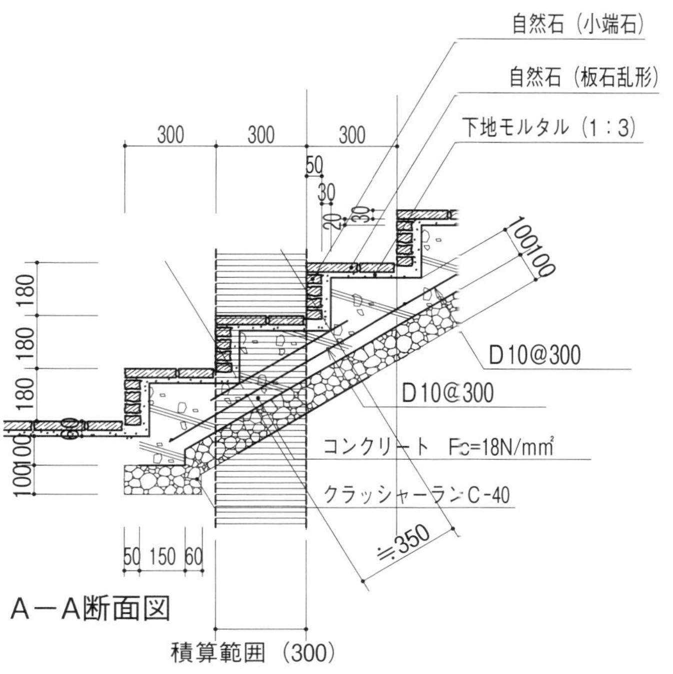

■数量計算表

段ｍ当り

細　目	単位	計算式	計　算	計算結果
水盛遣方　(A_1)	m^2	踏面寸法×階段幅	A_1=0.3×1.0	0.3
鋤取り　(A_2)	m^2	鋤取り幅×階段幅	A_2=0.35×1.0	0.35
鋤取り土量　(V_1)	m^3	鋤取り深さ×鋤取り幅×階段幅	V_1=0.2×0.35×1.0	0.07
残土処分　(V_3)	m^3	V_1		0.07
地業　(V_4)	m^3	地業高×地業幅×階段幅	V_4=0.1×0.35×1.0	0.035
堰板　(A_3)	m^2	蹴上寸法×階段幅	A_3=0.18×1.0	0.18
鉄筋加工組立	kg	(横筋長×横筋本数＋縦筋長×縦筋本数)×単位質量	(1.0×1＋0.35×3.333)×0.56	1.2133
コンクリート打設 (V_5)	m^3	(コンクリート厚×コンクリート幅＋1/2×蹴上寸法×踏面寸法)×階段幅	V_5=(0.1×0.35＋1/2×0.18×0.3)×1.0	0.062
自然石乱形張り (A_4)	m^2	踏面寸法×階段幅	A_4=0.3×1.0	0.3
自然石小端積み (A_5)	m^2	蹴上寸法×階段幅	A_5=0.18×1.0	0.18

注）鋤取り土量は、残土処分数量に関わるので算出しておく。

◆代価表

段ｍ当り

細　目	内　容	数　量	単位	単　価	金　額	備　考
水盛遣方		0.3	m^2			
鋤取り	人力	0.35	m^2			
残土処分	場外処分・２t車、片道８kmまで	0.07	m^3			
地業	クラッシャーラン C-40	0.035	m^3			
堰板	杉板ァ９mm	0.18	m^2			
鉄筋加工組立	D10@300	1.2133	kg			
コンクリート打設	Fc=18N/mm^2 人力打設・小運搬共	0.062	m^3			
自然石乱形張り	踏面　自然石板石乱形　厚30mm～	0.3	m^2			
自然石小端積み	蹴上　自然石小端石	0.18	m^2			
清掃片付け		0.3	m^2			
合　計						

階段床舗装	自然石方形張り	NO.17

標準図

縮尺 1：20

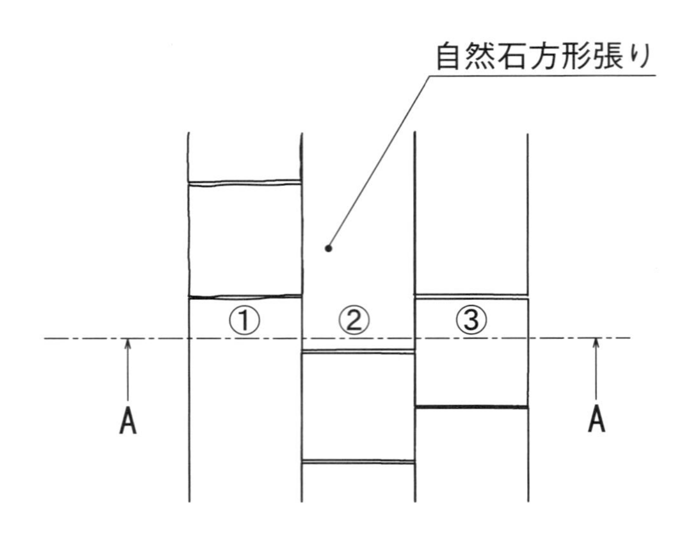

平面図　S=1:20

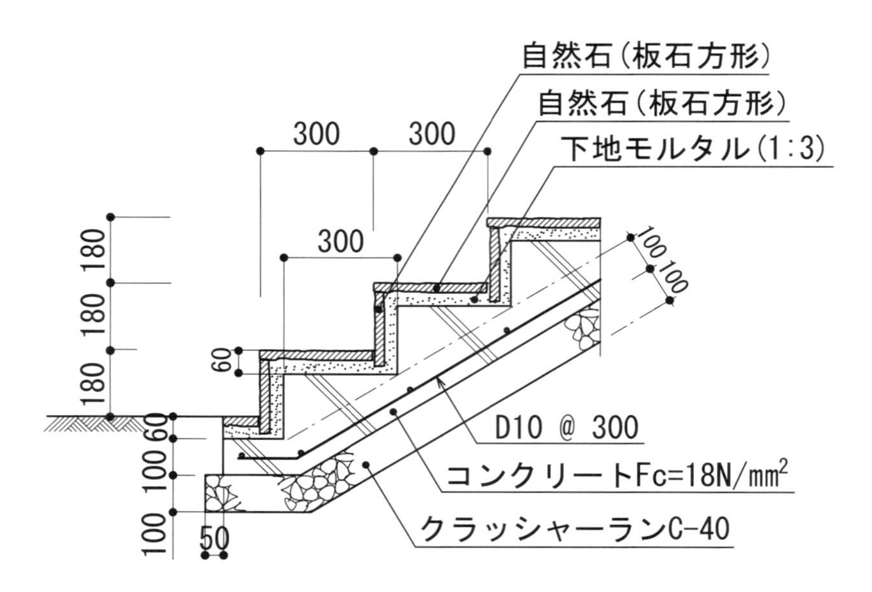

A-A　断面図　S=1:20

階段床舗装	自然石方形張り	NO.17

数量計算表・代価表

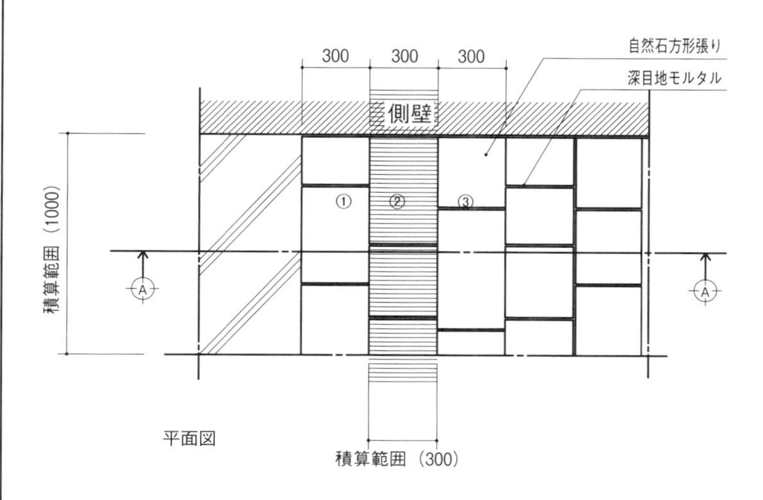

平面図

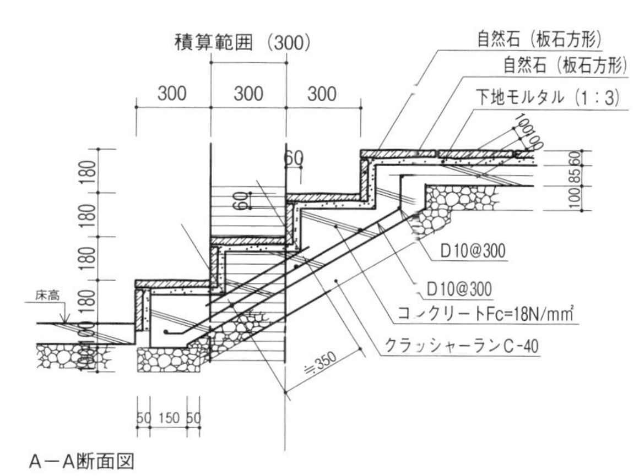

A－A断面図

■数量計算表

段ｍ当り

細　目	単位	計算式	計　算	計算結果
水盛遣方 (A_1)	m^2	踏面寸法×階段幅	A_1=0.3×1.0	0.3
鋤取り (A_2)	m^2	鋤取り幅×階段幅	A_2=0.35×1.0	0.35
鋤取り土量 (V_1)	m^3	鋤取り深さ×鋤取り幅×階段幅	V_1=0.2×0.35×1.0	0.07
残土処分 (V_3)	m^3	V_1		0.07
地業 (V_4)	m^3	地業高×地業幅×階段幅	V_4=0.1×0.35×1.0	0.035
堰板 (A_3)	m^2	蹴上寸法×階段幅	A_3=0.18×1.0	0.18
鉄筋加工組立	kg	（横筋長×横筋本数＋縦筋長×縦筋本数）×単位質量	（1.0×1＋0.35×3.333）×0.56	1.2133
コンクリート打設 (V_5)	m^3	（コンクリート厚×コンクリート幅＋1/2×蹴上寸法×踏面寸法）×階段幅	V_5=（0.1×0.35＋1/2×0.18×0.3）×1 0	0.062
自然石方形張り (A_4)	m^2	（踏面寸法＋蹴上寸法）×階段幅	A_4=（0.3＋0.18）×1.0	0.48

注）鋤取り土量は、残土処分数量に関わるので算出しておく。

◆代価表

段ｍ当り

細　目	内　容	数　量	単位	単　価	金　額	備　考
水盛遣方		0.3	m^2			
鋤取り	人力	0.35	m^2			
残土処分	場外処分・２t車、片道８kmまで	0.07	m^3			
地業	クラッシャーラン C-40	0.035	m^3			
堰板	杉板ァ９mm	0.18	m^2			
鉄筋加工組立	D10@300	1.2133	kg			
コンクリート打設	Fc=18N/mm² 人力打設・小運搬共	0.062	m^3			
自然石方形張り	自然石板石方形（踏面・蹴上共）　厚30mm～	0.48	m^2			
清掃片付け		0.3	m^2			
合　計						

階段床舗装	自然石方形張り（蹴上自然石小端積み）	NO.18

標準図　　　　縮尺 1：20

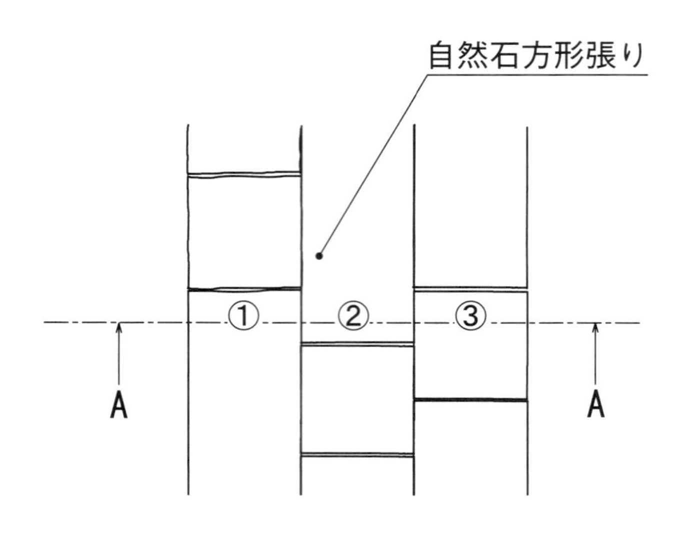

平面図　S=1:20

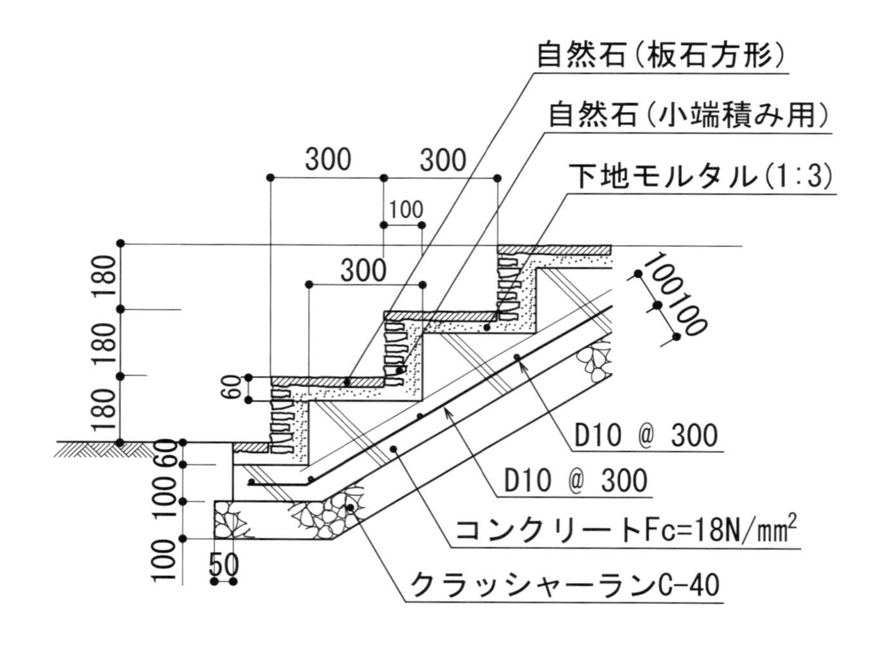

A-A　断面図　S=1:20

階段床舗装	自然石方形張り（蹴上自然石小端積み）	NO.18

数量計算表・代価表

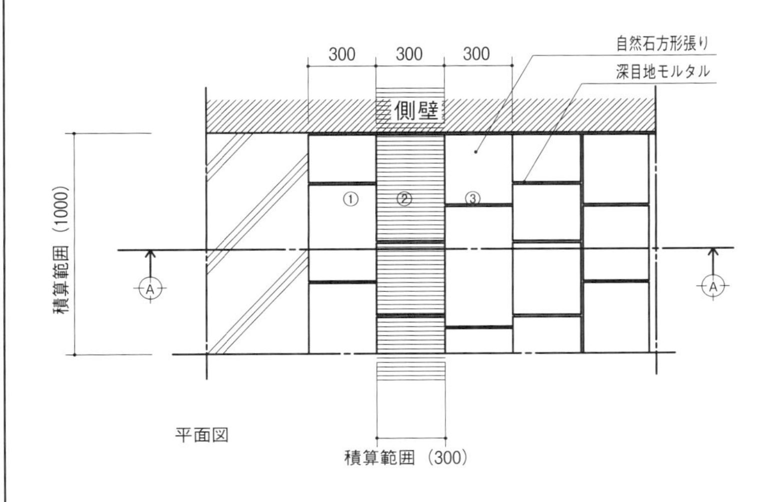

平面図

積算範囲（300）

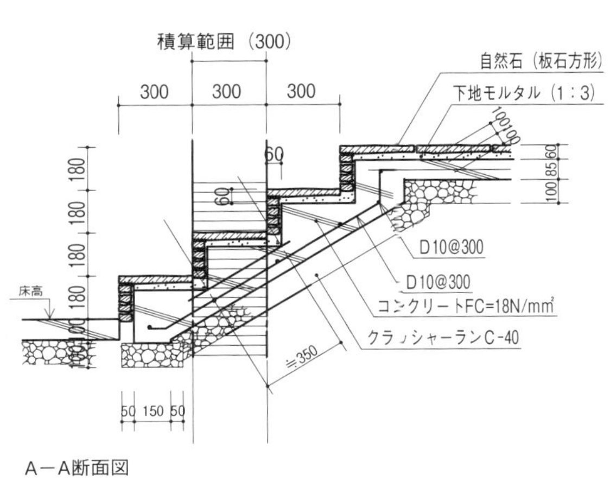

A－A断面図

■数量計算表

段ｍ当り

細　目	単位	計算式	計　算	計算結果
水盛遣方　(A_1)	m^2	踏面寸法×階段幅	A_1=0.3×1.0	0.3
鋤取り　(A_2)	m^2	鋤取り幅×階段幅	A_2=0.35×1.0	0.35
鋤取り土量　(V_1)	m^3	鋤取り深さ×鋤取り幅×階段幅	V_1=0.2×0.35×1.0	0.07
残土処分　(V_3)	m^3	V_1		0.07
地業　(V_4)	m^3	地業高×地業幅×階段幅	V_4=0.1×0.35×1.0	0.035
堰板　(A_3)	m^2	蹴上寸法×階段幅	A_3=0.18×1.0	0.18
鉄筋加工組立	kg	（横筋長×横筋本数＋縦筋長×縦筋本数）×単位質量	（1.0×1＋0.35×3.333）×0.56	1.2133
コンクリート打設 (V_5)	m^3	（コンクリート厚×コンクリート幅＋1/2×蹴上寸法×踏面寸法）×階段幅	V_5=（0.1×0.35＋1/2×0.18×0.3）×1.0	0.062
自然石方形張り (A_4)	m^2	踏面寸法×階段幅	A_4=0.3×1.0	0.3
自然石小端積み (A_5)	m^2	蹴上寸法×階段幅	A_5=0.18×1.0	0.18

注）鋤取り土量は、残土処分数量に関わるので算出しておく。

◆代価表

段ｍ当り

細　目	内　容	数　量	単位	単　価	金　額	備　考
水盛遣方		0.3	m^2			
鋤取り	人力	0.35	m^2			
残土処分	場外処分・２t車、片道８kmまで	0.07	m^3			
地業	クラッシャーラン C-40	0.035	m^3			
堰板	杉板ァ９mm	0.18	m^2			
鉄筋加工組立	D10@300	1.2133	kg			
コンクリート打設	Fc=18N/mm² 人力打設・小運搬共	0.062	m^3			
自然石方形張り	踏面　自然石板石方形　厚30mm～	0.3	m^2			
自然石小端積み	蹴上　自然石小端石用	0.18	m^2			
清掃片付け		0.3	m^2			
合　計						

階段床舗装	踏面煉瓦平張り・蹴上煉瓦小端立て	NO.19

標準図

縮尺 1：20

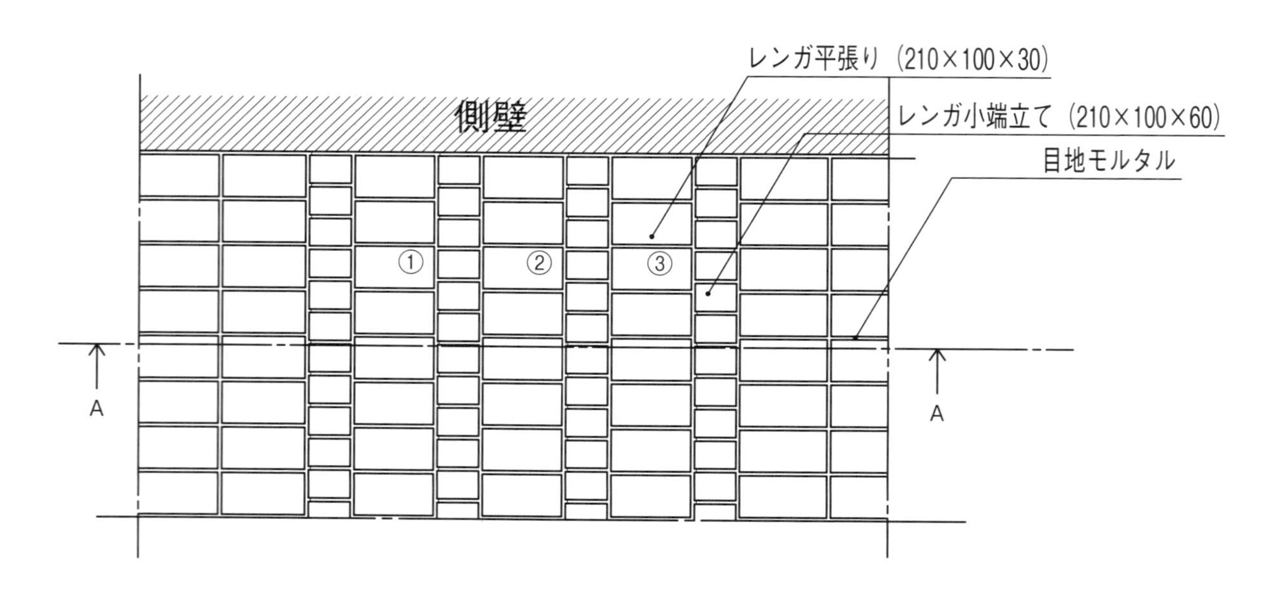

平面図 S=1:20

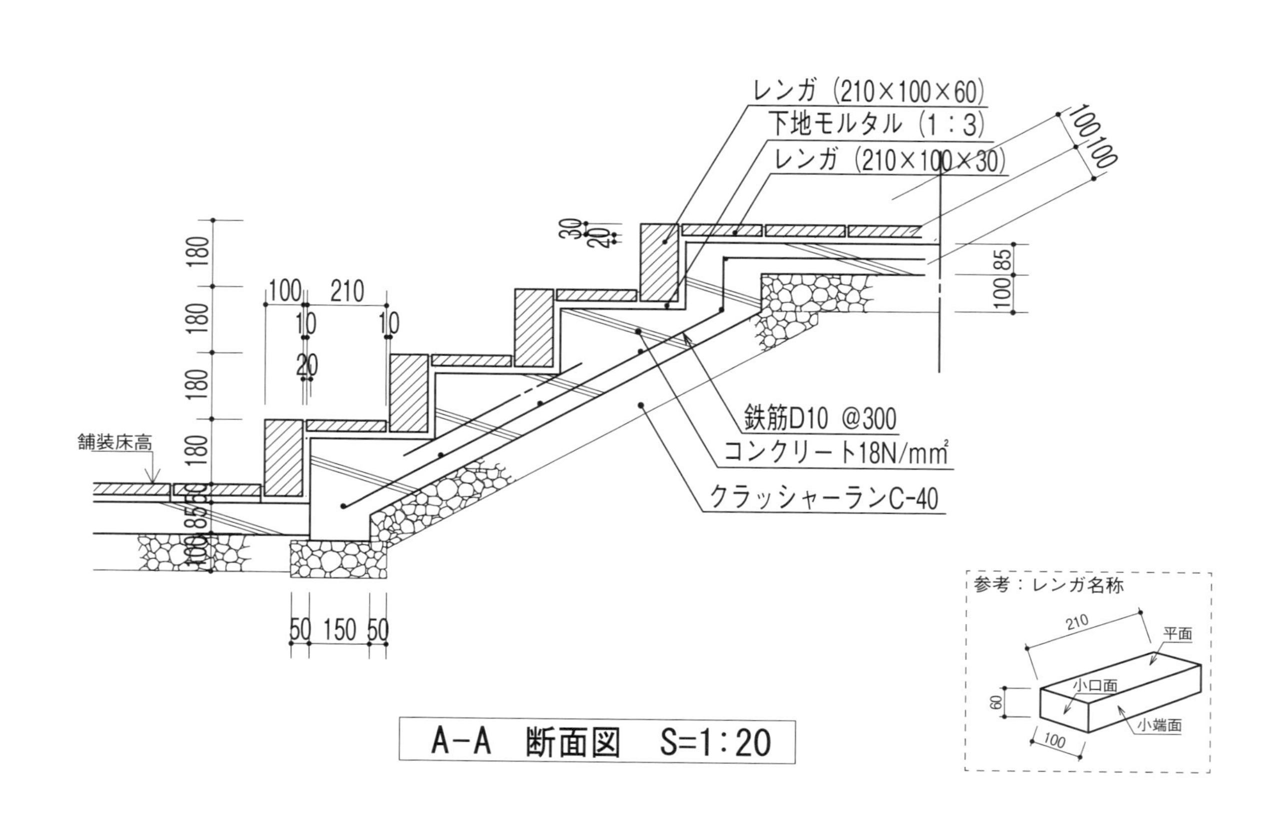

A-A 断面図 S=1:20

階段床舗装	踏面煉瓦平張り・蹴上煉瓦小端立て	NO.19

数量計算表・代価表

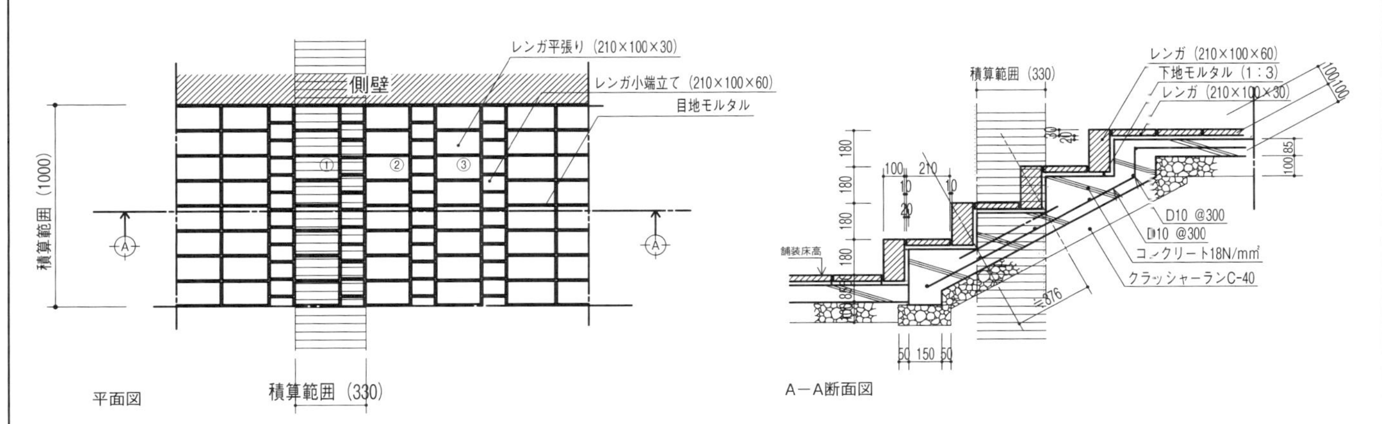

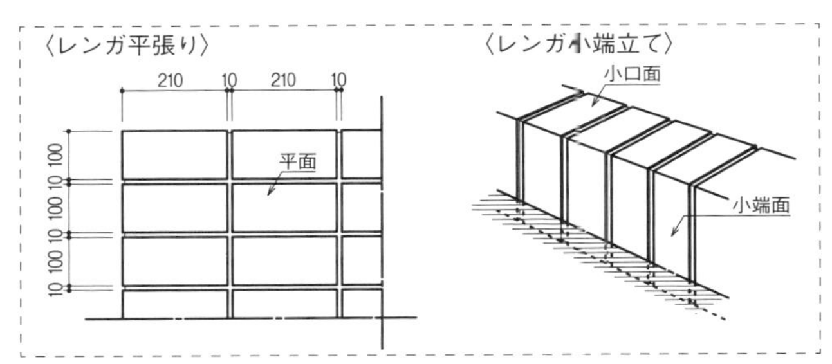

■数量計算表

段m当り

細　目	単位	計算式	計　算	計算結果
水盛遣方　(A_1)	m^2	踏面寸法×階段幅	A_1=0.33×1.0	0.33
鋤取り　(A_2)	m^2	鋤取り幅×階段幅	A_2=0.3759×1.0	0.3759
鋤取り土量　(V_1)	m^3	鋤取り深さ×鋤取り幅×階段幅	V_1=0.2×0.3759×1.0	0.0752
残土処分　(V_3)	m^3	V_1		0.0752
地業　(V_4)	m^3	地業高×地業幅×階段幅	V_4=0.1×0.3759×1.0	0.0376
堰板　(A_3)	m^2	蹴上寸法×階段幅	A_3=0.18×1.0	0.18
鉄筋加工組立	kg	(横筋長×横筋本数＋縦筋長×縦筋本数)×単位質量	(1.0×1＋0.3759×3.333)×0.56	1.2616
コンクリート打設 (V_5)	m^3	(コンクリート厚×コンクリート幅＋1/2×蹴上寸法×踏面寸法)×階段幅	V_5=(0.1×0.3759＋1/2×0.18×0.33)×1.0	0.0673
煉瓦平張り　(A_4)	m^2	レンガ寸法×階段幅	A_4=0.21×1.0	0.21
煉瓦小端立て　(A_5)	m^2	実蹴上寸法×階段幅	A_5=0.21×1.0	0.21

注）鋤取り土量は、残土処分数量に関わるので算出しておく。

◆代価表

段m当り

細　目	内　容	数　量	単位	単　価	金　額	備　考
水盛遣方		0.33	m^2			
鋤取り	人力	0.3759	m^2			
残土処分	場外処分・2t車、片道8kmまで	0.0752	m^3			
地業	クラッシャーラン C-40	0.0376	m^3			
堰板	杉板ァ9mm	0.18	m^2			
鉄筋加工組立	D10@300	1.2616	kg			
コンクリート打設	Fc=18N/mm² 人力打設・小運搬共	0.0673	m^3			
煉瓦平張り	踏面　普通レンガ　210×100×60	0.21	m^2			
煉瓦小端立て	蹴上　普通レンガ　210×100×60	0.21	m^2			
清掃片付け		0.33	m^2			
合　計						

階段床舗装	踏面煉瓦平張り・蹴上煉瓦長手積み	NO.20

標準図

縮尺 1：20

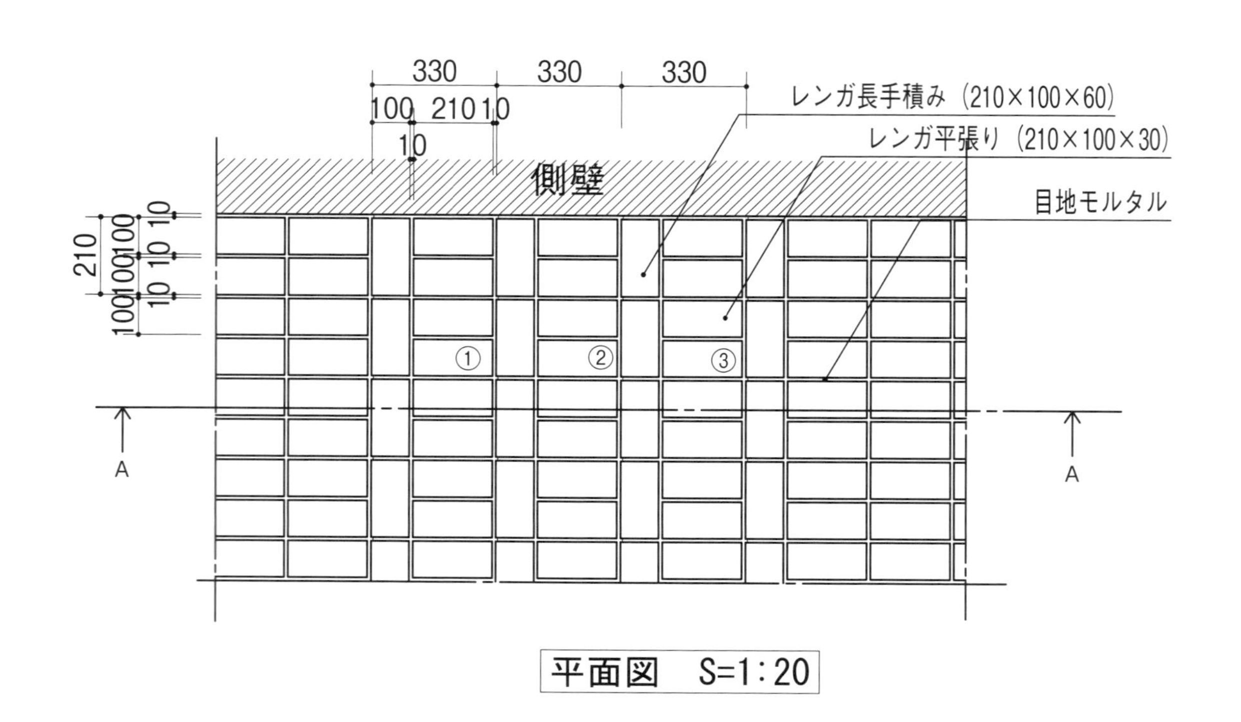

平面図　S=1：20

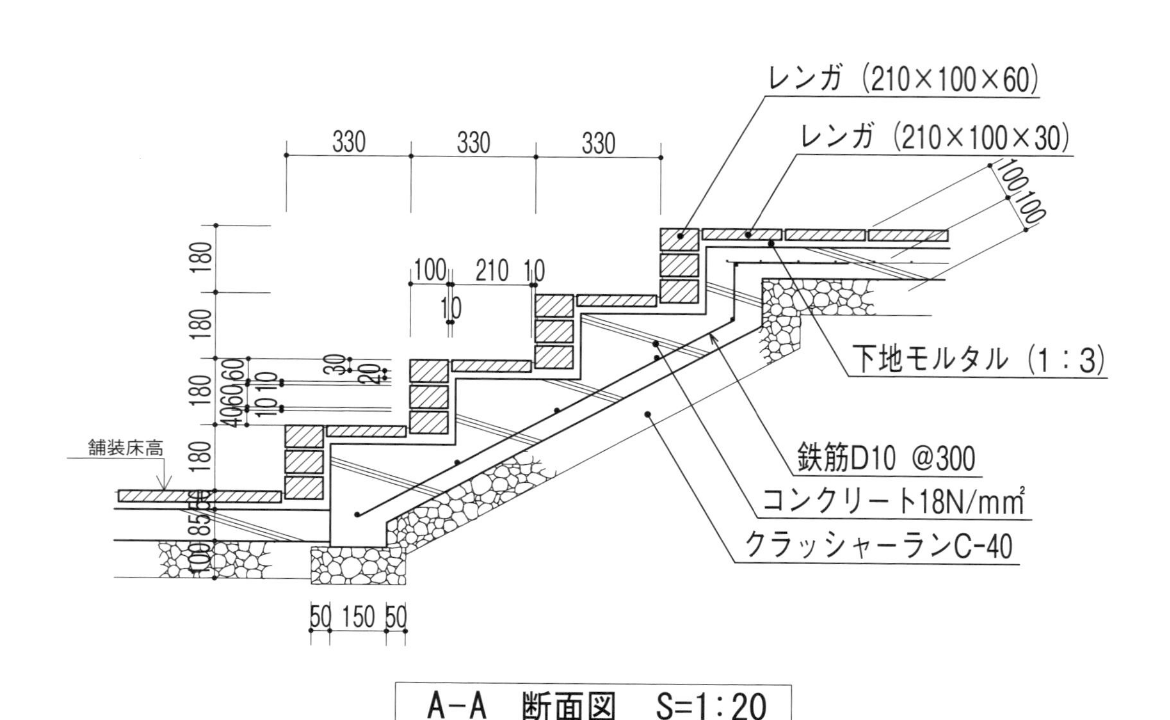

A-A　断面図　S=1：20

階段床舗装	踏面煉瓦平張り・蹴上煉瓦長手積み	N0.20

数量計算表・代価表

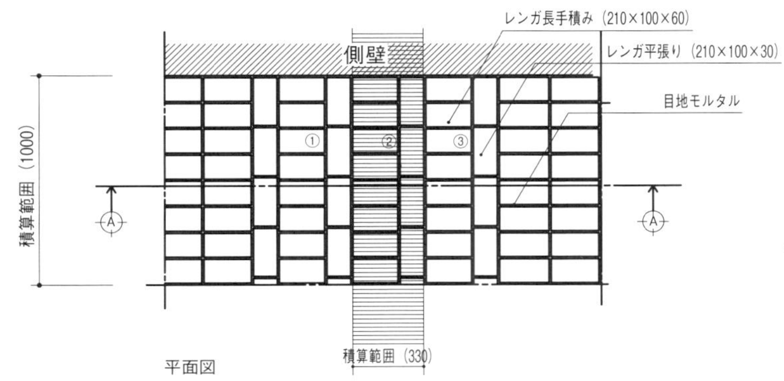

平面図

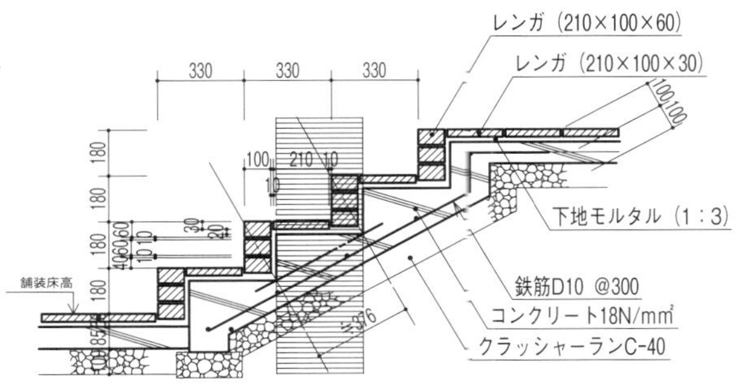

A－A断面図

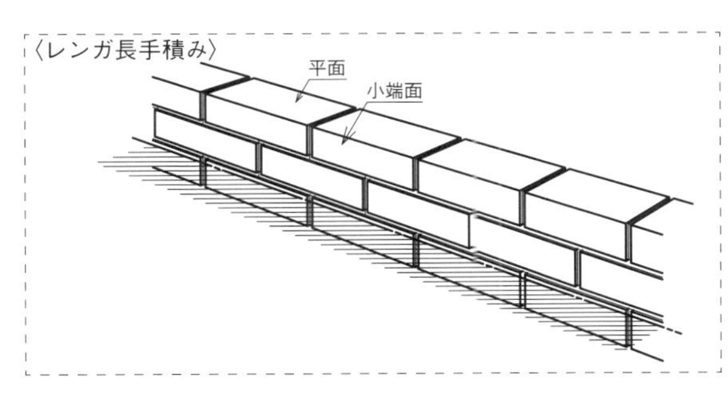

■数量計算表

段ｍ当り

細　目	単位	計算式	計　算	計算結果
水盛遣方　(A_1)	m^2	踏面寸法×階段幅	A_1=0.33×1.0	0.33
鋤取り　(A_2)	m^2	鋤取り幅×階段幅	A_2=0.3759×1.0	0.3759
鋤取り土量　(V_1)	m^3	鋤取り深さ×鋤取り幅×階段幅	V_1=0.2×0.3759×1.0	0.0752
残土処分　(V_3)	m^3	V_1		0.0752
地業　(V_4)	m^3	地業高×地業幅×階段幅	V_4=0.1×0.3759×1.0	0.0376
堰板　(A_3)	m^2	蹴上寸法×階段幅	A_3=0.18×1.0	0.18
鉄筋加工組立	kg	(横筋長×横筋本数＋縦筋長×縦筋本数)×単位質量	(1.0×1＋0.3759×3.333)×0.56	1.2616
コンクリート打設 (V_5)	m^3	(コンクリート厚×コンクリート幅＋1/2×蹴上寸法×踏面寸法)×階段幅	V_5=(0.1×0.3759＋1/2×0.18×0.33)×1.0	0.0673
煉瓦平張り　(A_4)	m^2	レンガ寸法×階段幅	A_4=0.21×1.0	0.21
煉瓦長手積み (A_5)	m^2	実蹴上寸法×階段幅	A_5=0.21×1.0	0.21

注）鋤取り土量は、残土処分数量に関わるので算出しておく。

◆代価表

段ｍ当り

細　目	内　容	数　量	単位	単　価	金　額	備　考
水盛遣方		0.33	m^2			
鋤取り	人力	0.3759	m^2			
残土処分	場外処分・2t車、片道8kmまで	0.0752	m^3			
地業	クラッシャーラン C-40	0.0376	m^3			
堰板	杉板ァ9mm	0.18	m^2			
鉄筋加工組立	D10@300	1.2616	kg			
コンクリート打設	Fc=18N/mm² 人力打設・小運搬共	0.0673	m^3			
煉瓦平張り	踏面　普通レンガ　210×100×60	0.21	m^2			
煉瓦長手積み	蹴上　普通レンガ　210×100×60	0.21	m^2			
清掃片付け		0.33	m^2			
合　計						

標準図

縮尺 1：20

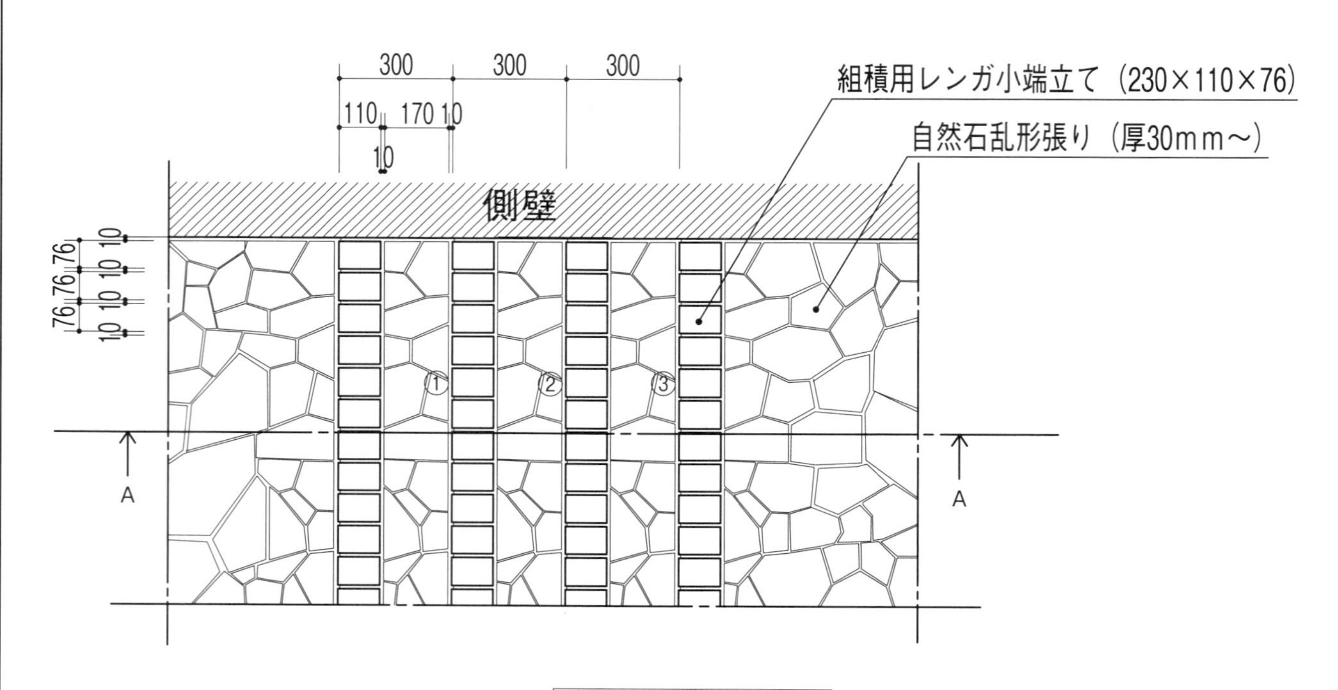

平面図　S=1：20

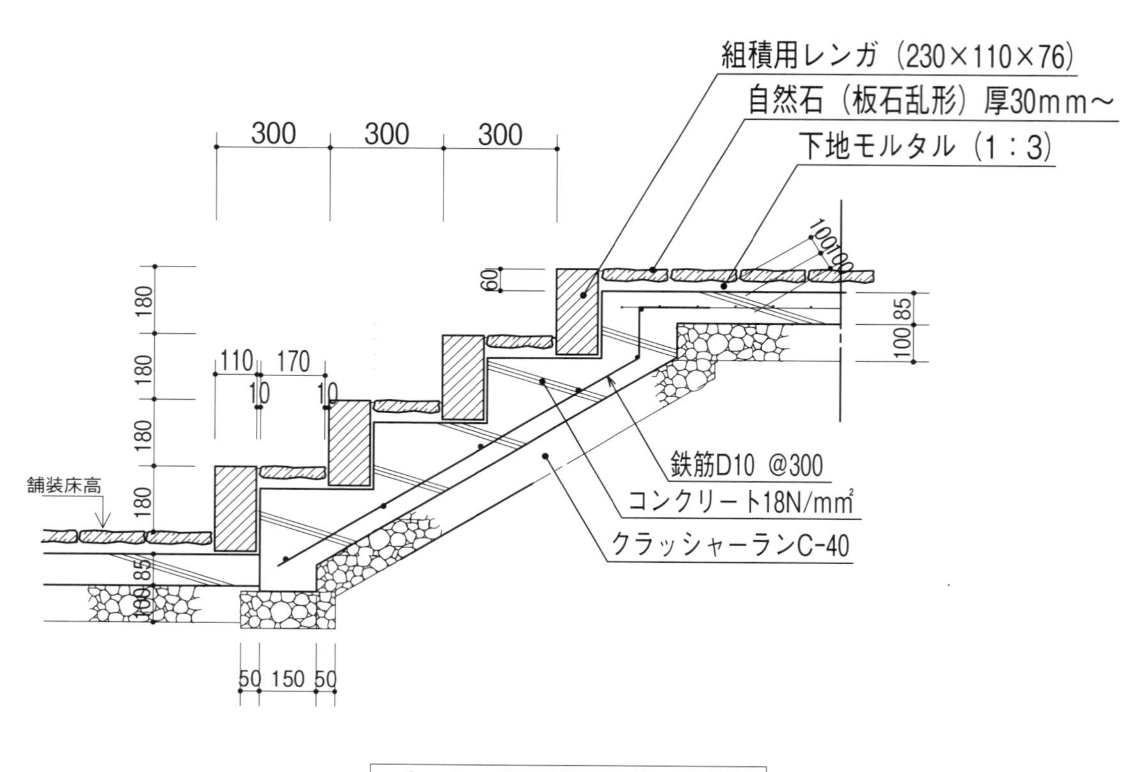

A－A　断面図　S=1：20

階段床舗装	踏面自然石乱形張り・蹴上煉瓦小端立て	NO.21

数量計算表・代価表

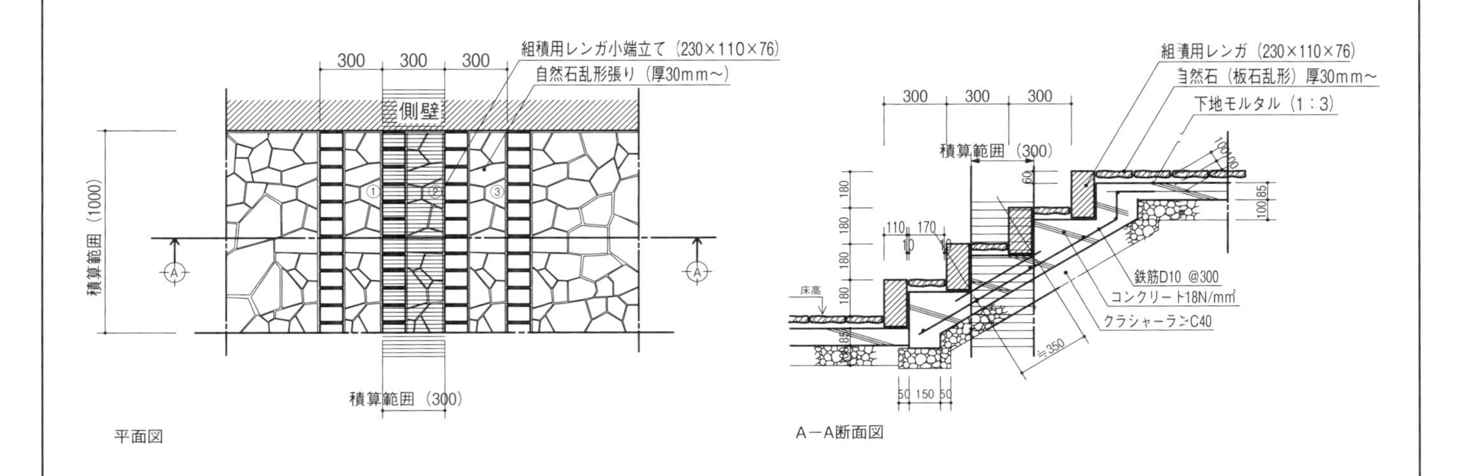

■数量計算表

段ｍ当り

細　目	単位	計算式	計　算	計算結果
水盛遣方　(A_1)	m^2	踏面寸法×階段幅	A_1=0.3×1.0	0.3
鋤取り　(A_2)	m^2	鋤取り幅×階段幅	A_2=0.35×1.0	0.35
鋤取り土量　(V_1)	m^3	鋤取り深さ×鋤取り幅×階段幅	V_1=0.2×0.3499×1.0	0.07
残土処分　(V_3)	m^3	V_1		0.07
地業　(V_4)	m^3	地業高×地業幅×階段幅	V_4=0.1×0.35×1.0	0.035
堰板　(A_3)	m^2	蹴上寸法×階段幅	A_3=0.18×1.0	0.18
鉄筋加工組立	kg	(横筋長×横筋本数＋縦筋長×縦筋本数)×単位質量	(1.0×1＋0.3499×3.333)×0.56	1.213
コンクリート打設 (V_5)	m^3	(コンクリート厚×コンクリート幅＋1/2×蹴上寸法×踏面寸法)×階段幅	V_5=(0.1×0.3499＋1/2×0.18×0.3)×1.0	0.062
自然石乱形張り (A_4)	m^2	(踏面寸法－レンガ幅)×階段幅	A_4=(0.3－0.11)×1.0	0.19
煉瓦小端立て (A_5)	m^2	実蹴上寸法×階段幅	A_5=0.23×1.0	0.23

注）鋤取り土量は、残土処分数量に関わるので算出しておく。

◆代価表

段ｍ当り

細　目	内　容	数　量	単位	単　価	金　額	備　考
水盛遣方		0.3	m^2			
鋤取り	人力	0.35	m^2			
残土処分	場外処分・２t車、片道８kmまで	0.07	m^3			
地業	クラッシャーラン C-40	0.035	m^3			
堰板	杉板ァ９mm	0.18	m^2			
鉄筋加工組立	D10@300	1.213	kg			
コンクリート打設	Fc=18N/mm² 人力打設・小運搬共	0.062	m^3			
自然石乱形張り	踏面　自然石板石乱形　厚 30mm ～	0.19	m^2			
煉瓦小端立て	蹴上　230×110×76	0.23	m^2			
清掃片付け		0.3	m^2			
合　計						

3 駐車場床舗装の標準図及び積算表

エクステリア工事における駐車空間は、通常は普通乗用車程度の駐車を想定する。したがって、道路舗装のような堅固なものではなく、簡易な床舗装となる。しかし、駐車空間の床は歩行用の床よりも積載・活荷重は大きくなるので、コンクリートの打設厚や溶接金網の規格は少し大きなものとしてある。

舗装の仕上げ材により、下地コンクリートを必要とするものと下地コンクリートを必要としないものとに分けられるので、それぞれ標準図に明記した。

駐車空間の床舗装の鋤取り範囲は1 m^2 を単位とするが、鋤取り土量は舗装端部の片側に堰板作業余地の鋤取りを含むものとした。さらに、堰板の計算は施工床面積の周囲とするが、(施工縁長さ) × (コンクリート厚) とし、施工実面積にて除するものとした。

舗装床に設けられる伸縮目地ならびに化粧目地は舗装面積から除かないものとする。また、床舗装面は道路からは擦り付けとし、奥に向かって２～3%の勾配をとることとして計算した。

インターロッキングブロック及び敷設用煉瓦敷きのような縁を必要とする施工の面積は、縁石を除いたインターロッキングブロック並びに敷設用煉瓦の実面積として計算した。

土工事の数量拾い出しについては、床舗装工事の場合、掘削深さが30cm未満の場合がほとんどと考えらえるために、工事種別としては鋤取りの範囲とした。したがって、残土処分数量はわずかになり、ほぼ埋戻し工事は発生しないと考えるが、数量計算においては鋤取り面積に余裕をみるため、わずかに埋戻しが発生するとして例示した。さらに、鋤取り数量は1 m^2 の範囲とするが、鋤取り土量は片端部の鋤取りを含むものとしている。

駐車空間の床は車の乗り入れ部分については特に配慮していないが、必要に応じてコンクリートの突起を設けたり、補強鉄筋（力筋）などを考慮しなければならない場合もある。

3-1 一般事項

a）数量計算表に用いた記号「A」は面積を表し、「V」は容積を表す。

b）代価表での残土処分は場外処分としたが、場外搬出か、場内処分かは現場状況により決めることにする。

c）砂利地業については、クラッシャーランC-40を用いることにする。

d）堰板は現場の状況により相違するが､ここでは片側の端部のコンクリート止めのみとして計算した。

e）コンクリートについては、原則レディーミクストコンクリートとし、Fc=18N/mm^2 の打設とした。

f）インターロッキングブロックや平板のような下地をコンクリート打ちしない舗装では、縁取りを設けた舗装となるが、鋤取り土量は片端部の縁石を含む範囲とし、舗装仕上げの面積は縁石を除いて計算した。

3-2 駐車場床舗装工事の土工事数量計算例

ｉ）鋤取り工事

前述の通り、深さ 30cm 未満のものは鋤取りとして扱うことにする。

鋤取り面積は 1.0m^2 とするが、鋤取り土量の構成は地業数量(Vc)＋コンクリート埋設部数量(Vd)＋端部鋤取り土量となる。

下図より、鋤取り土量（V_1)＝1/2(a＋b)×h×1

駐車床舗装（コンクリート打ち・直仕上げ）

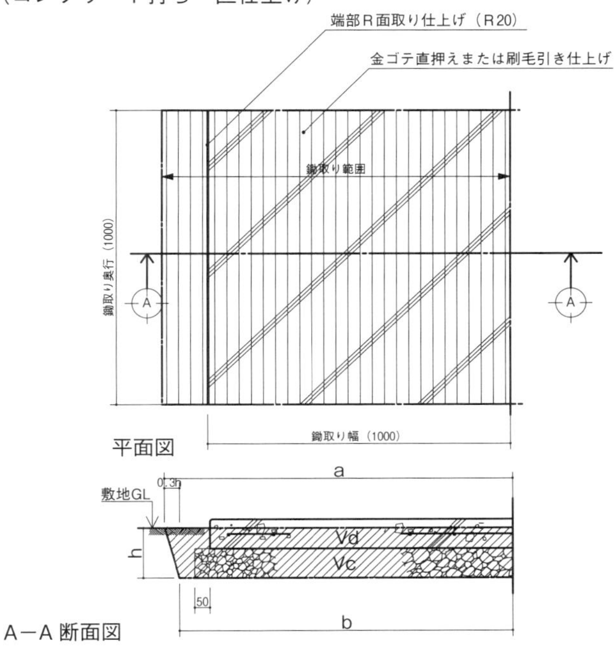

A－A 断面図

ii）埋戻し工事

通常、床舗装のような場合は鋤取った土を埋め戻すことはないが、端部の一部を堰板作業余地とするために床実面積よりも多く鋤取りしたことで、埋戻しが発生する。

埋戻し数量(V_2)は、鋤取り土量（V_1)から地業数量(Vc)、コンクリート埋設部数量(Vd)の合計を引いた数量となる。

埋戻し数量（V_2)＝V_1 －(Vc＋Vd)

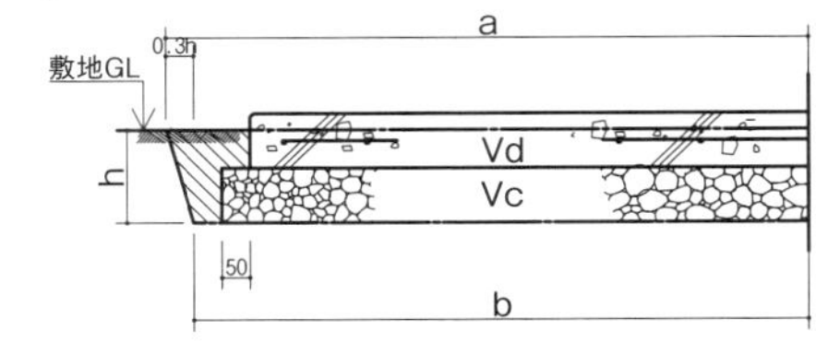

A－A断面図

iii）残土処分工事

残土処分数量（V_3)は鋤取り土量（V_1)から埋戻し数量（V_2)を引いたものになる。

残土処分数量（V_3)＝ V_1 － V_2

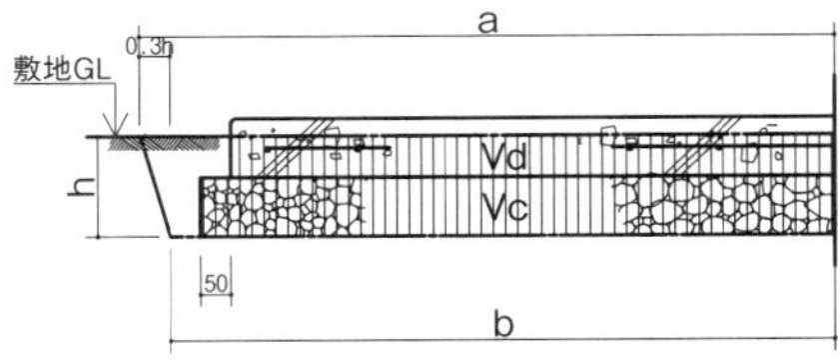

A－A断面図

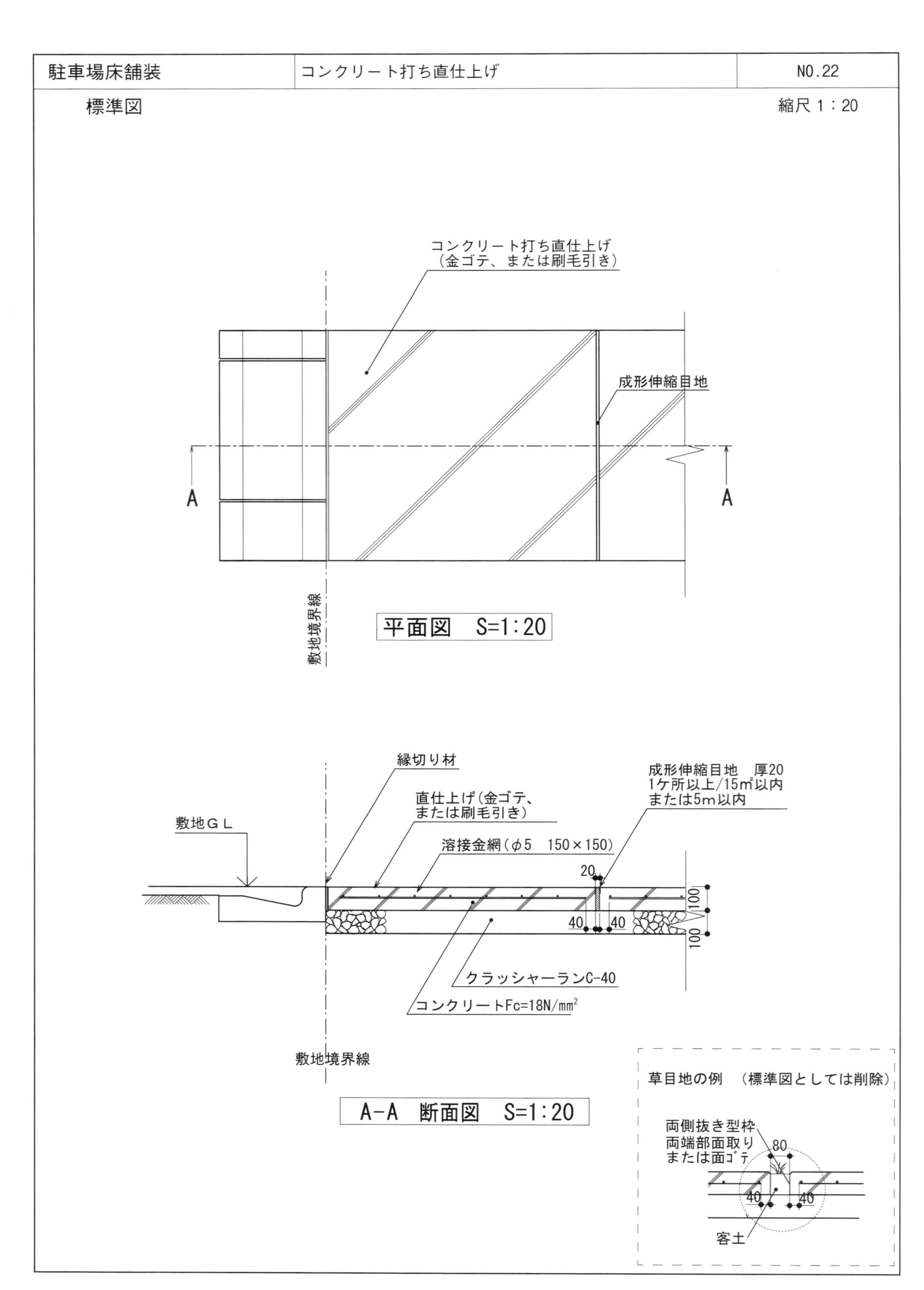

駐車場床舗装
コンクリート打ち直仕上げ
NO.22
標準図
縮尺 1：20
コンクリート打ち直仕上げ
（金ゴテ、または刷毛引き）
成形伸縮目地
A
A
敷地境界線
平面図 S=1:20
縁切り材
成形伸縮目地 厚20
1ケ所以上/15㎡以内
または5m以内
直仕上げ（金ゴテ、
または刷毛引き）
敷地ＧＬ
溶接金網（φ5 150×150）
20
100
40
40
100
クラッシャーランC-40
コンクリートFc=18N/㎜²
敷地境界線
A-A 断面図 S=1:20
草目地の例 （標準図としては削除）
両側抜き型枠
両端部面取り
または面ゴテ
80
40
40
客土

駐車場床舗装	コンクリート打ち直仕上げ	NO.22

数量計算表・代価表

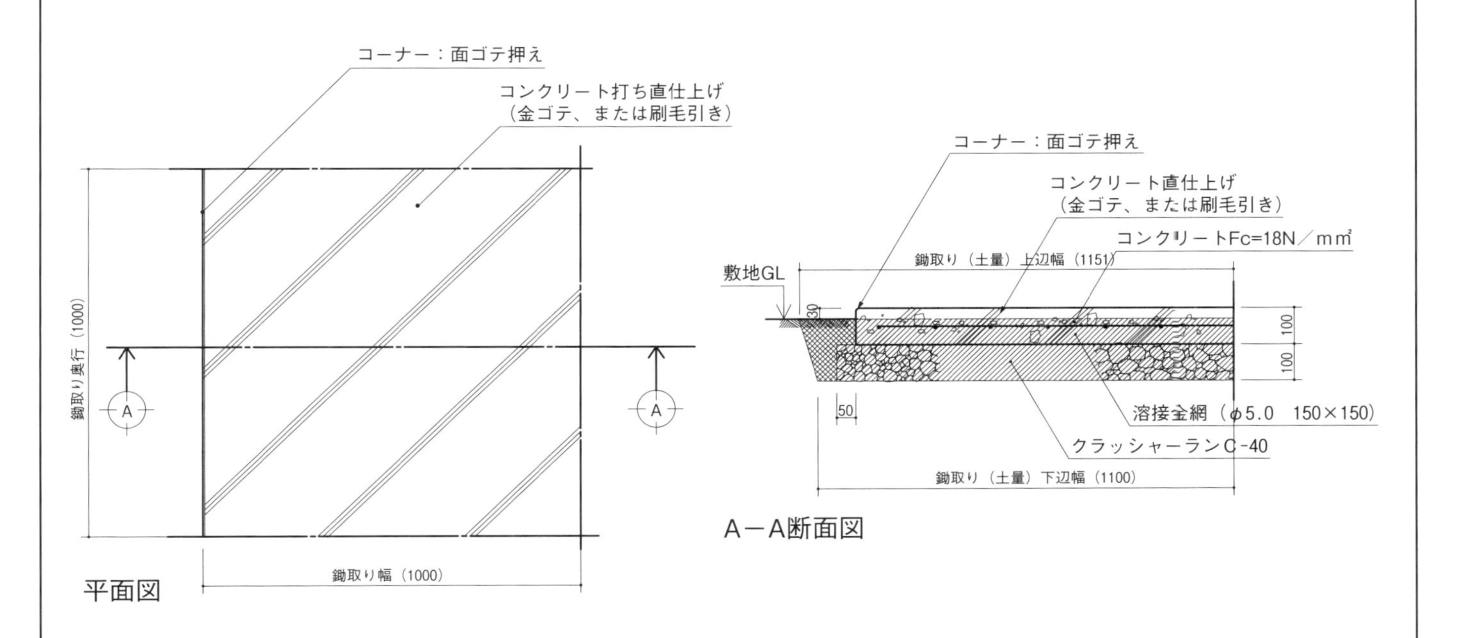

■数量計算表

m^2当り

細　目	単位	計算式	計　算	計算結果
水盛遣方　(A_1)	m^2	施工幅×施工奥行	A_1=1.0×1.0	1.0
鋤取り　(A_2)	m^2	施工幅×施工奥行	A_2=1.0×1.0	1.0
鋤取り土量　(V_1)	m^3	1/2(鋤取り上辺＋鋤取り下辺)×鋤取り深さ×施工奥行	V_1=1/2(1.151＋1.1)×0.17×1.0	0.1913
埋戻し　(V_2)	m^3	V_1－V_3	V_2=0.1913－0.175	0.0163
残土処分　(V_3)	m^3	V_4＋コンクリート埋設部数量	V_3=0.105＋0.07×1.0×1.0	0.175
地業　(V_4)	m^3	地業高×地業幅×施工奥行	V_4=0.1×1.05×1.0	0.105
堰板　(A_3)	m^2	コンクリート厚×施工奥行	A_3=0.1×1.0	0.1
溶接金網　(A_4)	m^2	施工幅×施工奥行	A_4=1.0×1.0	1.0
コンクリート打設　(V_5)	m^3	コンクリート厚×施工幅×施工奥行	V_5=0.1×1.0×1.0	0.1
直仕上げ　(A_5)	m^2	施工幅×施工奥行	A_5=1.0×1.0	1.0

注）鋤取りの代価表数量は1m^2とするが、鋤取り土量は片端部を含むものとし、埋戻し数量等に関わるので算出しておく。
堰板は片側の端部コンクリート止めのみとして算出。

◆代価表

m^2当り

細　目	内　容	数　量	単位	単　価	金　額	備　考
水盛遣方		1.0	m^2			
鋤取り	人力	1.0	m^2			
埋戻し	人力	0.0163	m^3			
残土処分	場外処分・2t車、片道8kmまで	0.175	m^3			
地業	クラッシャーラン C-40	0.105	m^3			
堰板	杉板ㇰ9mm	0.1	m^2			
溶接金網	φ5.0　150×150	1.0	m^2			
コンクリート打設	Fc=18N/mm² 人力打設・小運搬共	0.1	m^3			
直仕上げ	金ゴテまたは刷毛引き	1.0	m^2			
清掃片付け		1.0	m^2			
合　計						

駐車場床舗装	砂利洗い出し	NO.23

標準図　　縮尺 1：20

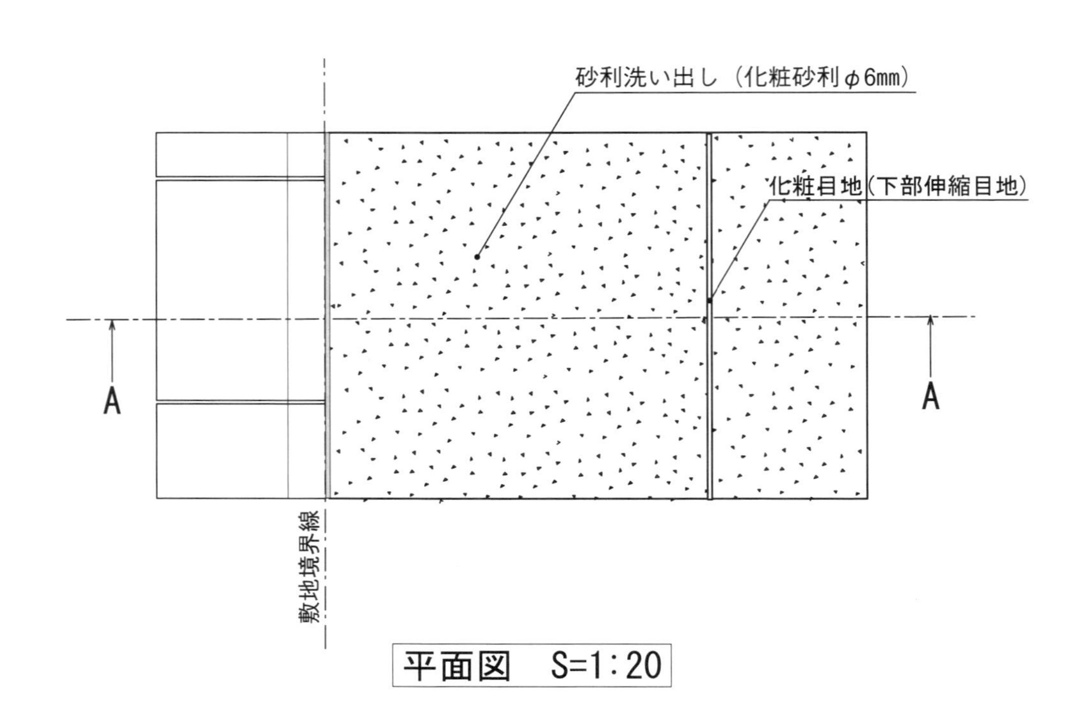

平面図　S=1：20

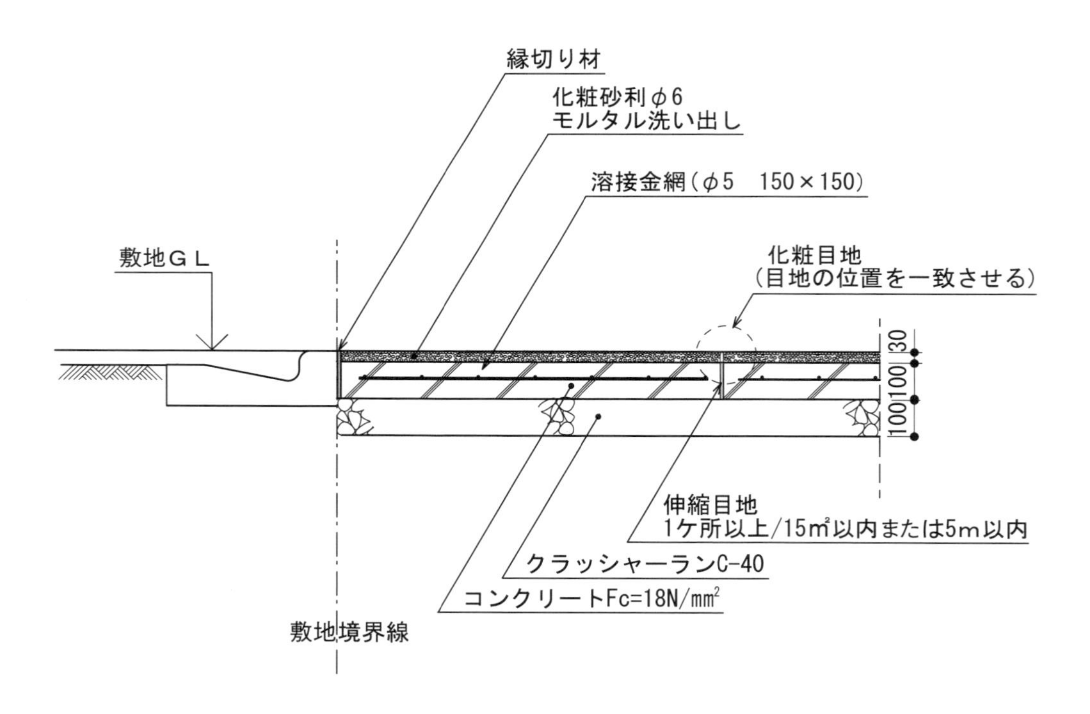

A−A　断面図　S=1：20

駐車場床舗装	砂利洗い出し	NO.23

数量計算表・代価表

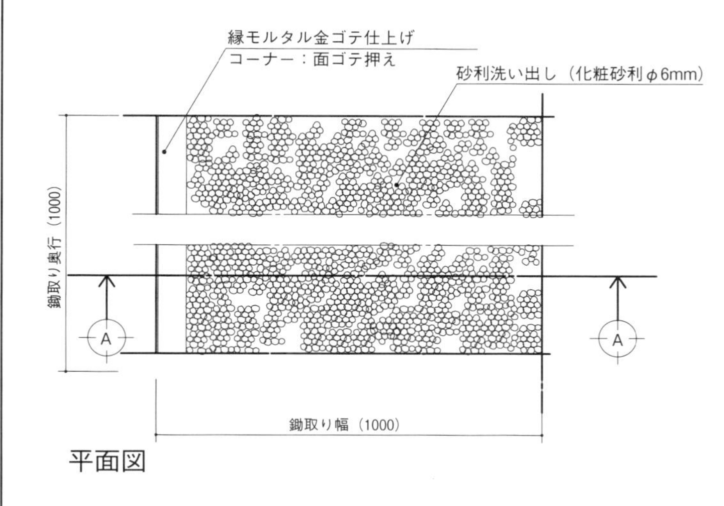

平面図

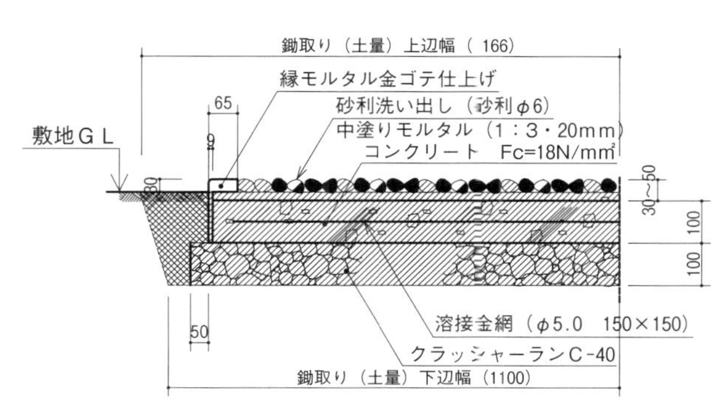

A－A断面図

■数量計算表

m^2当り

細　目	単位	計算式	計　算	計算結果
水盛遣方　(A_1)	m^2	施工幅×施工奥行	A_1=1.0×1.0	1.0
鋤取り　(A_2)	m^2	施工幅×施工奥行	A_2=1.0×1.0	1.0
鋤取り土量　(V_1)	m^3	1/2(鋤取り上辺＋鋤取り下辺)×鋤取り深さ×施工奥行	V_1=1/2(1.166＋1.1)×0.22×1.0	0.2493
埋戻し　(V_2)	m^3	V_1－V_3	V_2=0.2493－0.225	0.0243
残土処分　(V_3)	m^3	V_4＋（コンクリート・モルタル）埋設部数量	V_3=0.105＋0.1×1.0×1.0	0.225
地業　(V_4)	m^3	地業高×地業幅×施工奥行	V_4=0.1×1.05×1.0	0.105
堰板　(A_3)	m^2	コンクリート厚×施工奥行	A_3=0.1×1.0	0.1
溶接金網　(A_4)	m^2	施工幅×施工奥行	A_4=1.0×1.0	1.0
コンクリート打設 (V_5)	m^3	コンクリート厚×施工幅×施工奥行	V_5=0.1×1.0×1.0	0.1
砂利洗い出し (A_5)	m^2	（施工幅－コーナー幅）×施工幅	A_5=(1.0－0.065)×1.0	0.935
緑取り	m	施工奥行	1.0	1.0

注）鋤取りの代価表数量は１m^2とするが、鋤取り土量は片端部を含むものとし、埋戻し数量等に関わるので算出しておく。
　　堰板は片側の端部コンクリート止めのみとして算出。

◆代価表

m^2当り

細　目	内　容	数　量	単位	単　価	金　額	備　考
水盛遣方		1.0	m^2			
鋤取り	人力	1.0	m^2			
埋戻し	人力	0.0243	m^3			
残土処分	場外処分・２t車、片道８kmまで	0.225	m^3			
地業	クラッシャーラン C-40	0.105	m^3			
堰板	杉板ァ９mm	0.1	m^2			
溶接金網	φ5.0　150×150	1.0	m^2			
コンクリート打設	Fc=18N/mm^2 人力打設・小運搬共	0.1	m^3			
砂利洗い出し	砂利φ６	0.935	m^2			
緑取り	モルタル金ゴテ仕上げ	1.0	m			
清掃片付け		1.0	m^2			
合　計						

駐車場床舗装	御影小舗石張り	NO.24

標準図　　　　　縮尺 1：20

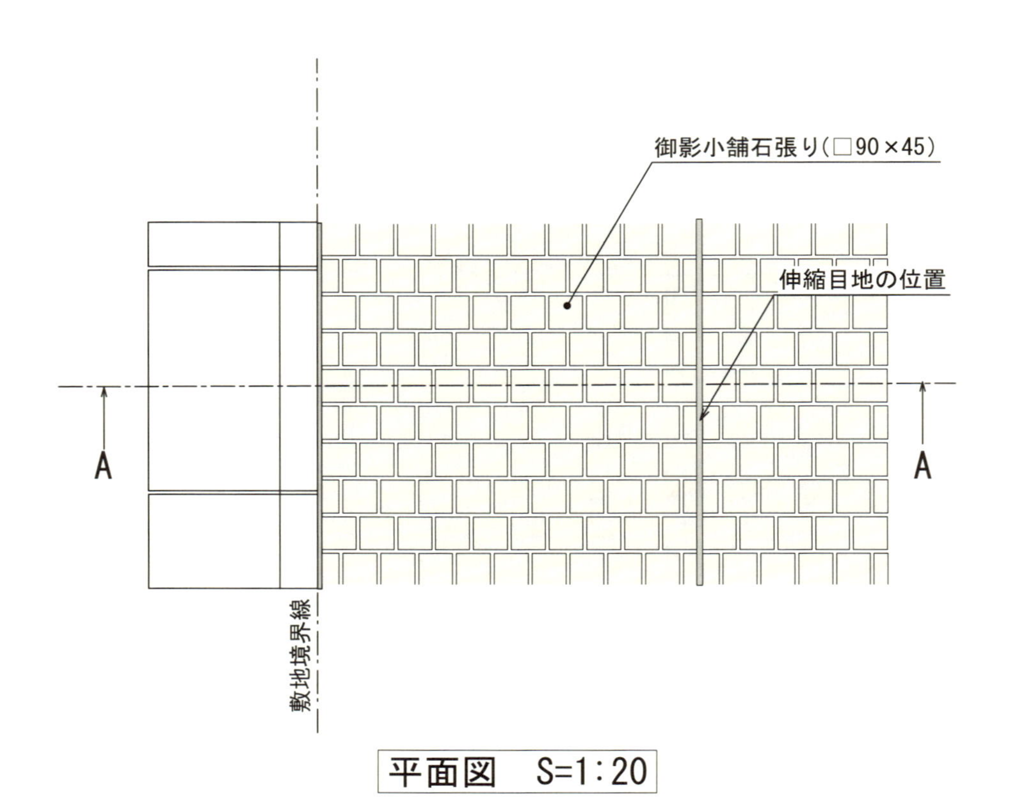

平面図　S=1:20

縁切り材
目地モルタル
御影小舗石張り(□90×45)
下地モルタル（1：3）
溶接金網(φ5 150×150)
目地の位置を一致させる
敷地GL
10内外
45
75
100
100
伸縮目地（ex. 杉板厚9mm）
1ケ所以上/15㎡以内または5m以内
クラッシャーランC-40
コンクリートFc=18N/mm²
敷地境界線

A-A　断面図　S=1:20

駐車場床舗装	御影小舗石張り	NO.24

数量計算表・代価表

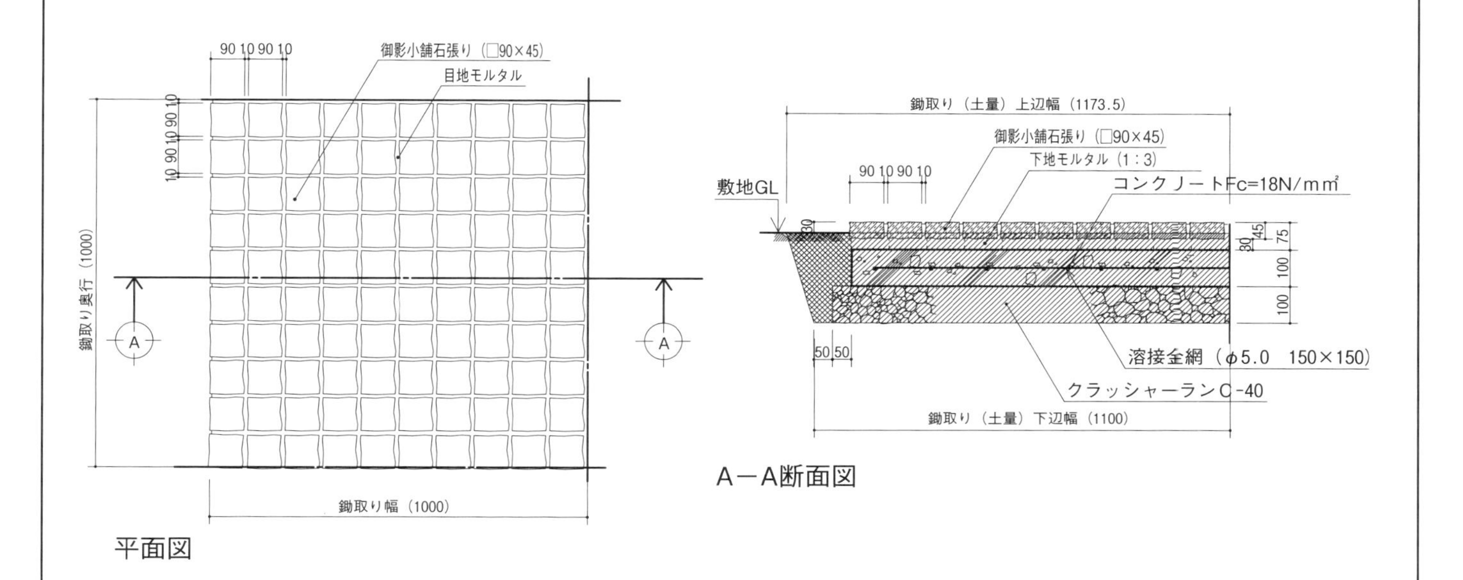

■数量計算表　　m^2当り

細　目	単位	計算式	計　算	計算結果
水盛遣方　(A_1)	m^2	施工幅×施工奥行	A_1=1.0×1.0	1.0
鋤取り　(A_2)	m^2	施工幅×施工奥行	A_2=1.0×1.0	1.0
鋤取り土量　(V_1)	m^3	1/2(鋤取り上辺＋鋤取り下辺)×鋤取り深さ×施工奥行	V_1=1/2(1.1735＋1.1)×0.245×1.0	0.2785
埋戻し　(V_2)	m^3	V_1-V_3	V_2=0.2785－0.25	0.0285
残土処分　(V_3)	m^3	V_4＋(コンクリート・小舗石・モルタル)埋設部数量	V_3=0.105＋(0.1＋0.045)×1.0×1.0	0.25
地業　(V_4)	m^3	地業高×地業幅×施工奥行	V_4=0.1×1.05×1.0	0.105
堰板　(A_3)	m^2	コンクリート厚×施工奥行	A_3=0.1×1.0	0.1
溶接金網　(A_4)	m^2	施工幅×施工奥行	A_4=1.0×1.0	1.0
コンクリート打設 (V_5)	m^3	コンクリート厚×施工幅×施工奥行	V_5=0.1×1.0×1.0	0.1
小舗石張り　(A_5)	m^2	施工幅×施工奥行	A_5=1.0×1.0	1.0

注）鋤取りの代価表数量は１m^2とするが、鋤取り土量は片端部を含むものとし、埋戻し数量等に関わるので算出しておく。
　　堰板は片側の端部コンクリート止めのみとして算出。

◆代価表　　m^2当り

細　目	内　容	数　量	単位	単　価	金　額	備　考
水盛遣方		1.0	m^2			
鋤取り	人力	1.0	m^2			
埋戻し	人力	0.0285	m^3			
残土処分	場外処分・２t車、片道８kmまで	0.25	m^3			
地業	クラッシャーラン C-40	0.105	m^3			
堰板	杉板ア９mm	0.1	m^2			
溶接金網	φ5.0　150×150	1.0	m^2			
コンクリート打設	Fc=18N/mm^2 人力打設・小運搬共	0.1	m^3			
小舗石張り	御影小舗石□90×45	1.0	m^2			
清掃片付け		1.0	m^2			
合　計						

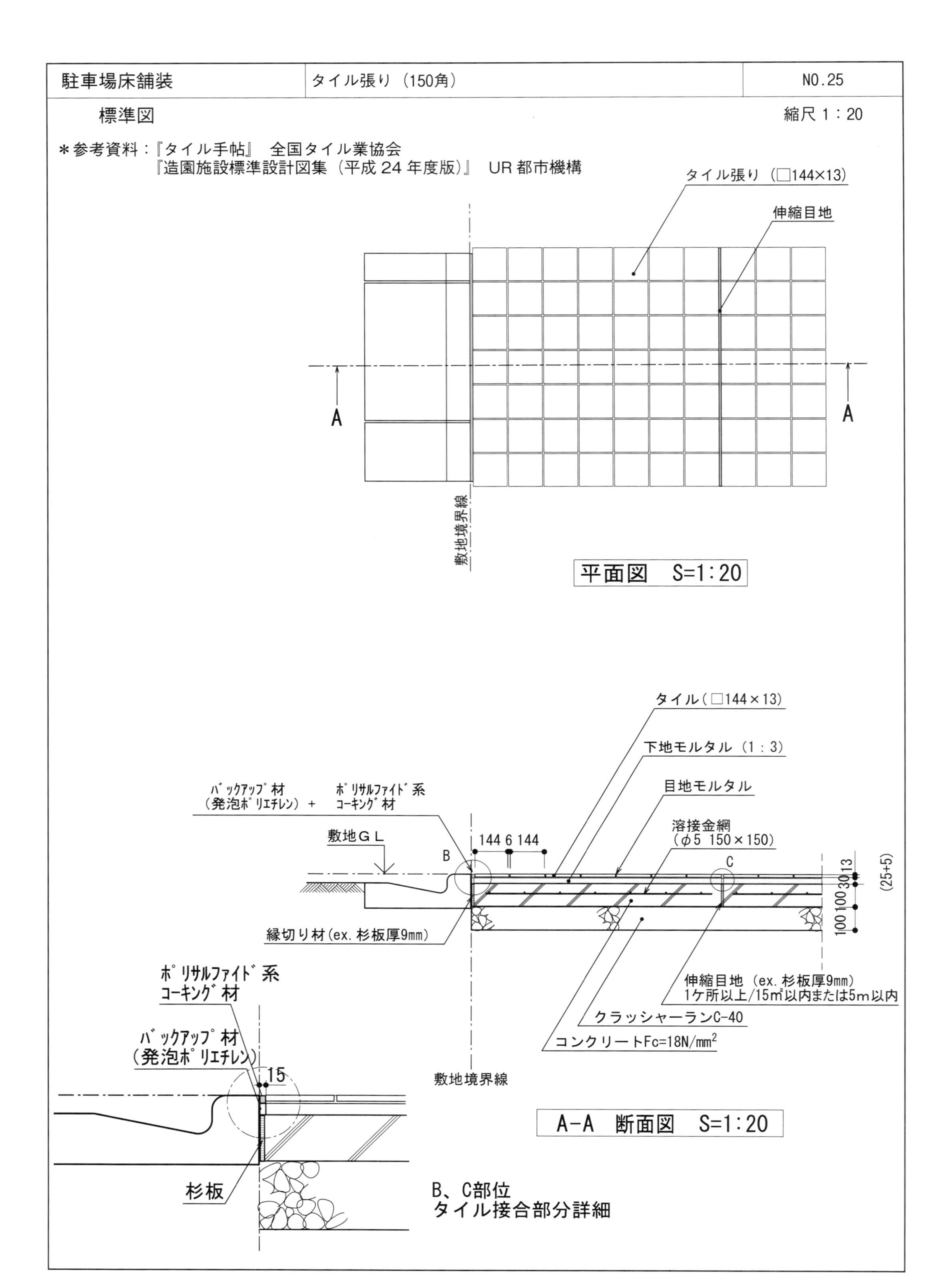
駐車場床舗装
タイル張り（150角）
NO.25
標準図
縮尺 1：20
＊参考資料：『タイル手帖』 全国タイル業協会
『造園施設標準設計図集（平成 24 年度版）』 UR 都市機構
タイル張り（□144×13）
伸縮目地
A
A
敷地境界線
平面図 S=1:20
タイル（□144×13）
下地モルタル（1：3）
目地モルタル
溶接金網
（φ5 150×150）
ﾊﾞｯｸｱｯﾌﾟ材
（発泡ﾎﾟﾘｴﾁﾚﾝ） ＋
ﾎﾟﾘｻﾙﾌｧｲﾄﾞ系
ｺｰｷﾝｸﾞ材
敷地ＧＬ
144 6 144
B
C
13
30
100
100
(25+5)
縁切り材(ex. 杉板厚9mm)
伸縮目地（ex. 杉板厚9mm）
1ケ所以上/15m²以内または5m以内
クラッシャーランC-40
コンクリートFc=18N/mm²
敷地境界線
A-A 断面図 S=1:20
ﾎﾟﾘｻﾙﾌｧｲﾄﾞ系
ｺｰｷﾝｸﾞ材
ﾊﾞｯｸｱｯﾌﾟ材
（発泡ﾎﾟﾘｴﾁﾚﾝ）
15
杉板
B、C部位
タイル接合部分詳細

駐車場床舗装	タイル張り（150角）	NO.25

数量計算表・代価表

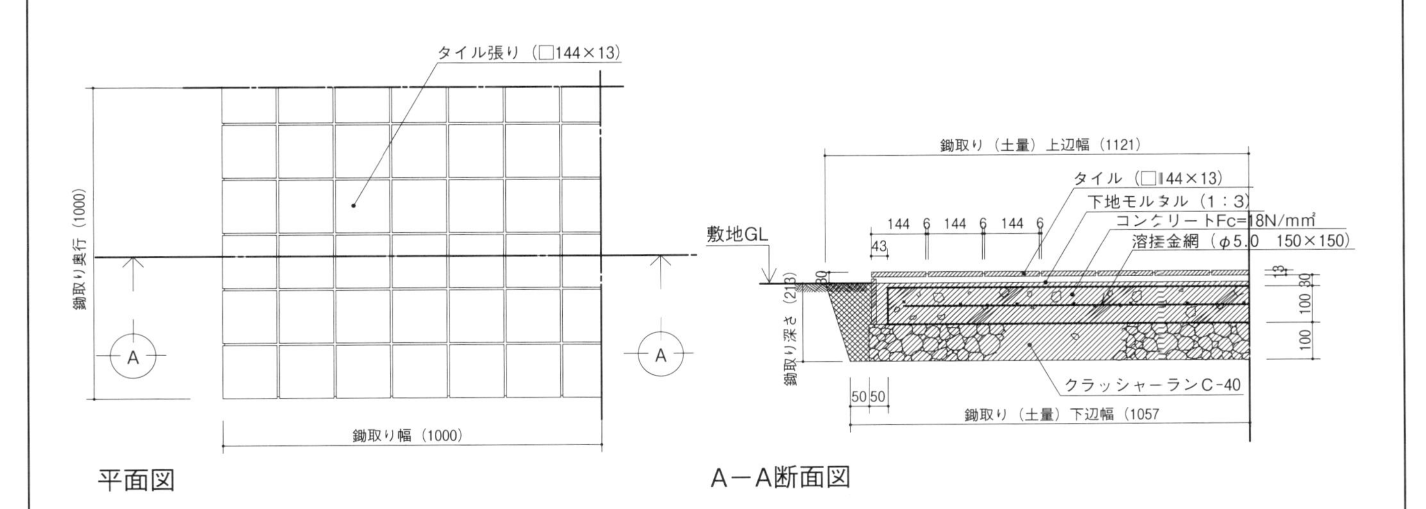

■数量計算表

m² 当り

細　目		単位	計算式	計　算	計算結果
水盛遣方	(A_1)	m²	施工幅×施工奥行	A_1=1.0×1.0	1.0
鋤取り	(A_2)	m²	施工幅×施工奥行	A_2=1.0×1.0	1.0
鋤取り土量	(V_1)	m³	1/2(鋤取り上辺＋鋤取り下辺)×鋤取り深さ×施工奥行	V_1=1/2(1.121＋1.057)×0.213×1.0	0.232
埋戻し	(V_2)	m³	V_1－V_3	V_2=0.232－0.2137	0.0183
残土処分	(V_3)	m³	V_4＋(コンクリート・モルタル)埋設部数量	V_3=0.1007＋(0.1＋0.013)×1.0×1.0	0.2137
地業	(V_4)	m³	地業高×地業幅×施工奥行	V_4=0.1×1.007×1.0	0.1007
堰板	(A_3)	m²	コンクリート厚×施工奥行	A_3=0.1×1.0	0.1
溶接金網	(A_4)	m²	コンクリート幅×施工奥行	A_4=0.957×1.0	0.957
コンクリート打設	(V_5)	m³	コンクリート厚×コンクリート幅×施工奥行	V_5=0.1×0.957×1.0	0.0957
タイル張り	(A_5)	m²	(施工幅＋立上り高）×施工奥行	A_5=(1.0＋0.13)×1.0	1.13

注）鋤取りの代価表数量は１m²とするが、鋤取り土量は片端部を含むものとし、埋戻し数量等に関わるので算出しておく。
　　堰板は片側の端部コンクリート止めのみとして算出。

◆代価表

m² 当り

細　目	内　容	数　量	単位	単　価	金　額	備　考
水盛遣方		1.0	m²			
鋤取り	人力	1.0	m²			
埋戻し	人力	0.0183	m³			
残土処分	場外処分・２t車、片道８kmまで	0.2137	m³			
地業	クラッシャーラン C-40	0.1007	m³			
堰板	杉板ァ９mm	0.1	m²			
溶接金網	φ5.0　150×150	0.957	m²			
コンクリート打設	Fc=18N/mm² 人力打設・小運搬共	0.0957	m³			
タイル張り	150角タイル（立上り共）　144×144×13	1.13	m²			
清掃片付け		1.0	m²			
合　計						

駐車場床舗装	自然石乱形張り	NO.26

標準図

縮尺 1：20

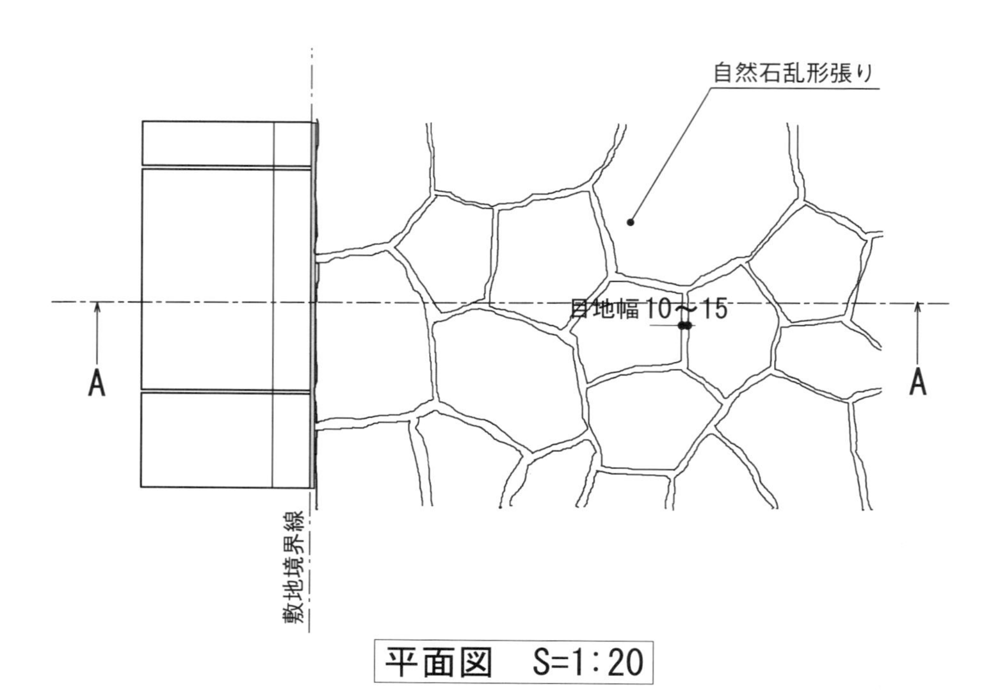

平面図　S=1:20

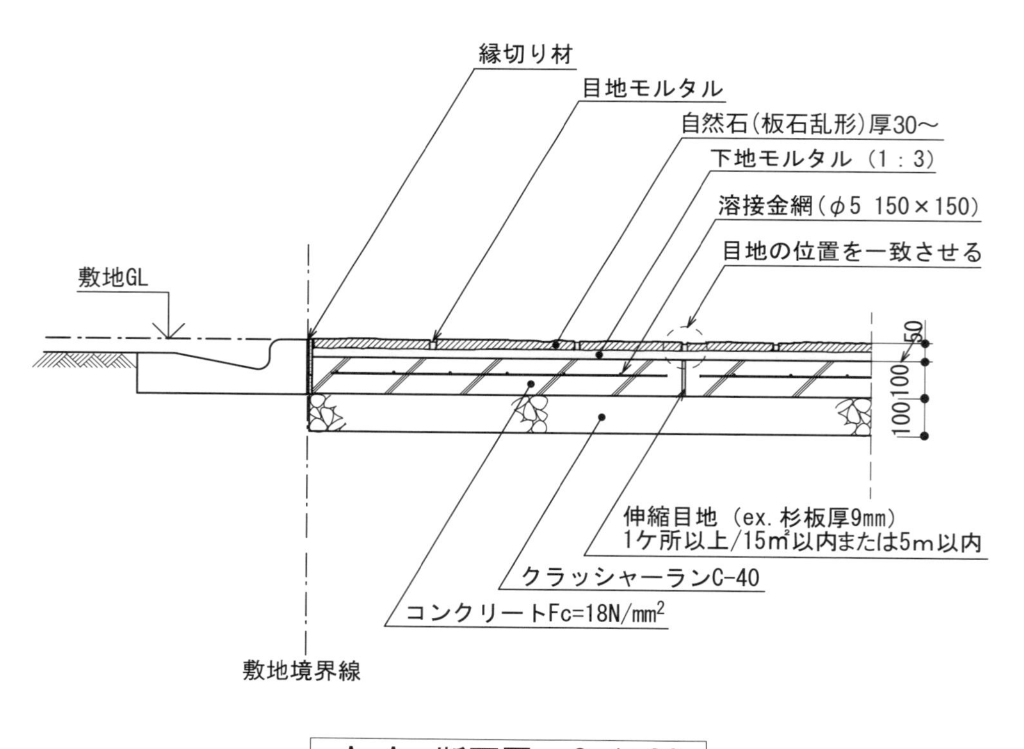

A-A　断面図　S=1:20

駐車場床舗装	自然石乱形張り	NO.26

数量計算表・代価表

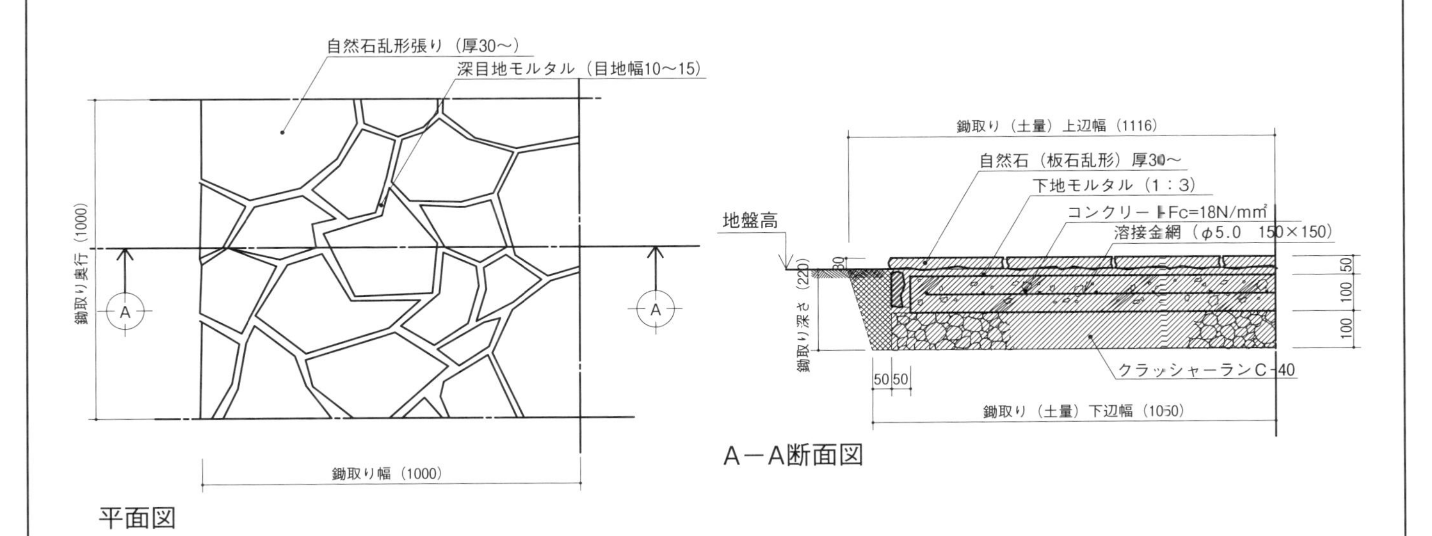

平面図

A－A断面図

■数量計算表

m² 当り

細　目	単位	計算式	計　算	計算結果
水盛遣方　(A_1)	m²	施工幅×施工奥行	A_1=1.0×1.0	1.0
鋤取り　(A_2)	m²	施工幅×施工奥行	A_2=1.0×1.0	1.0
鋤取り土量　(V_1)	m³	1/2(鋤取り上辺＋鋤取り下辺)×鋤取り深さ×施工奥行	V_1=1/2(1.116＋1.05)×0.22×1.0	0.2383
埋戻し　(V_2)	m³	V_1－V_3	V_2=0.2383－0.22	0.0183
残土処分　(V_3)	m³	V_4＋(コンクリート・モルタル)埋設部数量	V_3=0.1＋(0.1＋0.02)×1.0×1.0	0.22
地業　(V_4)	m³	地業高×地業幅×施工奥行	V_4=0.1×1.05×1.0	0.1
堰板　(A_3)	m²	コンクリート厚×施工奥行	A_3=0.1×1.0	0.1
溶接金網　(A_4)	m²	コンクリート幅×施工奥行	A_4=0.95×1.0	0.95
コンクリート打設 (V_5)	m³	コンクリート厚×コンクリート幅×施工奥行	V_5=0.1×0.95×1.0	0.095
自然石乱形張り (A_5)	m²	(施工幅＋立上り高) ×施工奥行	A_5=(1.0＋0.12)×1.0	1.12

注）鋤取りの代価表数量は１m² とするが、鋤取り土量は片端部を含むものとし、埋戻し数量等に関わるので算出しておく。
　　堰板は片側の端部コンクリート止めのみとして算出。

◆代価表

m² 当り

細　目	内　容	数　量	単位	単　価	金　額	備　考
水盛遣方		1.0	m²			
鋤取り	人力	1.0	m²			
埋戻し	人力	0.0183	m³			
残土処分	場外処分・２t車、片道８kmまで	0.22	m³			
地業	クラッシャーラン C-40	0.1	m³			
堰板	杉板ァ９mm	0.1	m²			
溶接金網	φ5.0　150×150	0.95	m²			
コンクリート打設	Fc=18N/mm² 人力打設・小運搬共	0.095	m³			
自然石乱形張り	自然石板石乱形(立上り共)　厚30～	1.12	m²			
清掃片付け		1.0	m²			
合　計						

標準図

縮尺 1：20

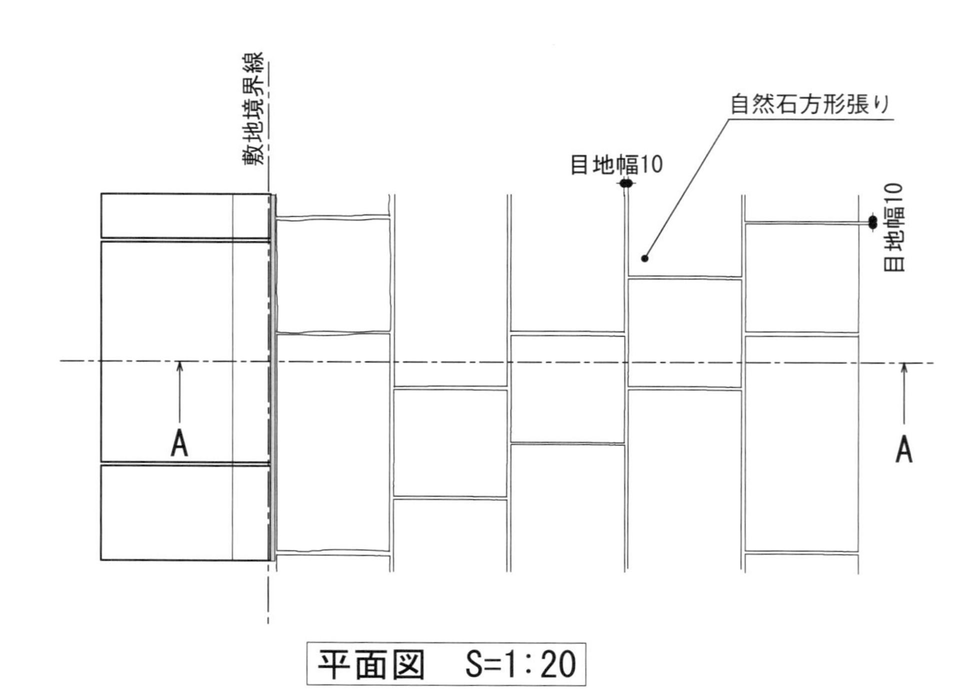

平面図　S=1:20

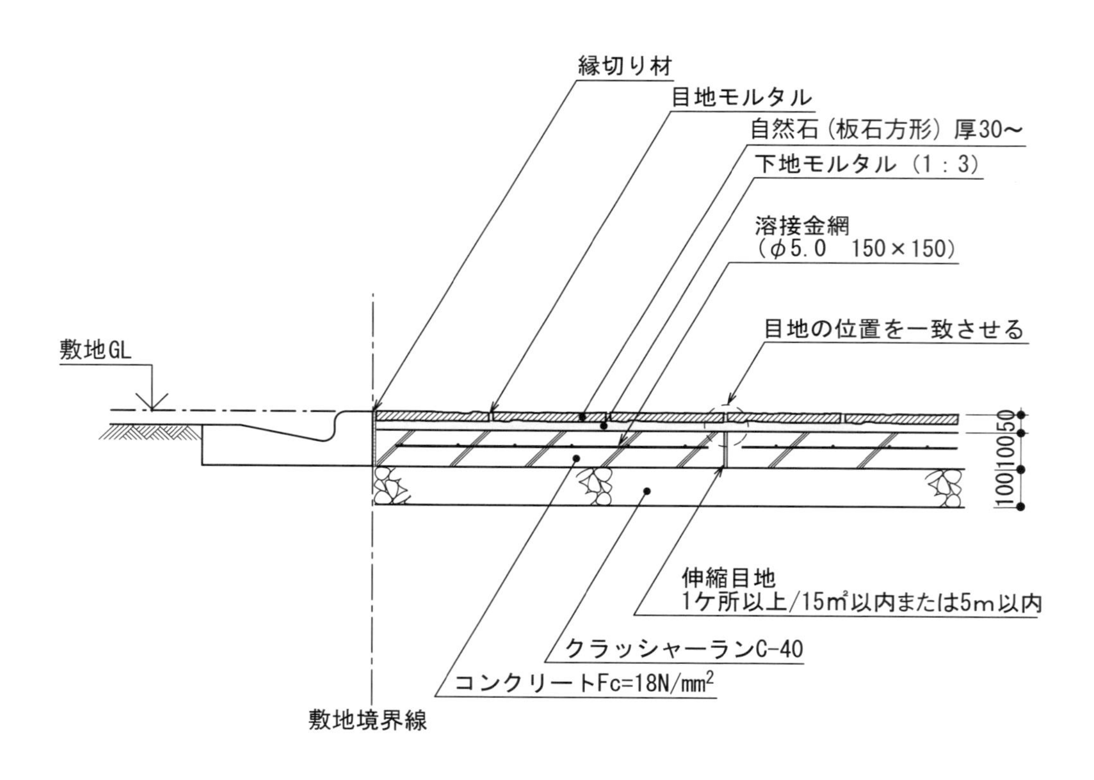

A-A　断面図　S=1:20

駐車場床舗装	自然石方形張り	NO.27

数量計算表・代価表

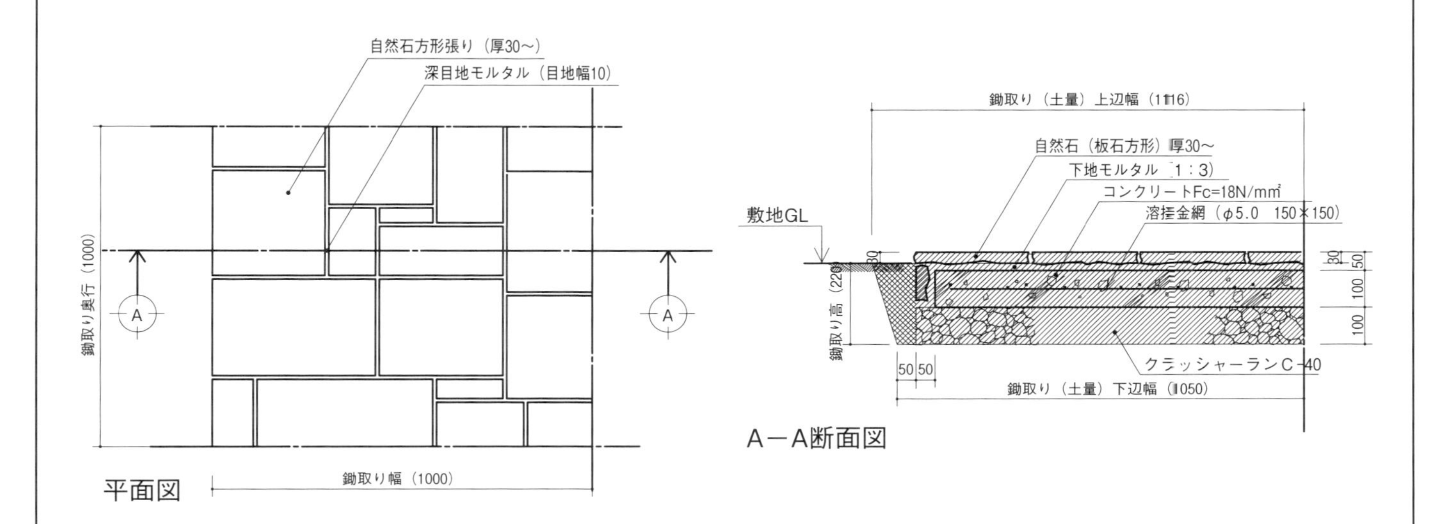

■数量計算表

m^2 当り

細　目	単位	計算式	計　算	計算結果
水盛遣方　(A_1)	m^2	施工幅×施工奥行	A_1=1.0×1.0	1.0
鋤取り　(A_2)	m^2	施工幅×施工奥行	A_2=1.0×1.0	1.0
鋤取り土量　(V_1)	m^3	1/2(鋤取り上辺＋鋤取り下辺)×鋤取り深さ ×施工奥行	V_1=1/2(1.116+1.05)×0.22×1.0	0.2383
埋戻し　(V_2)	m^3	V_1-V_3	V_2=0.2383－0.225	0.0133
残土処分　(V_3)	m^3	V_4＋(コンクリート・モルタル)埋設部数量	V_3=0.105＋(0.1＋0.02)×1.0×1.0	0.225
地業　(V_4)	m^3	地業高×地業幅×施工奥行	V_4=0.1×1.05×1.0	0.105
堰板　(A_3)	m^2	コンクリート厚×施工奥行	A_3=0.1×1.0	0.1
溶接金網　(A_4)	m^2	コンクリート幅×施工奥行	A_4=0.95×1.0	0.95
コンクリート打設　(V_5)	m^3	コンクリート厚×コンクリート幅×施工奥行	V_5=0.1×0.95×1.0	0.095
自然石方形張り　(A_5)	m^2	(施工幅＋立上り高)×施工奥行	A_5=(1.0+0.12)×1.0	1.12

注）鋤取りの代価表数量は１m^2とするが、鋤取り土量は片端部を含むものとし、埋戻し数量等に関わるので算出しておく。
　　堰板は片側の端部コンクリート止めのみとして算出。

◆代価表

m^2 当り

細　目	内　容	数　量	単位	単　価	金　額	備　考
水盛遣方		1.0	m^2			
鋤取り	人力	1.0	m^2			
埋戻し	人力	0.0133	m^3			
残土処分	場外処分・２t車、片道８kmまで	0.225	m^3			
地業	クラッシャーラン C-40	0.105	m^3			
堰板	杉板ア９mm	0.1	m^2			
溶接金網	φ5.0　150×150	0.95	m^2			
コンクリート打設	Fc=18N/mm^2 人力打設・小運搬共	0.095	m^3			
自然石方形張り	自然石板石方形(立上り共)　厚30～	1.12	m^2			
清掃片付け		1.0	m^2			
合　計						

駐車場床舗装	煉瓦平張り	NO.28

標準図　　縮尺 1：20

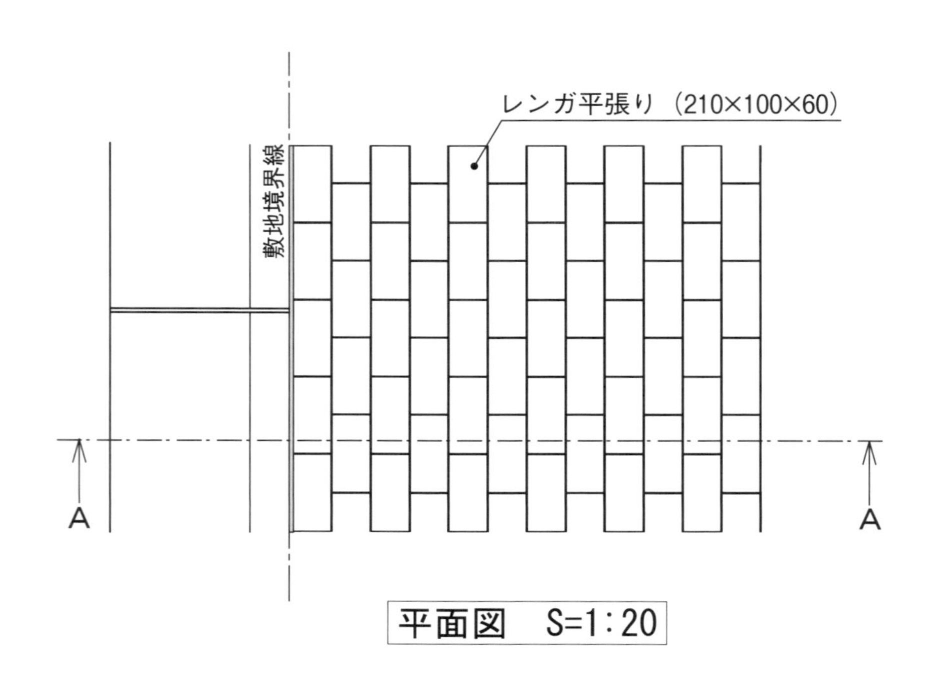

平面図　S=1：20

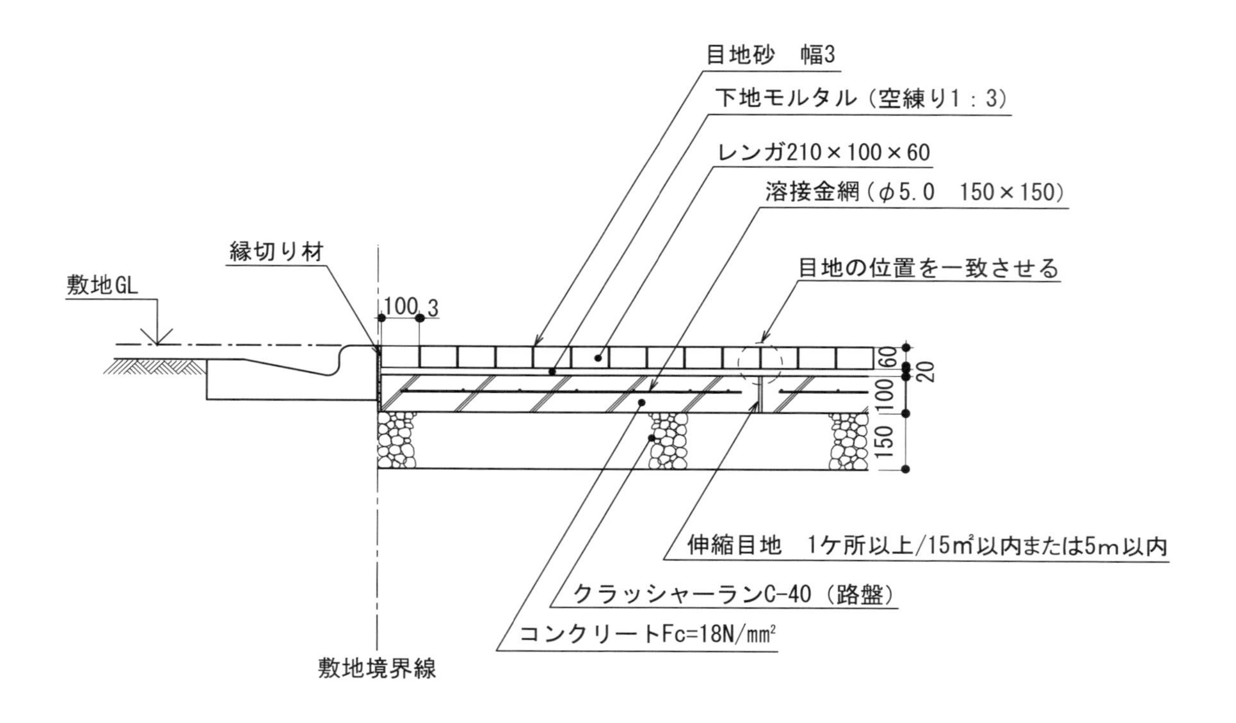

A-A　断面図　S=1：20

駐車場床舗装	煉瓦平張り	NO.28

数量計算表・代価表

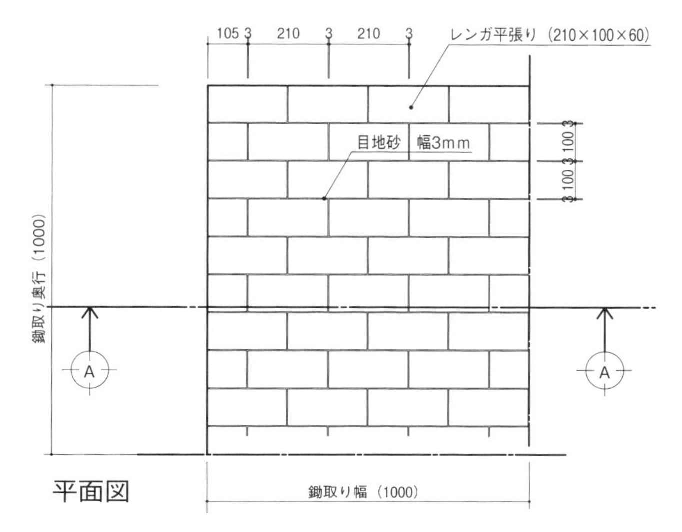

平面図

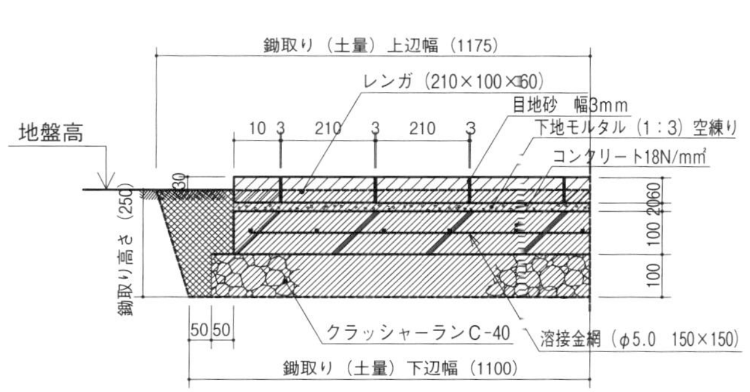

A－A断面図

■数量計算表　　m^2当り

細　目	単位	計算式	計　算	計算結果
水盛遣方　(A_1)	m^2	施工幅×施工奥行	A_1=1.0×1.0	1.0
鋤取り　(A_2)	m^2	施工幅×施工奥行	A_2=1.0×1.0	1.0
鋤取り土量　(V_1)	m^3	1/2(鋤取り上辺＋鋤取り下辺)×鋤取り深さ×施工奥行	V_1=1/2(1.175＋1.1)×0.25×1.0	0.2844
埋戻し　(V_2)	m^3	V_1－V_3	V_2=0.2844－0.255	0.0294
残土処分　(V_3)	m^3	V_4＋(コンクリート・モルタル・レンガ)埋設部数量	V_3=0.105＋(0.1＋0.05)×1.0×1.0	0.255
地業　(V_4)	m^3	地業高×地業幅×施工奥行	V_4=0.1×1.05×1.0	0.105
堰板　(A_3)	m^2	コンクリート厚×施工奥行	A_3=0.1×1.0	0.1
溶接金網　(A_4)	m^2	施工幅×施工奥行	A_4=1.0×1.0	1.0
コンクリート打設 (V_5)	m^3	コンクリート厚×施工幅×施工奥行	V_5=0.1×1.0×1.0	0.1
煉瓦平張り　(A_5)	m^2	施工幅×施工奥行	A_5=1.0×1.0	1.0

注）鋤取りの代価表数量は１m^2とするが、鋤取り土量は片端部を含むものとし、埋戻し数量等に関わるので算出しておく。
　　堰板は片側の端部コンクリート止めのみとして算出。

◆代価表　　m^2当り

細　目	内　容	数　量	単位	単　価	金　額	備　考
水盛遣方		1.0	m^2			
鋤取り	人力	1.0	m^2			
埋戻し	人力	0.0294	m^3			
残土処分	場外処分・2t車、片道8kmまで	0.255	m^3			
地業	クラッシャーラン C-40	0.105	m^3			
堰板	杉板ァ9mm	0.1	m^2			
溶接金網	φ5.0　150×150	1.0	m^2			
コンクリート打設	Fc=18N/mm² 人力打設・小運搬共	0.1	m^3			
煉瓦平張り	普通レンガ　210×100×60	1.0	m^2			
清掃片付け		1.0	m^2			
合　計						

駐車場床舗装	インターロッキングブロック敷き（200×100×80）	NO.29

標準図　　縮尺 1：20

＊参考資料：『建築工事標準仕様書・同解説　JASS 7 メーソンリー工事』　日本建築学会

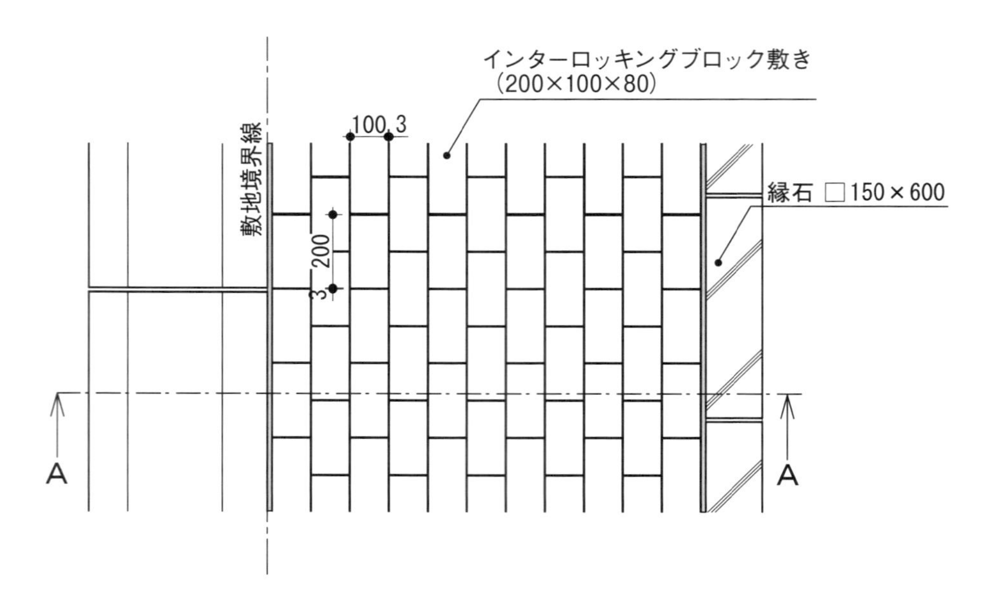

平面図　S=1:20

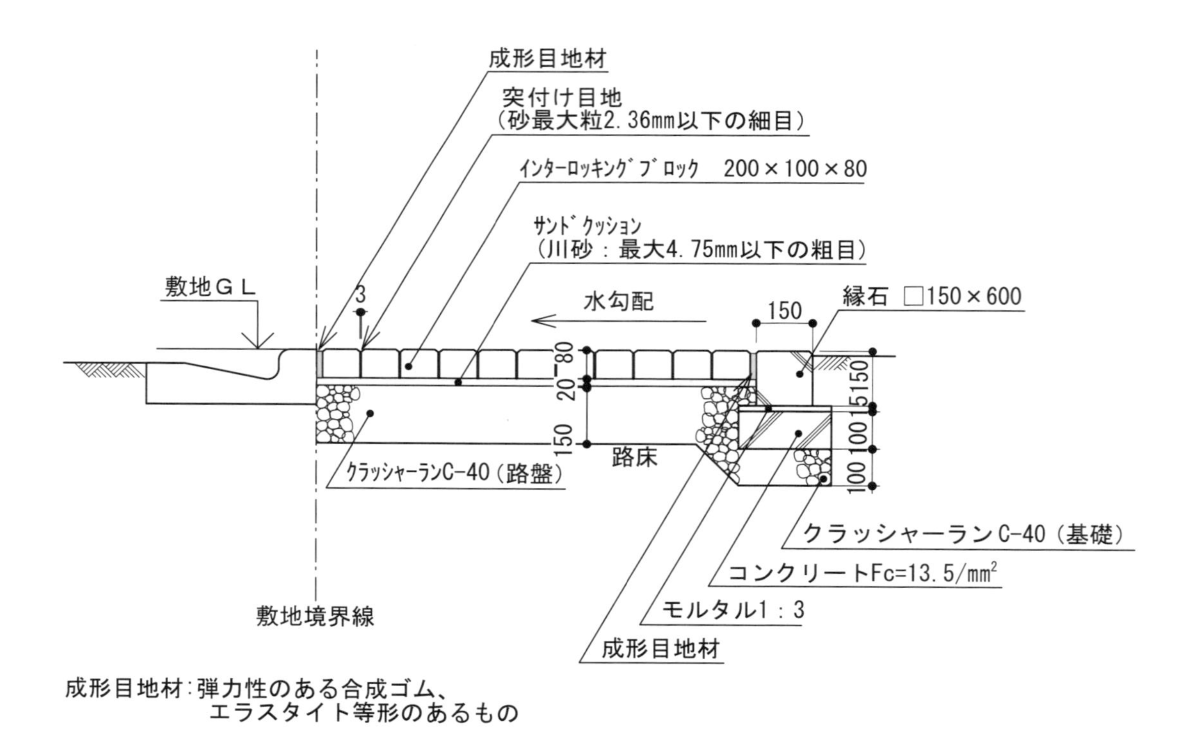

成形目地材：弾力性のある合成ゴム、
エラスタイト等形のあるもの

A-A　断面図　S=1:20

駐車場床舗装	インターロッキングブロック敷き（200×100×80）	NO.29

数量計算表・代価表

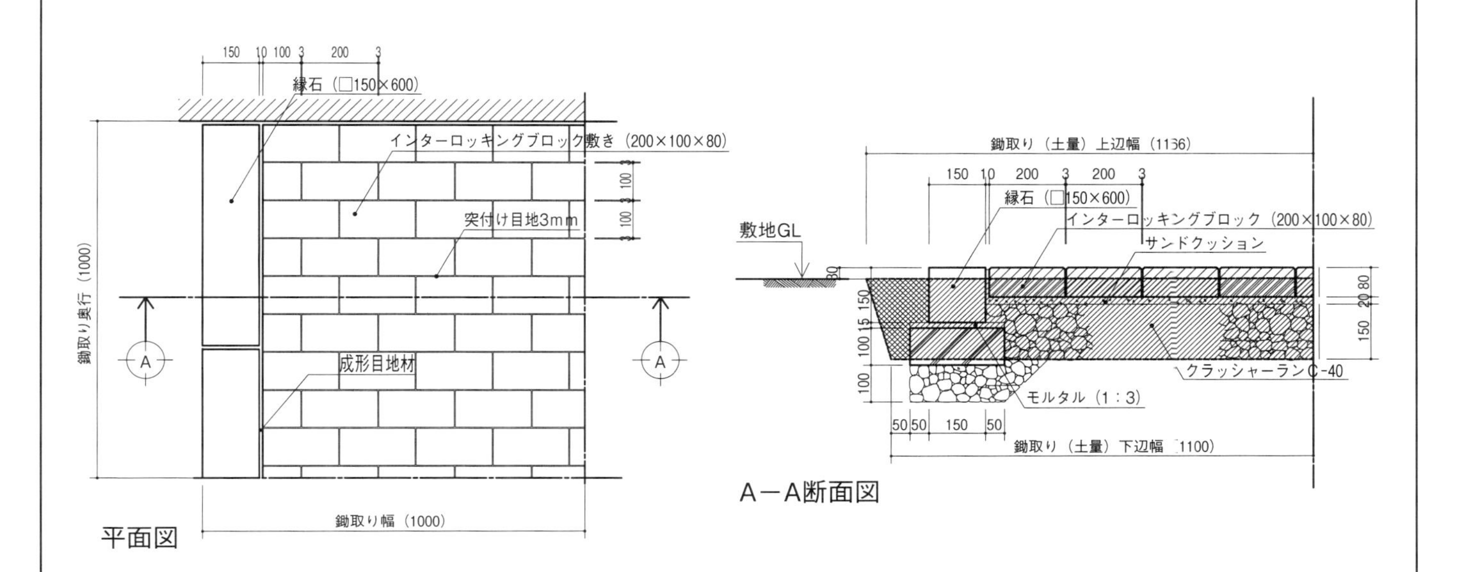

■数量計算表

m^2当り

細　目	単位	計算式	計　算	計算結果
水盛遣方　(A_1)	m^2	施工幅×施工奥行	A_1=1.0×1.0	1.0
鋤取り　(A_2)	m^2	施工幅×施工奥行	A_2=1.0×1.0	1.0
鋤取り土量　(V_1)	m^3	1/2(鋤取り上辺＋鋤取り下辺)×鋤取り深さ×施工奥行	V_1=1/2(1.166＋1.1)×0.22×1.0	0.2493
埋戻し　(V_2)	m^3	V_1－V_3	V_2=0.2493－0.2275	0.0218
残土処分　(V_3)	m^3	V_4＋埋設部数量	V_3=0.1575＋(0.02＋0.05)×1.0×1.0	0.2275
地業　(V_4)	m^3	地業高×地業幅×施工奥行	V_4=0.15×1.05×1.0	0.1575
サンドクッション(V_5)	m^3	サンドクッション厚×サンドクッション幅×施工奥行	V_5=0.02×0.85×1.0	0.017
インターロッキングブロック　(A_3)	m^2	インターロッキングブロック幅×施工奥行	A_3=0.85×1.0	0.85
縁石	m	施工奥行	1.0	1.0

注）鋤取りの代価表数量は1m^2とするが、鋤取り土量は片端部を含むものとし、埋戻し数量等に関わるので算出しておく。
　　縁石は別途積算とする。

◆代価表

m^2当り

細　目	内　容	数　量	単位	単　価	金　額	備　考
水盛遣方		1.0	m^2			
鋤取り	人力	1.0	m^2			
埋戻し	人力	0.0218	m^3			
残土処分	場外処分・2t車、片道8kmまで	0.2275	m^3			
地業	クラッシャーラン C-40	0.1575	m^3			
サンドクッション	細砂ァ 20mm	0.017	m^3			
インターロッキングブロック	200×100×80	0.85	m^2			
縁石	地先境界ブロック□150×600	1.0	m			
清掃片付け		1.0	m^2			
合　計						

駐車場床舗装	インターロッキングブロック敷き（300角）	NO.30

標準図　　　　縮尺 1：20

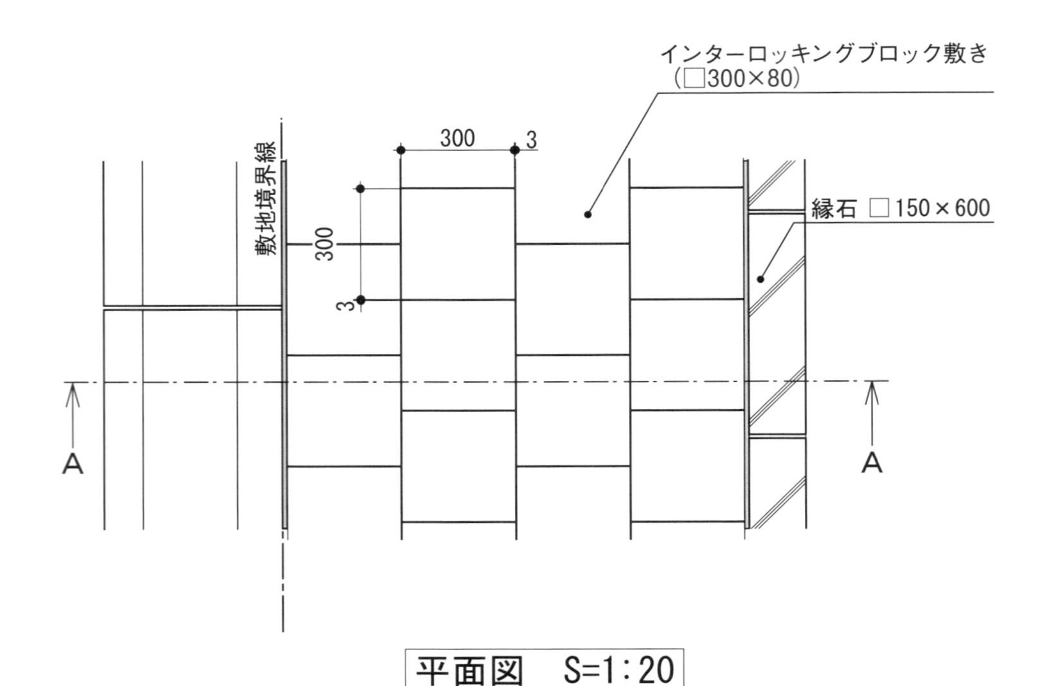

平面図　S=1:20

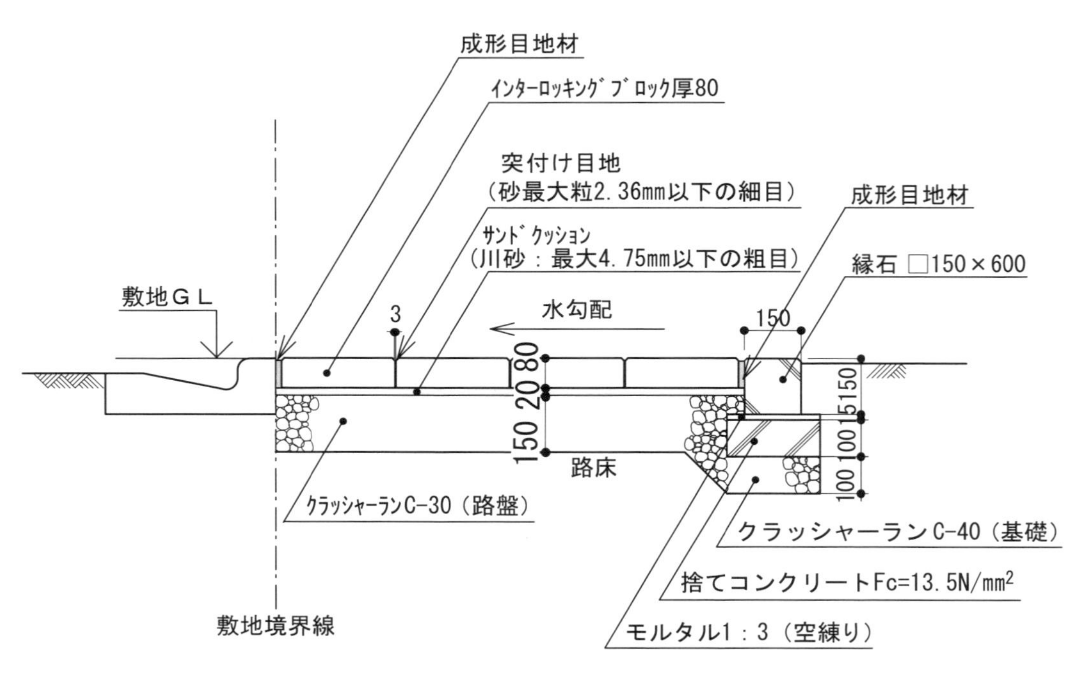

成形目地材：弾力性のある合成ゴム、
　　　　　　エラスタイト等形のあるもの

A-A　断面図　S=1:20

駐車場床舗装	インターロッキングブロック敷き（300角）	NO.30

数量計算表・代価表

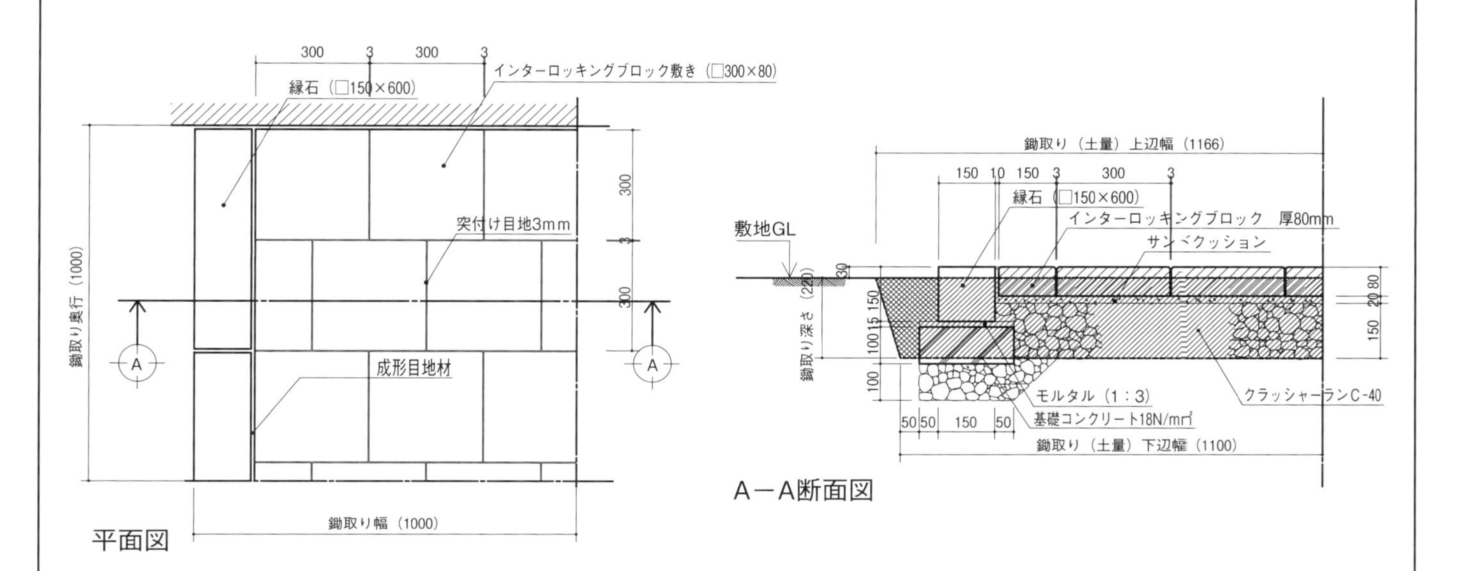

■数量計算表

m² 当り

細　目	単位	計算式	計　算	計算結果
水盛遣方　(A_1)	m^2	施工幅×施工奥行	A_1=1.0×1.0	1.0
鋤取り　(A_2)	m^2	施工幅×施工奥行	A_2=1.0×1.0	1.0
鋤取り土量　(V_1)	m^3	1/2(鋤取り上辺＋鋤取り下辺)×鋤取り深さ×施工奥行	V_1=1/2(1.166＋1.1)×0.22×1.0	0.2493
埋戻し　(V_2)	m^3	V_1－V_3	V_2=0.2493－0.2275	0.0218
残土処分　(V_3)	m^3	V_4＋埋設部数量	V_3=0.1575＋(0.02＋0.05)×1.0×1.0	0.2275
地業　(V_4)	m^3	地業高×地業幅×施工奥行	V_4=0.15×1.05×1.0	0.1575
サンドクッション(V_5)	m^3	サンドクッション厚×サンドクッション幅×施工奥行	V_5=0.02×0.85×1.0	0.017
インターロッキングブロック　(A_3)	m^2	インターロッキングブロック幅×施工奥行	A_3=0.85×1.0	0.85
緑石	m	施工奥行	1.0	1.0

注）鋤取りの代価表数量は１m² とするが、鋤取り土量は片端部を含むものとし、埋戻し数量等に関わるので算出しておく。
　　緑石は別途積算とする。

◆代価表

m² 当り

細　目	内　容	数　量	単位	単　価	金　額	備　考
水盛遣方		1.0	m^2			
鋤取り	人力	1.0	m^2			
埋戻し	人力	0.0218	m^3			
残土処分	場外処分・2t車、片道8kmまで	0.2275	m^3			
地業	クラッシャーラン C-40	0.1575	m^3			
サンドクッション	細砂ァ 20mm	0.017	m^3			
インターロッキングブロック	□300×80	0.85	m^2			
緑石	地先境界ブロック□150×600	1.0	m			
清掃片付け		1.0	m^2			
合　計						

駐車場床舗装	密粒アスファルト舗装	NO.31

標準図　　縮尺 1：20

＊参考資料：『造園施設標準設計図集（平成 24 年度版）』 UR 都市機構

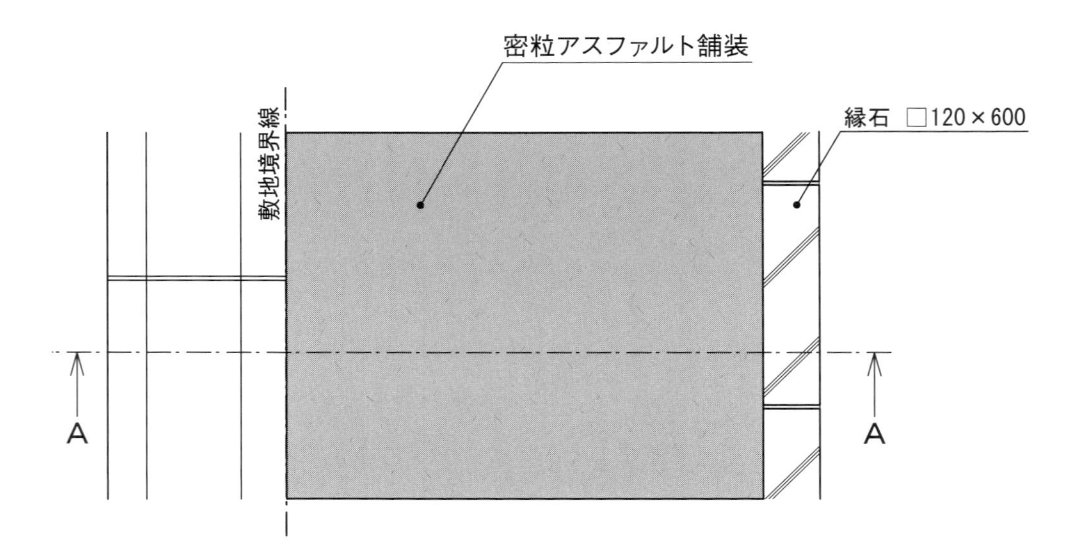

平面図　S=1:20

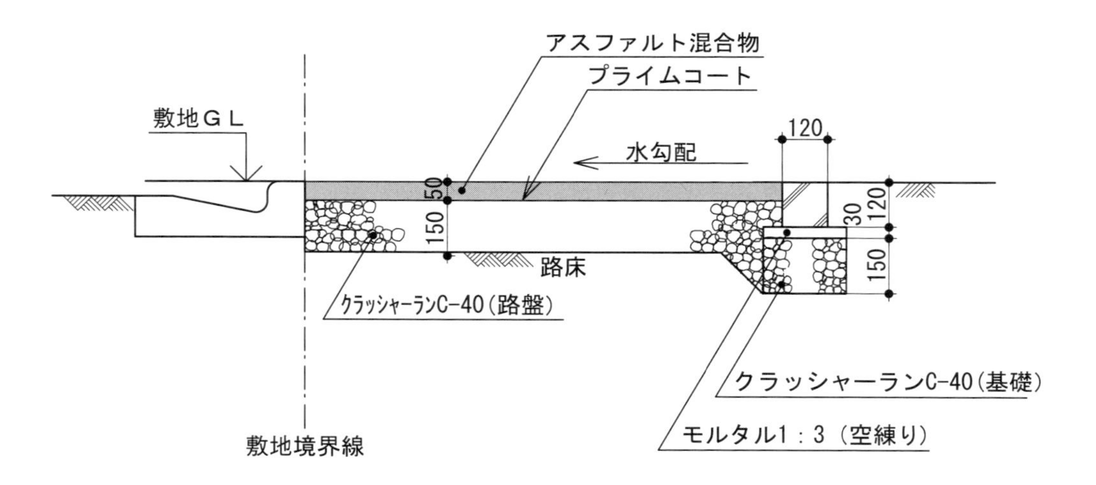

A-A　断面図　S=1:20

駐車場床舗装	密粒アスファルト舗装	NO.31

数量計算表・代価表

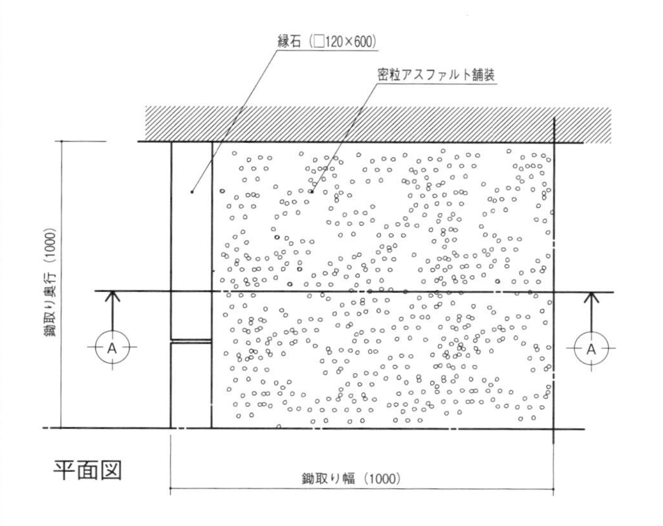

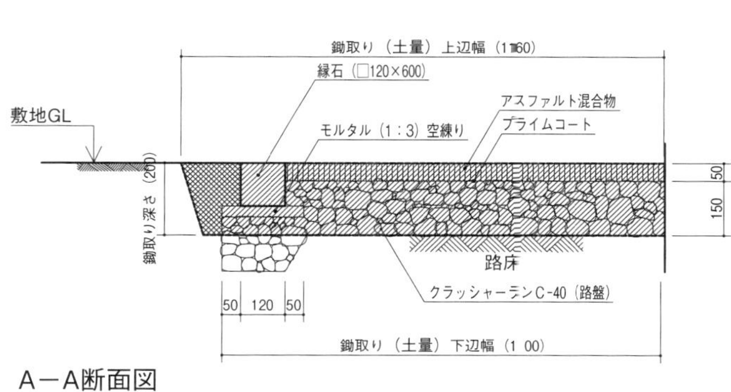

■数量計算表

m^2当り

細　目	単位	計算式	計　算	計算結果
水盛遣方　(A_1)	m^2	施工幅×施工奥行	A_1=1.0×1.0	1.0
鋤取り　(A_2)	m^2	施工幅×施工奥行	A_2=1.0×1.0	1.0
鋤取り土量　(V_1)	m^3	1/2(鋤取り上辺＋鋤取り下辺)×鋤取り深さ×施工奥行	V_1=1/2(1.16＋1.1)×0.2×1.0	0.226
埋戻し　(V_2)	m^3	V_1－V_3	V_2=0.226－0.2075	0.0185
残土処分　(V_3)	m^3	V_4＋埋設部数量	V_3=0.1575＋0.05×1.0×1.0	0.2075
地業　(V_4)	m^3	地業高×地業幅×施工奥行	V_4=0.15×1.05×1.0	0.1575
アスファルト舗装(A_3)	m^2	アスファルト幅×施工奥行	A_3=0.88×1.0	0.88
縁石	m	施工奥行	1.0	1.0

注）鋤取りの代価表数量は１m^2とするが、鋤取り土量は片端部を含むものとし、埋戻し数量等に関わるので算出しておく。
　　縁石は別途積算とする。

◆代価表

m^2当り

細　目	内　容	数　量	単位	単　価	金　額	備　考
水盛遣方		1.0	m^2			
鋤取り	人力	1.0	m^2			
埋戻し	人力	0.0185	m^3			
残土処分	場外処分・２t車、片道８kmまで	0.2075	m^3			
地業	クラッシャーラン C-40	0.1575	m^3			
アスファルト舗装	密粒アスファルトァ50mm	0.88	m^2			
縁石	地先境界ブロック□120×600	1.0	m			
清掃片付け		1.0	m^2			
合　計						

駐車場床舗装	透水性アスファルト舗装	NO.32

標準図　　縮尺 1：20

＊参考資料：『造園施設標準設計図集（平成 24 年度版）』 UR 都市機構

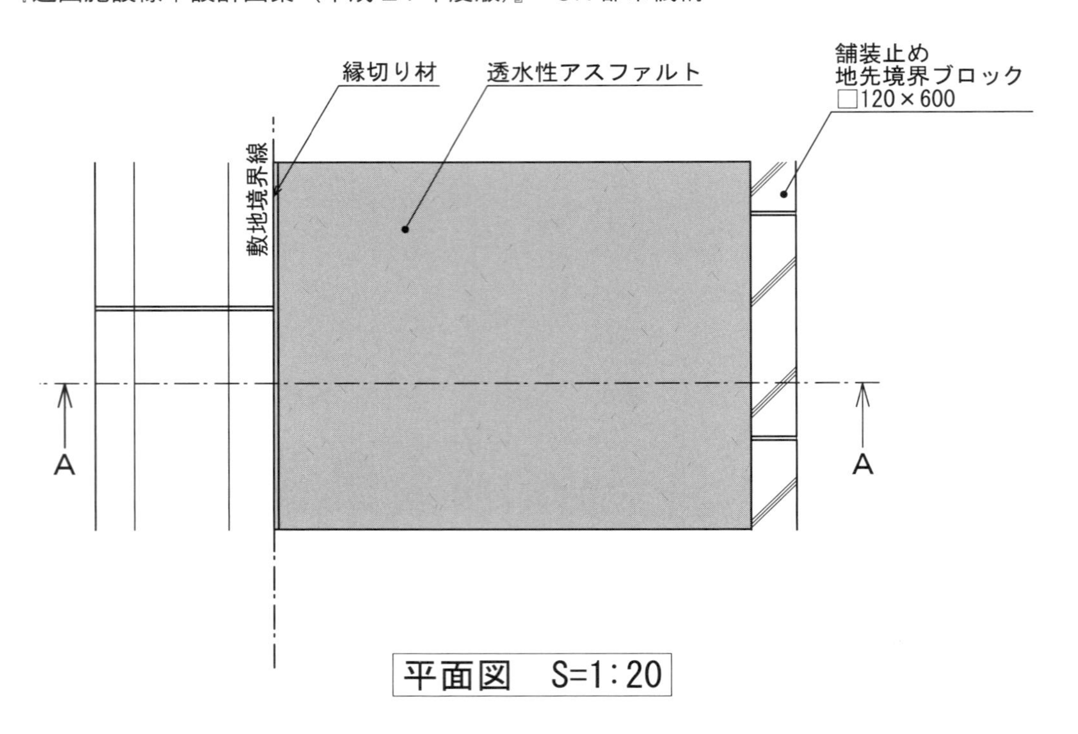

平面図　S=1:20

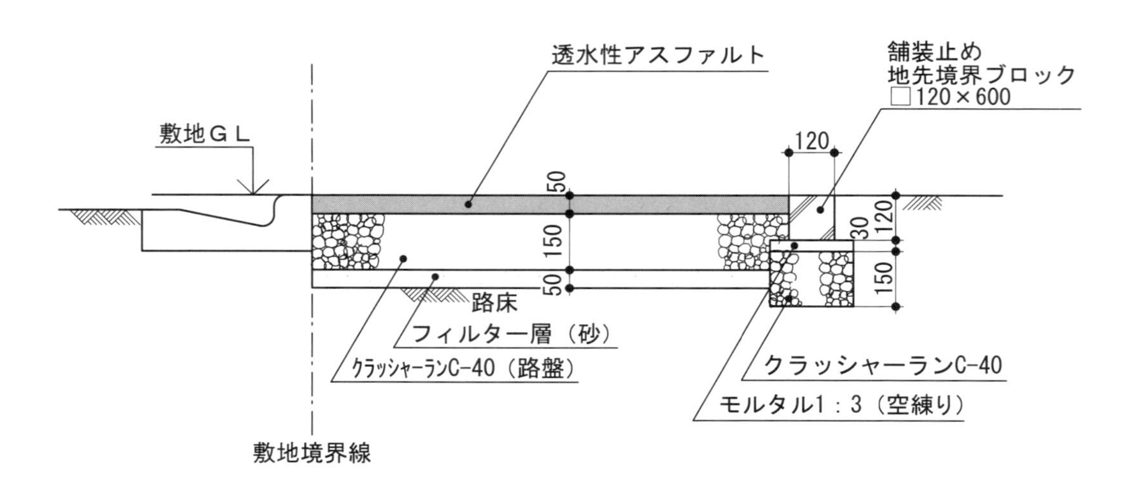

フィルター層（砂）は，0.075㎜の
ふるい通過量6.0％以下とする。

A-A　断面図　S=1:20

駐車場床舗装	透水性アスファルト舗装	NO.32

数量計算表・代価表

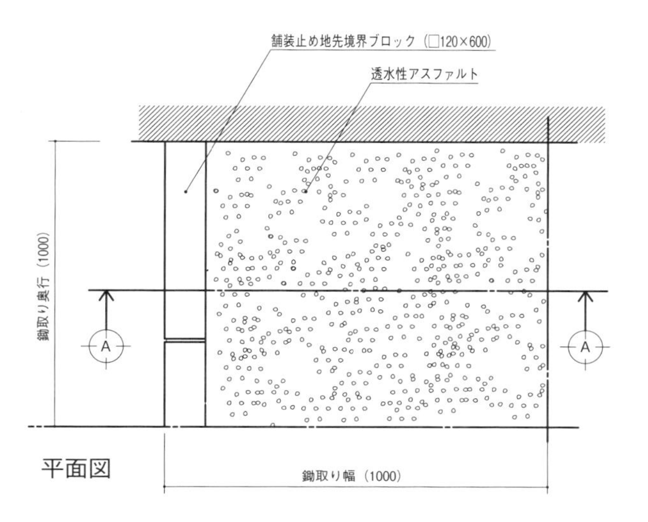

平面図

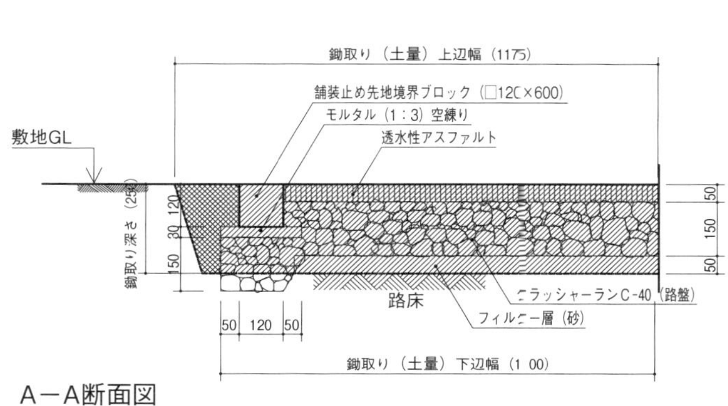

A－A断面図

■数量計算表

m^2 当り

細　目	単位	計算式	計　算	計算結果
水盛遣方　(A_1)	m^2	施工幅×施工奥行	A_1=1.0×1.0	1.0
鋤取り　(A_2)	m^2	施工幅×施工奥行	A_2=1.0×1.0	1.0
鋤取り土量　(V_1)	m^3	1/2(鋤取り上辺＋鋤取り下辺)×鋤取り深さ×施工奥行	V_1=1/2(1.175＋1.1)×0.25×1.0	0.2844
埋戻し　(V_2)	m^3	V_1－V_3	V_2=0.2844－0.2515	0.0329
残土処分　(V_3)	m^3	V_4＋埋設部数量	V_3=0.1575＋0.05×(1.0＋0.88)×1.0	0.2515
地業　(V_4)	m^3	地業高×地業幅×施工奥行	V_4=0.15×1.05×1.0	0.1575
アスファルト舗装(A_3)	m^2	アスファルト幅×施工奥行	A_3=0.88×1.0	0.88
フィルター層 (V_5)	m^3	フィルター層厚×フィルター層幅×施工奥行	V_5=0.05×0.88×1.0	0.044
縁石	m	施工奥行	1.0	1.0

注）鋤取りの代価表数量は１m^2 とするが、鋤取り土量は片端部を含むものとし、埋戻し数量等に関わるので算出しておく。
　　縁石は別途積算とする。

◆代価表

m^2 当り

細　目	内　容	数　量	単位	単　価	金　額	備　考
水盛遣方		1.0	m^2			
鋤取り	人力	1.0	m^2			
埋戻し	人力	0.0329	m^3			
残土処分	場外処分・２t車、片道８kmまで	0.2515	m^3			
地業	クラッシャーラン C-40	0.1575	m^3			
アスファルト舗装	透水性アスファルトァ50mm	0.88	m^2			
フィルター層	砂	0.044	m^3			
縁石	地先境界ブロック□120×600	1.0	m			
清掃片付け		1.0	m^2			
合　計						

4 縁取りの標準図及び積算表

エクステリア工事で縁取りと呼ばれる工事は、主に花壇などの縁に用いられる仕切りの部分や、舗装留め、見切りなど端部を留めないとばらけたり緩んでしまう舗装仕上げにおいて利用される。

縁取りと呼ばれる仕切りは、多少の高低差のある場合でも用いられ、使用する材料は、煉瓦や石材、コンクリート２次製品（地先境界ブロック）などがあげられ、これらは縁石とも呼ばれる。煉瓦は一般に210×100×60mm を用い、その並べ方や積み方により縁の形状を変化させて用いられる。

縁石に利用される自然石には、玉石やゴロタ石、小舗石、雑割石、切石などがあり、自然の形状を活かしたものや整形加工した石材の棒石などもある。

玉石は通常径 200～300mm の野面石をいうが、全体が丸みを帯びた石は扱いにくく、山石のように少し角ばった石の方が扱いやすいといえる。標準図には示していないが、雑割石や切石の縁取りも多く用いられている。

縁取り工事における土工事は、現場状況により掘削の状況は相違するが、ここでは一般的な掘削の形状とするため、左右対称の形とした。

埋戻しについては、掘削数量から、地業数量及び下地モルタル・縁石埋設部数量を引いた土量になり、残土処分数量は、地業数量及び下地モルタル・縁石埋設部数量を加えたものになる。

4-1 一般事項

a）数量計算表に用いた記号「A」は面積を表し、「V」は容積を表す。

b）代価表での残土処分は場外処分としたが、場外搬出か、場内処分かは現場状況により決めることにする。

c）砂利地業については、クラッシャーラン C-40 を用いることにする。

4-2 縁取り工事の土工事数量計算例

i ）掘削工事

掘削の範囲は、掘削幅（m）×施工奥行（１m）の範囲を基準とする。

掘削数量の構成は、〔地業数量（Vc）〕＋〔下地モルタル数量（Vd）〕＋〔縁石埋設部数量（Ve）〕＋〔端部掘削数量〕となる。

下図より、掘削数量（V_1）＝1/2（a＋b）×h×1〔断面は台形面積〕

縁取り（自然石玉石並べ）

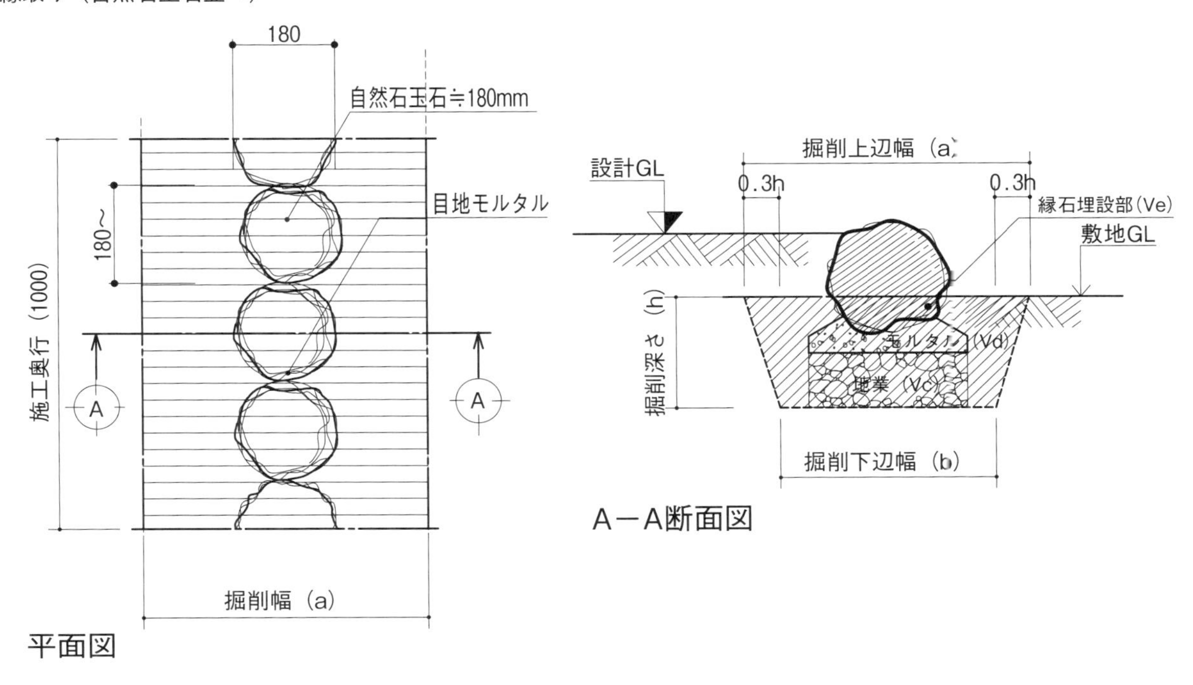

ii ）埋戻し工事

実面積よりも多く掘削するために、埋戻しが発生する。

埋戻し数量（V_2）は掘削数量（V_1）から地業数量（Vc）、下地モルタル数量（Vd）、縁石埋設部数量（Ve）を引いたものになる。

埋戻し数量（V_2）＝V_1－（Vc＋Vd＋Ve）

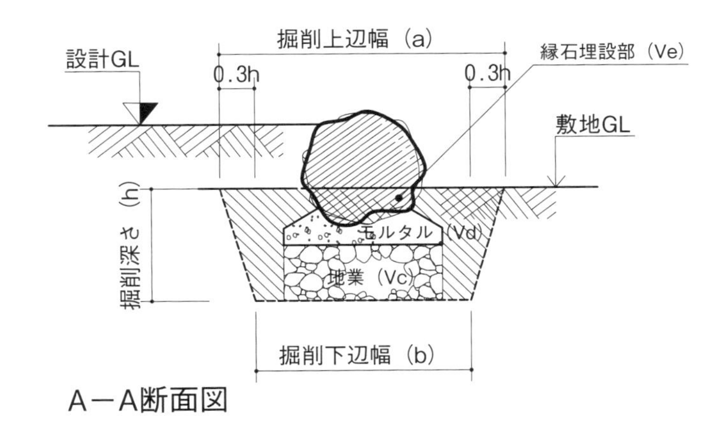

iii ）残土処分工事

残土処分数量（V_3）は掘削数量（V_1）から埋戻し数量（V_2）を引いたものになる。

残土処分数量（V_3）＝V_1－V_2

縁取り	自然石玉石並べ	NO.33

標準図　　　　縮尺 1：10

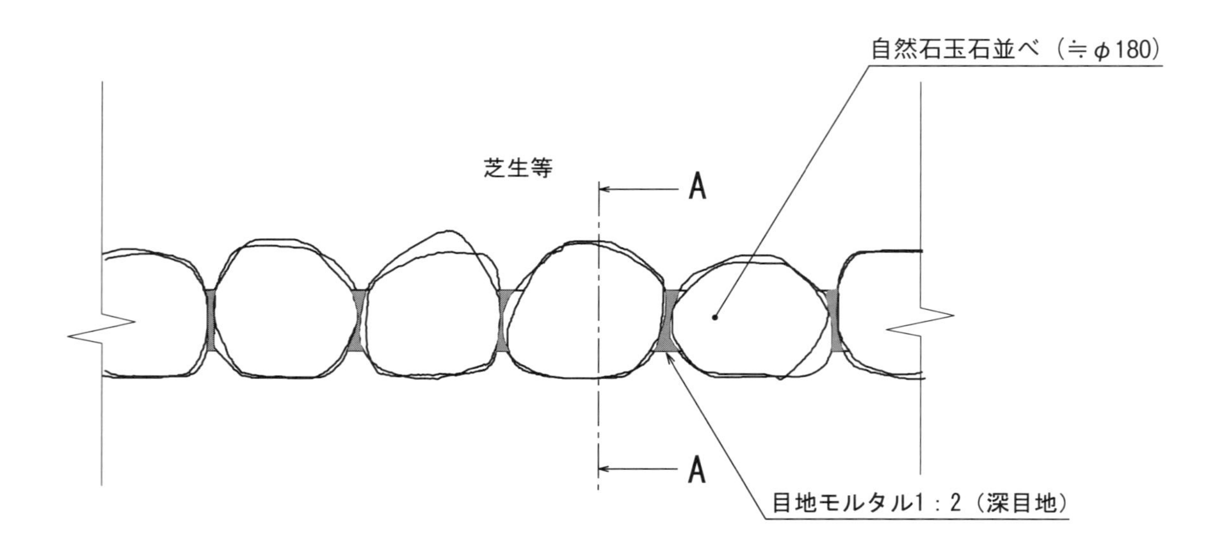

平面図　S=1:10

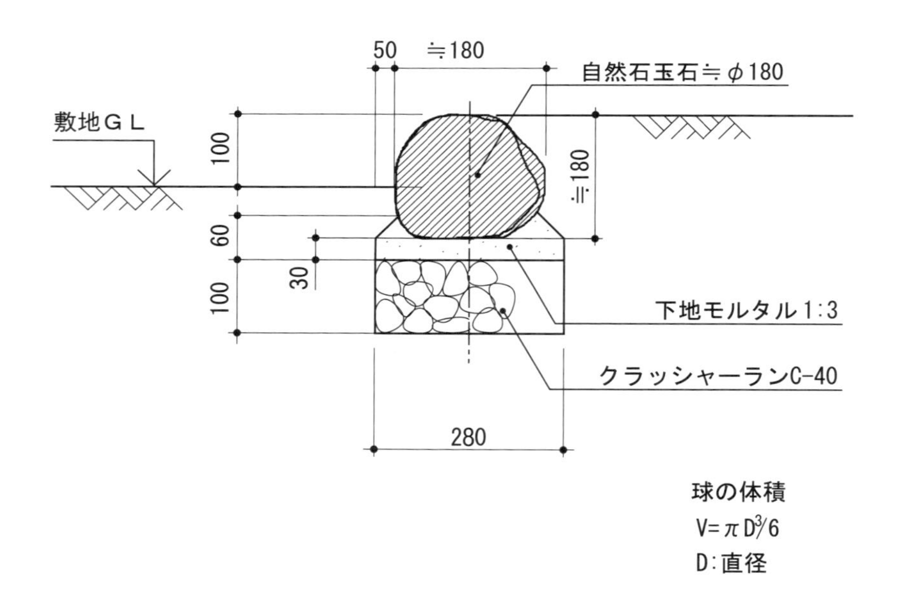

球の体積
$V=\pi D^3/6$
D:直径

A-A　断面図　S=1:10

縁取り	自然石玉石並べ	NO.33

数量計算表・代価表

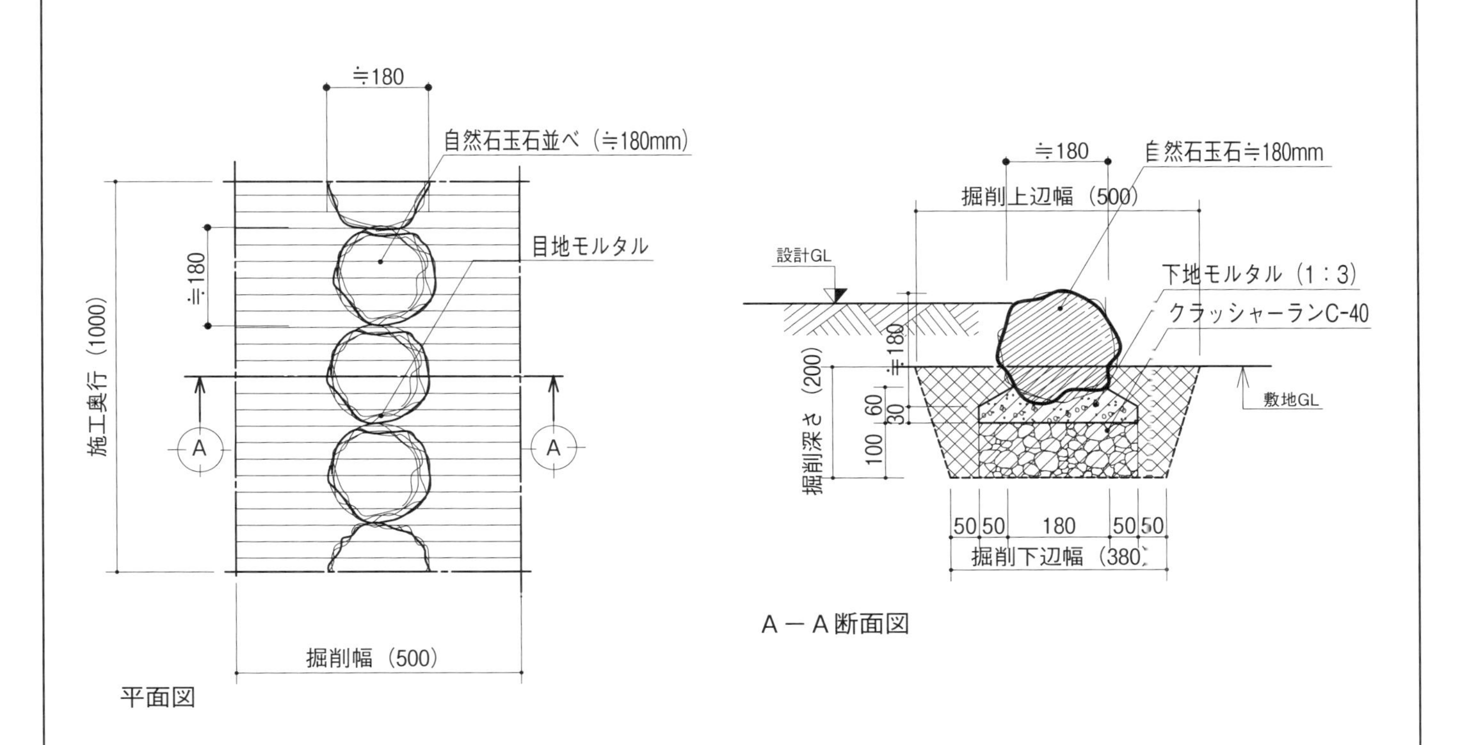

■数量計算表

m当り

細　目	単位	計算式	計　算	計算結果
水盛遣方 (A_1)	m^2	施工幅×施工奥行	A_1=0.5×1.0	0.5
掘削 (V_1)	m^3	1/2(掘削上辺＋掘削下辺)×掘削深さ×施工奥行	V_1=1/2(0.5＋0.38)×0.2×1.0	0.088
埋戻し (V_2)	m^3	V_1－V_3	V_2=0.088－0.0523	0.0357
残土処分 (V_3)	m^3	V_4＋V_5＋玉石埋設部数量	V_3=0.028＋0.0153＋0.05×0.18×1.0	0.0523
地業 (V_4)	m^3	地業高×地業幅×施工奥行	V_4=0.1×0.28×1.0	0.028
モルタル (V_5)	m^3	モルタル下部数量＋下地モルタル上部数量	V_5=(0.28＋0.23)×0.03×1.0	0.0153
玉石	m	施工奥行	1.0	1.0

◆代価表

m当り

細　目	内　容	数　量	単位	単　価	金　額	備　考
水盛遣方		0.5	m^2			
掘削	人力	0.088	m^3			
埋戻し	人力	0.0357	m^3			
残土処分	場外処分・2t車、片道8kmまで	0.0523	m^3			
地業	クラッシャーラン C-40	0.028	m^3			
モルタル	1：3	0.0153	m^3			
玉石	自然石φ180	1.0	m			
清掃片付け		0.5	m^2			
合　計						

縁取り	小舗石１丁掛け建て込み	NO.34

標準図　　縮尺１：10

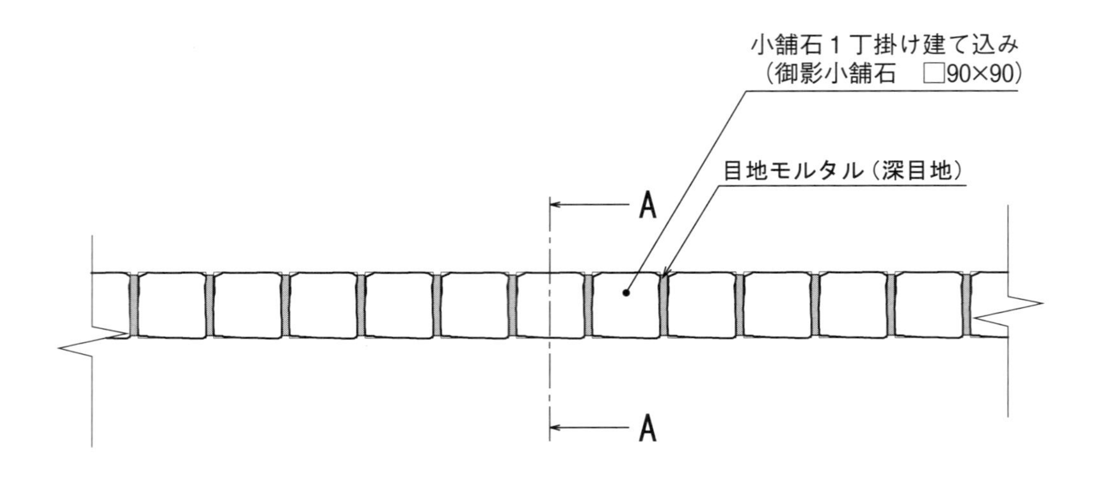

＊目地幅10㎜

平面図　S=1:10

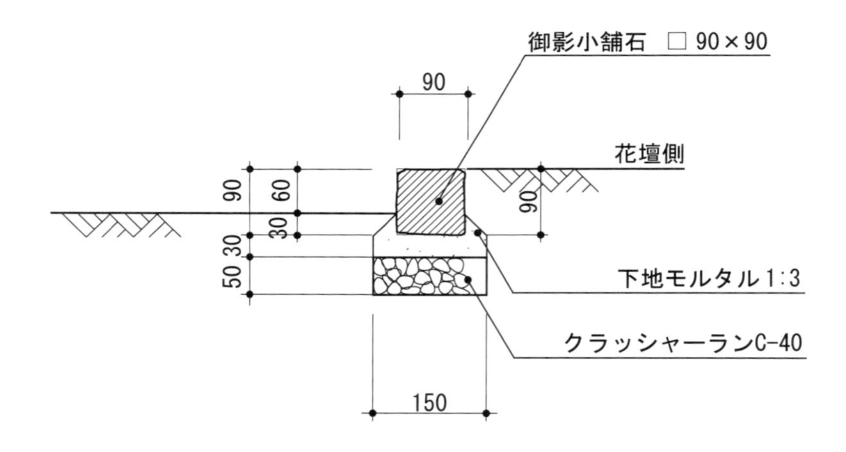

A-A　断面図　S=1:10

縁取り	小舗石１丁掛け建て込み	NO.34

数量計算表・代価表

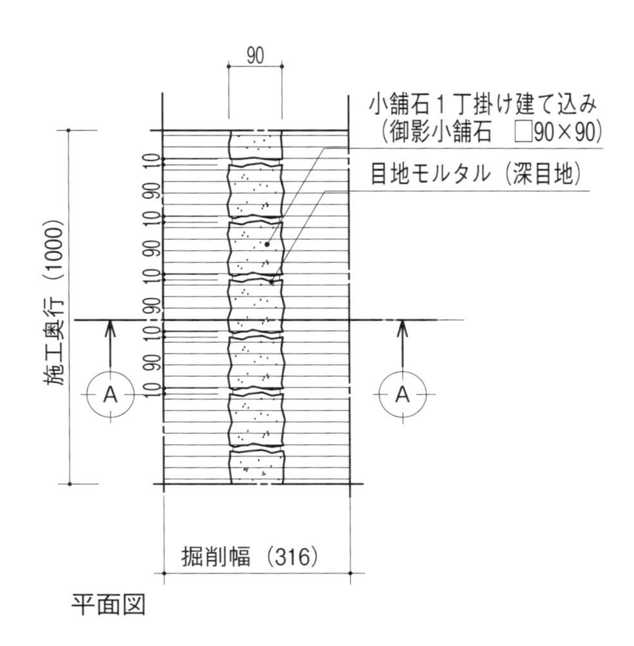

平面図

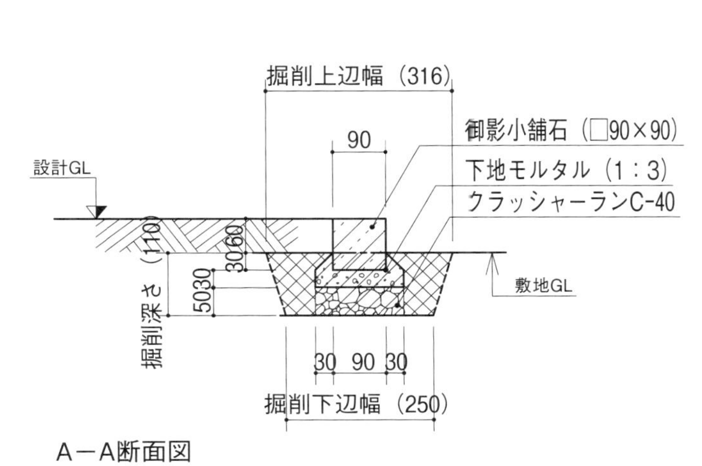

A－A断面図

■数量計算表

m当り

細　目	単位	計算式	計　算	計算結果
水盛遣方 (A_1)	m^2	施工幅×施工奥行	A_1=0.316×1.0	0.316
掘削 (V_1)	m^3	1/2(掘削上辺＋掘削下辺)×掘削深さ×施工奥行	V_1=1/2(0.316＋0.25)×0.11×1.0	0.0311
埋戻し (V_2)	m^3	V_1－V_3	V_2=0.0311－0.0156	0.0155
残土処分 (V_3)	m^3	V_4＋V_5	V_3=0.0075＋0.0081	0.0156
地業 (V_4)	m^3	地業高×地業幅×施工奥行	V_4=0.05×0.15×1.0	0.0075
モルタル (V_5)	m^3	モルタル下部数量＋下地モルタル上部数量	V_5=(0.15＋0.12)×0.03×1.0	0.0081
小舗石	m	施工奥行	1.0	1.0

◆代価表

m当り

細　目	内　容	数　量	単位	単　価	金　額	備　考
水盛遣方		0.316	m^2			
掘削	人力	0.0311	m^2			
埋戻し	人力	0.0155	m^3			
残土処分	場外処分・２t車、片道８kmまで	0.0156	m^3			
地業	クラッシャーラン C-40	0.0075	m^3			
モルタル	1：3	0.0081	m^3			
小舗石	御影小舗石□ 90×90・１丁掛け	1.0	m			
清掃片付け		0.316	m^2			
合　計						

縁取り	小舗石積み２段・１丁掛け	NO.35

標準図　　縮尺１：10

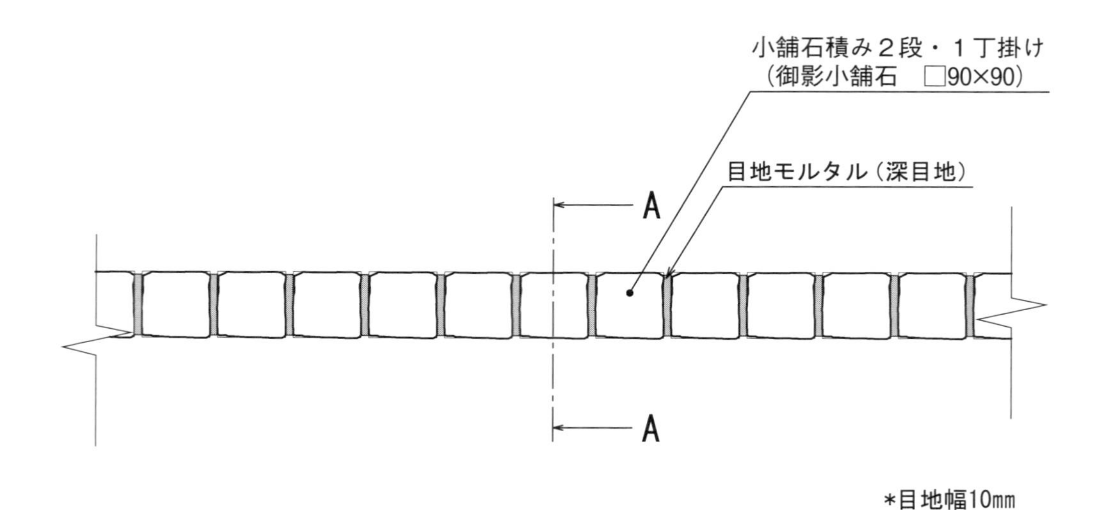

平面図　S=1:10

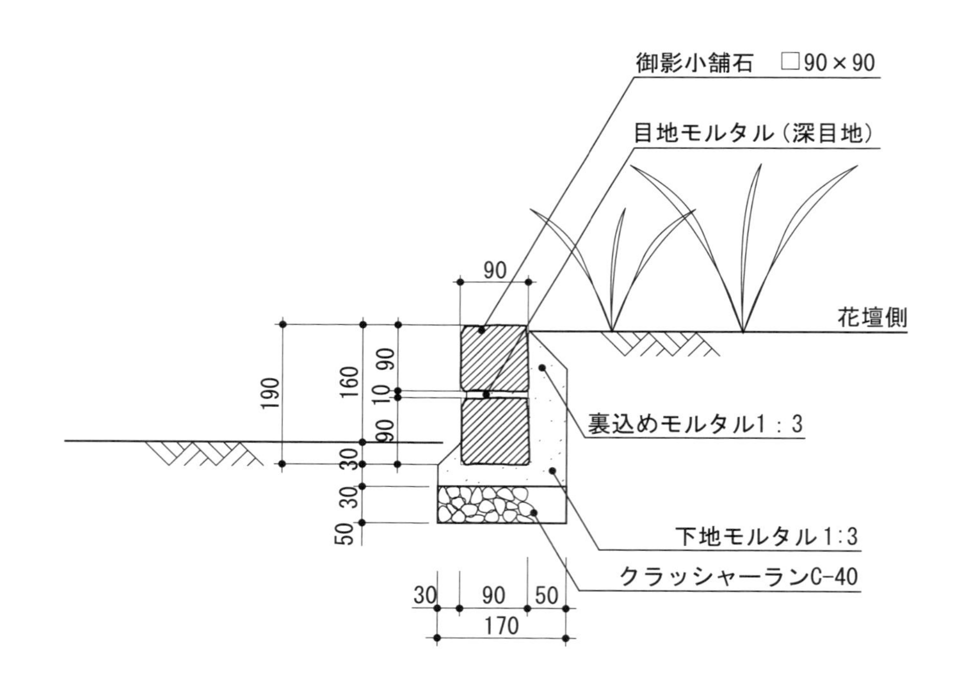

A-A　断面図　S=1:10

縁取り	小舗石積み２段・１丁掛け	NO.35

数量計算表・代価表

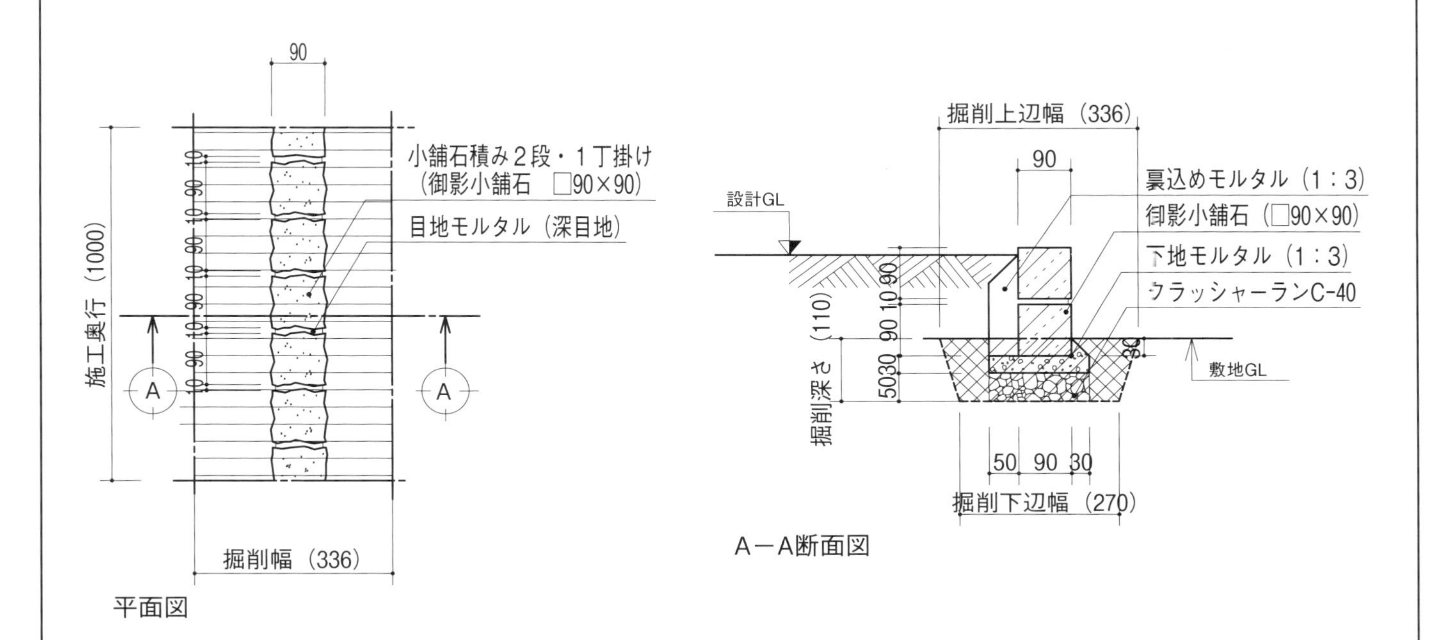

■数量計算表

m 当り

細　目		単位	計算式	計　算	計算結果
水盛遣方	(A_1)	m^2	施工幅×施工奥行	A_1=0.336×1.0	0.336
掘削	(V_1)	m^3	1/2（掘削上辺＋掘削下辺）×掘削深さ×施工奥行	V_1=1/2（0.336＋0.27）×0.11×1.0	0.0333
埋戻し	(V_2)	m^3	V_1－V_3	V_2=0.0333－0.025	0.0083
残土処分	(V_3)	m^3	V_4＋V_5	V_3=0.0085＋0.0165	0.025
地業	(V_4)	m^3	地業高×地業幅×施工奥行	V_4=0.05×0.17×1.0	0.0085
モルタル	(V_5)	m^3	下地モルタル数量＋裏込めモルタル数量	V_5=0.0083＋0.165×0.05×1.0	0.0165
小舗石積み		m^2	小舗石高×施工奥行	0.19×1.0	0.19

◆代価表

m 当り

細　目	内　容	数　量	単位	単　価	金　額	備　考
水盛遣方		0.336	m^2			
掘削	人力	0.0333	m^2			
埋戻し	人力	0.0083	m^3			
残土処分	場外処分・２t車、片道８kmまで	0.025	m^3			
地業	クラッシャーラン C-40	0.0085	m^3			
モルタル	1：3	0.0165	m^3			
小舗石積み	御影小舗石□ 90×90・１丁掛け	0.19	m^2			
清掃片付け		0.336	m^2			
合　計						

縁取り	煉瓦長手積み２段	NO.36

標準図

縮尺 1：10

普通レンガの品質（JIS R 1250）

品質　　種類	2種	3種	4種
吸水率（%）	15 以下	13 以下	10 以下
圧縮強さ（N/mm²）	15 以上	20 以上	30 以上

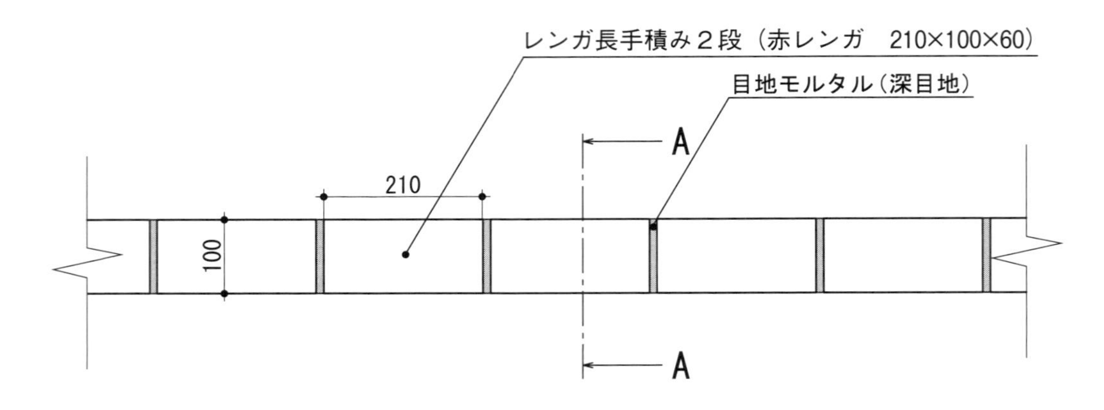

*目地幅10mm

平面図　S=1:10

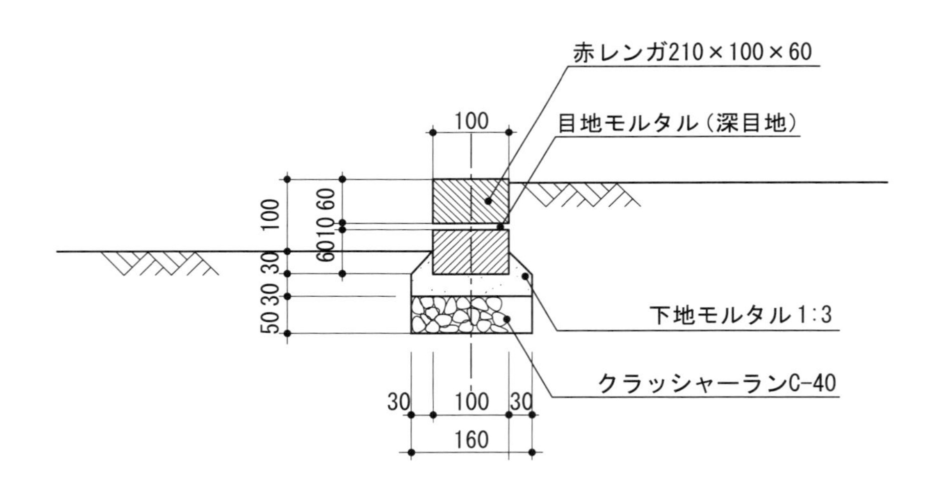

A–A　断面図　S=1:10

縁取り	煉瓦長手積み２段	NO.36

数量計算表・代価表

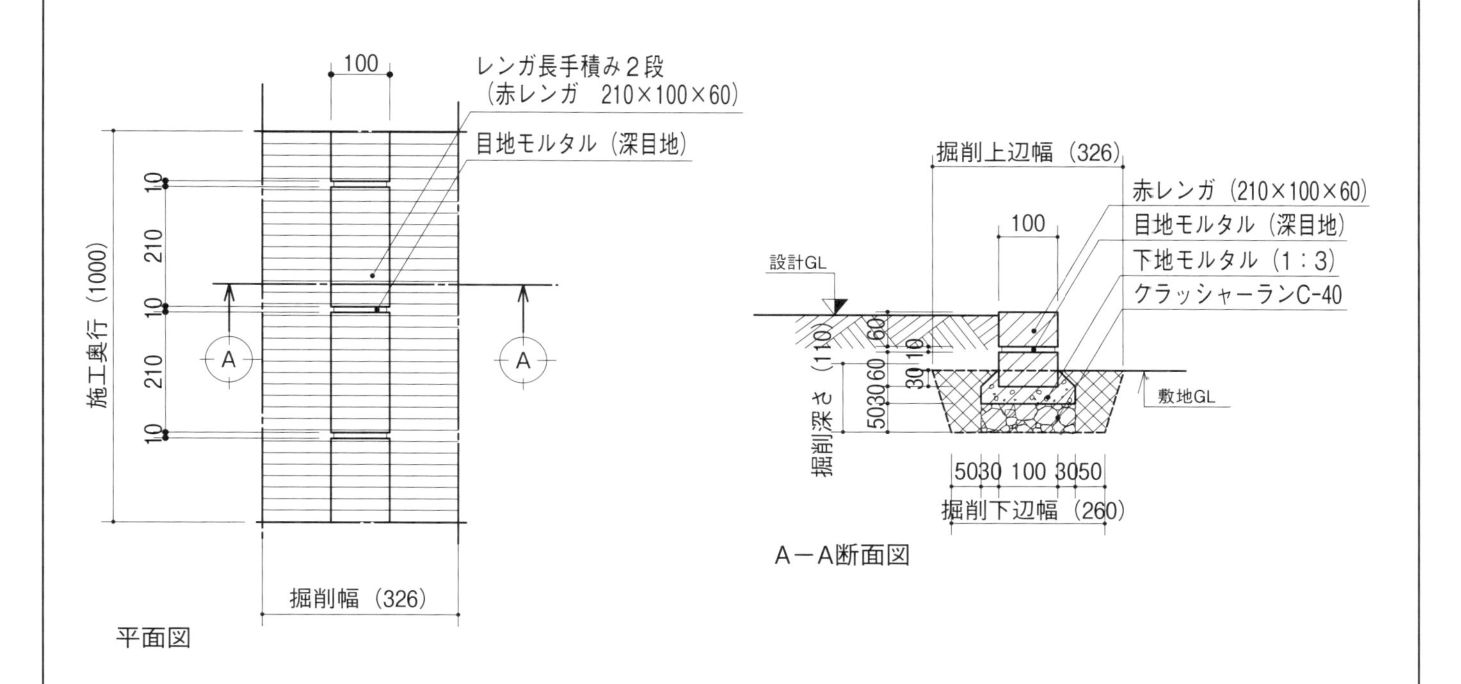

■数量計算表

m当り

細　目	単位	計算式	計　算	計算結果
水盛遣方 (A_1)	m^2	施工幅×施工奥行	A_1=0.326×1.0	0.326
掘削 (V_1)	m^3	1/2（掘削上辺＋掘削下辺）×掘削深さ×施工奥行	V_1=1/2（0.326＋0.26）×0.11×1.0	0.0322
埋戻し (V_2)	m^3	V_1－V_3	V_2=0.0322－0.0167	0.0155
残土処分 (V_3)	m^3	V_4＋V_5	V_3=0.008＋0.0087	0.0167
地業 (V_4)	m^3	地業高×地業幅×施工奥行	V_4=0.05×0.16×1.0	0.008
モルタル (V_5)	m^3	モルタル下部数量＋下地モルタル上部数量	V_5=（0.16＋0.13）×0.03×1.0	0.0087
煉瓦積み	m	レンガ積み高×施工奥行	0.13×1.0	0.13

◆代価表

m当り

細　目	内　容	数　量	単位	単　価	金　額	備　考
水盛遣方		0.326	m^2			
掘削	人力	0.0322	m^2			
埋戻し	人力	0.0155	m^3			
残土処分	場外処分・２t車、片道８kmまで	0.0167	m^3			
地業	クラッシャーラン C-40	0.008	m^3			
モルタル	1：3	0.0087	m^3			
煉瓦積み	普通煉瓦　210×100×60	0.13	m			
清掃片付け		0.326	m^2			
合　計						

縁取り	煉瓦小端立て	NO.37

標準図　　縮尺1：10

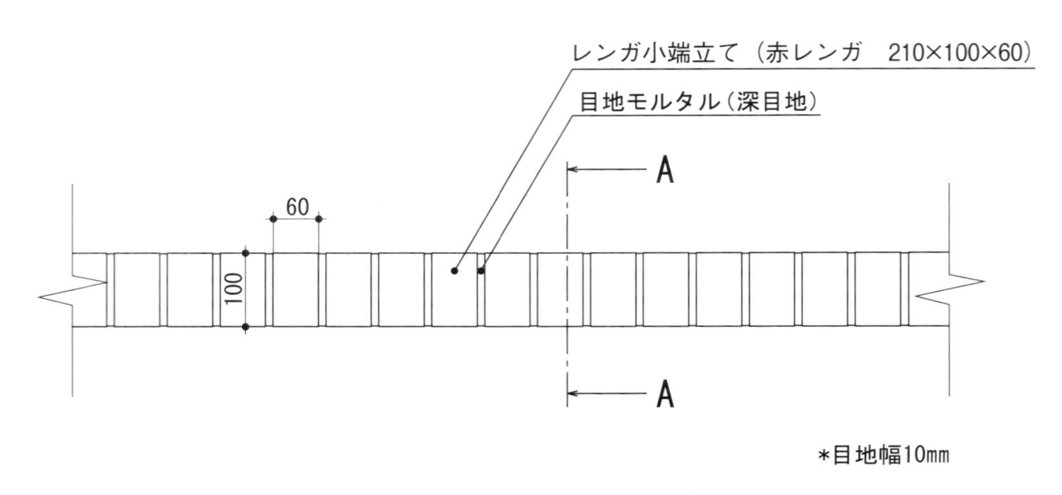

*目地幅10mm

平面図　S=1:10

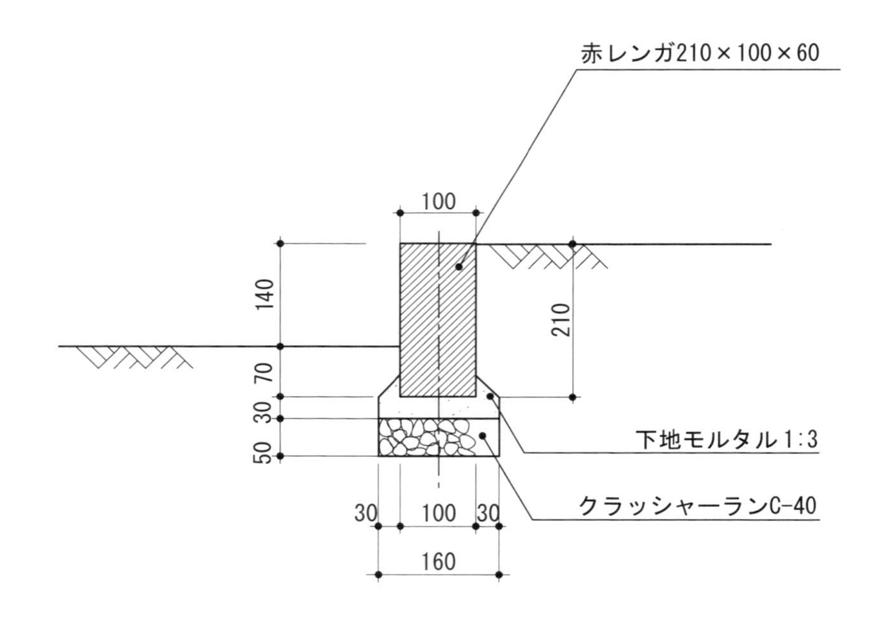

A-A　断面図　S=1:10

縁取り	煉瓦小端立て	NO.37

数量計算表・代価表

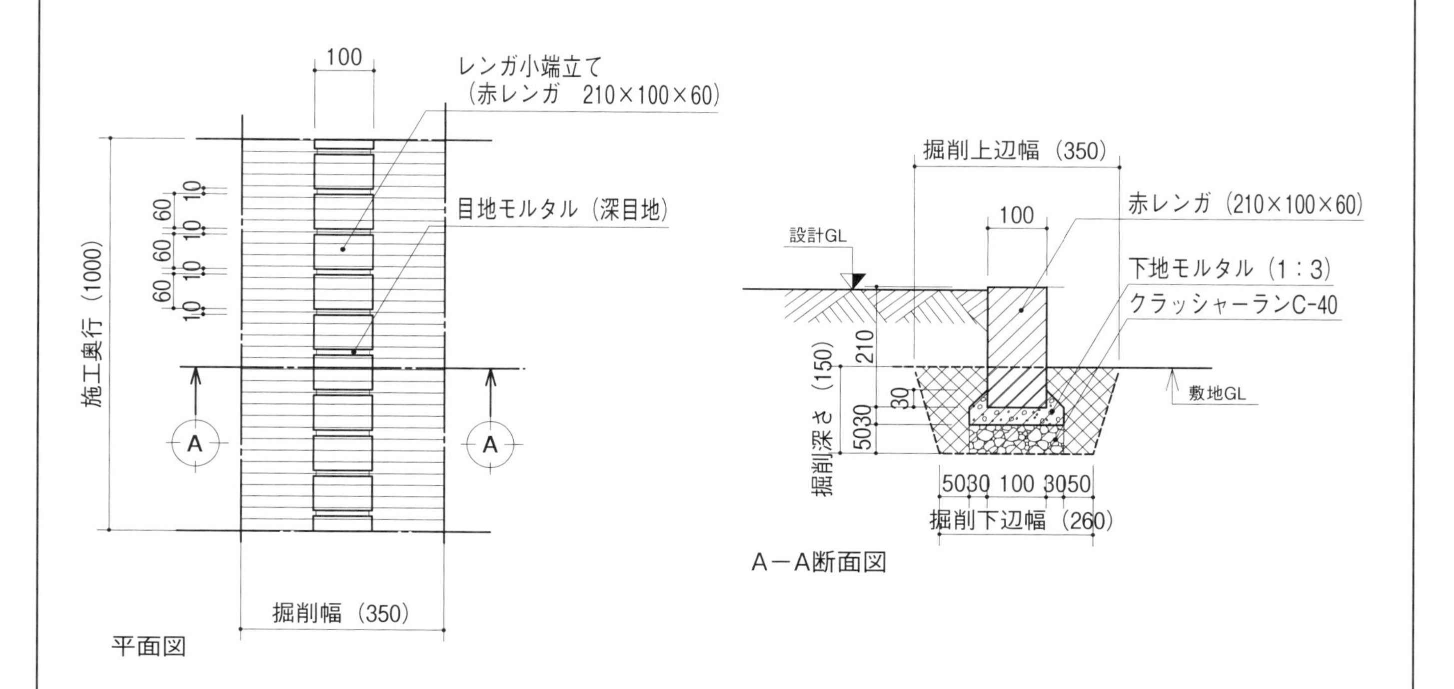

■数量計算表

m 当り

細　目	単位	計算式	計　算	計算結果
水盛遣方 (A_1)	m^2	施工幅×施工奥行	A_1=0.35×1.0	0.35
掘削 (V_1)	m^3	1/2(掘削上辺＋掘削下辺)×掘削深さ×施工奥行	V_1=1/2(0.35＋0.26)×0.15×1.0	0.0458
埋戻し (V_2)	m^3	V_1－V_3	V_2=0.0458－0.0207	0.0251
残土処分 (V_3)	m^3	V_4＋V_5＋レンガ埋設部数量	V_3=0.008＋0.0087＋0.04×0.1×1.0	0.0207
地業 (V_4)	m^3	地業高×地業幅×施工奥行	V_4=0.05×0.16×1.0	0.008
モルタル (V_5)	m^3	モルタル下部数量＋下地モルタル上部数量	V_5=(0.16＋0.13)×0.03×1.0	0.0087
煉瓦小端立て	m	施工奥行	1.0	1.0

◆代価表

m 当り

細　目	内　容	数　量	単位	単　価	金　額	備　考
水盛遣方		0.35	m^2			
掘削	人力	0.0458	m^2			
埋戻し	人力	0.0251	m^3			
残土処分	場外処分・2t車、片道8kmまで	0.0207	m^3			
地業	クラッシャーラン C-40	0.008	m^3			
モルタル	1：3	0.0087	m^3			
煉瓦小端立て	普通煉瓦　210×100×60	1.0	m			
清掃片付け		0.35	m^2			
合　計						

縁取り	煉瓦平立て２枚	NO.38

標準図

縮尺 1：10

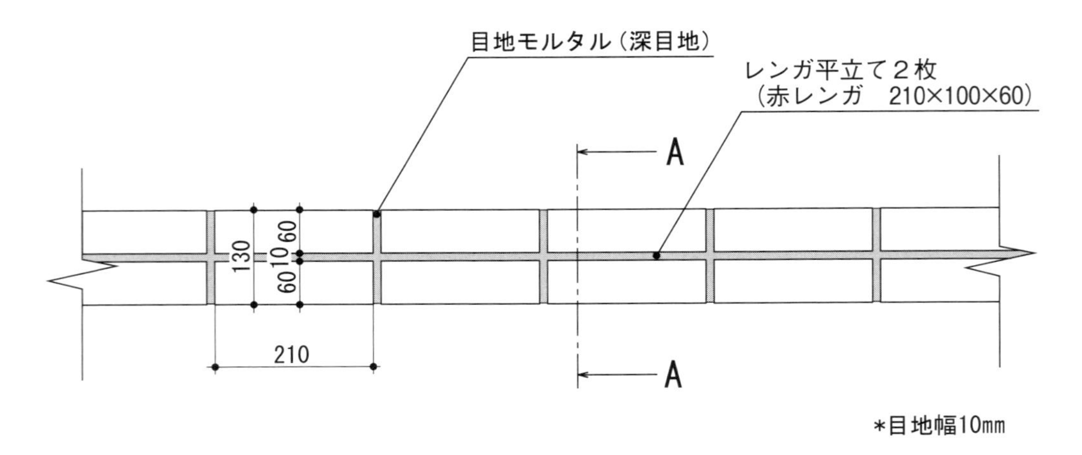

平面図　S=1:10

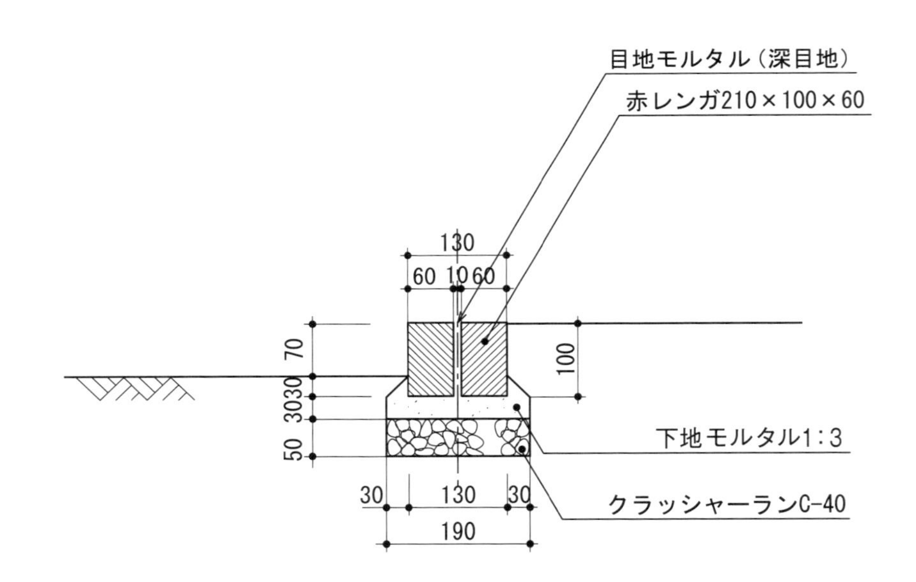

A-A　断面図　S=1:10

縁取り	煉瓦平立て２枚	NO.38

数量計算表・代価表

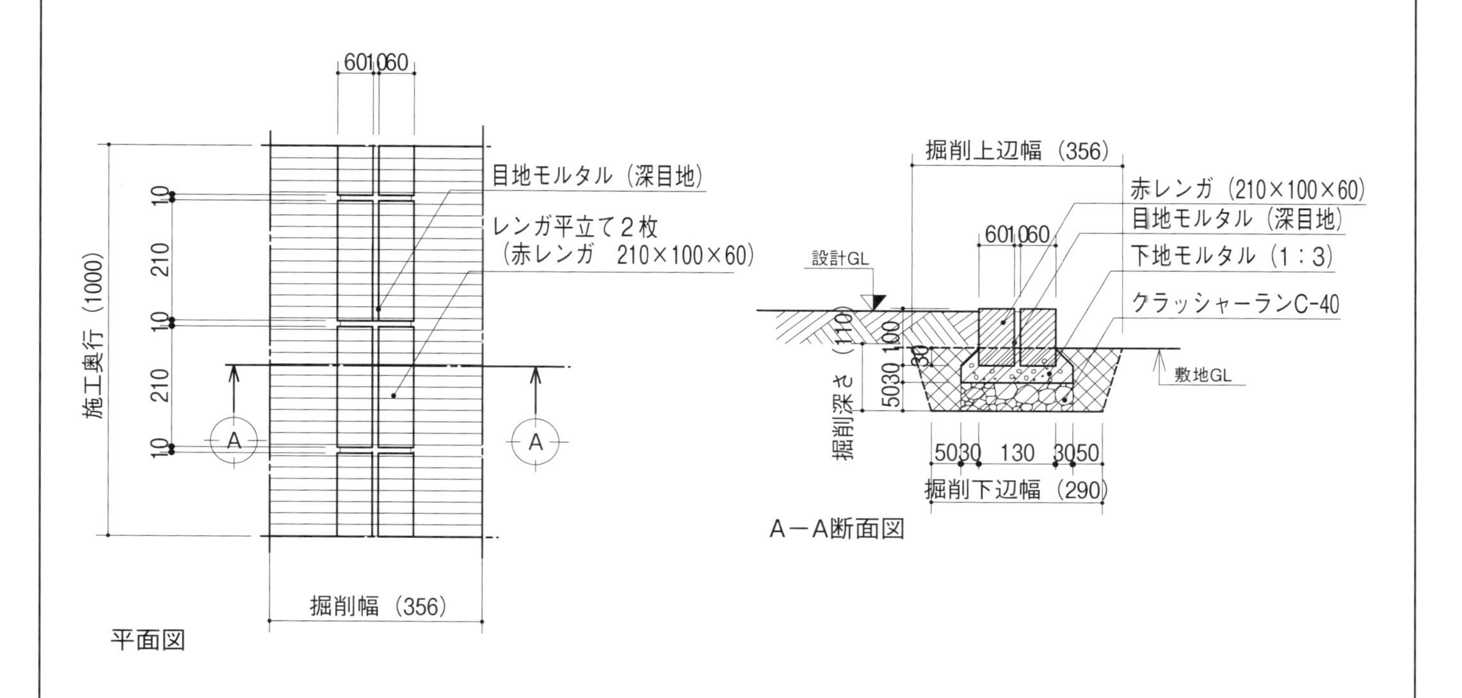

■数量計算表

m当り

細　目	単位	計算式	計　算	計算結果
水盛遣方　(A_1)	m^2	施工幅×施工奥行	A_1=0.356×1.0	0.356
掘削　(V_1)	m^3	1/2(掘削上辺＋掘削下辺)×掘削深さ×施工奥行	V_1=1/2(0.356＋0.29)×0.11×1.0	0.0355
埋戻し　(V_2)	m^3	V_1－V_3	V_2=0.0355－0.02	0.0155
残土処分　(V_3)	m^3	V_4＋V_5	V_3=0.0095＋0.0105	0.02
地業　(V_4)	m^3	地業高×地業幅×施工奥行	V_4=0.05×0.19×1.0	0.0095
モルタル　(V_5)	m^3	モルタル下部数量＋下地モルタル上部数量	V_5=(0.19＋0.16)×0.03×1.0	0.0105
煉瓦平立て	m	施工奥行	1.0	1.0

◆代価表

m当り

細　目	内　容	数　量	単位	単　価	金　額	備　考
水盛遣方		0.356	m^2			
掘削	人力	0.0355	m^2			
埋戻し	人力	0.0155	m^3			
残土処分	場外処分・2t車、片道8kmまで	0.02	m^3			
地業	クラッシャーラン C-40	0.0095	m^3			
モルタル	1：3	0.0105	m^3			
煉瓦平立て	普通煉瓦　210×100×60	1.0	m			
清掃片付け		0.356	m^2			
合　計						

縁取り	煉瓦小口立て	NO.39

標準図　　縮尺 1：10

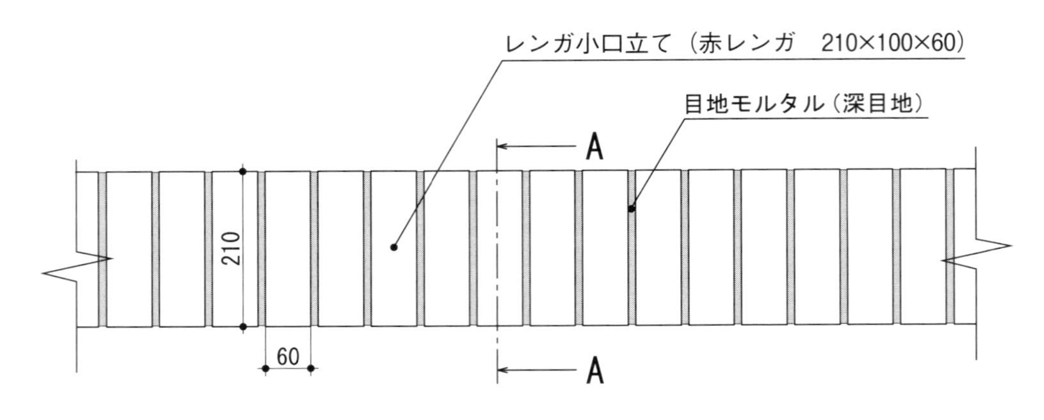

＊目地幅10mm

平面図　S=1:10

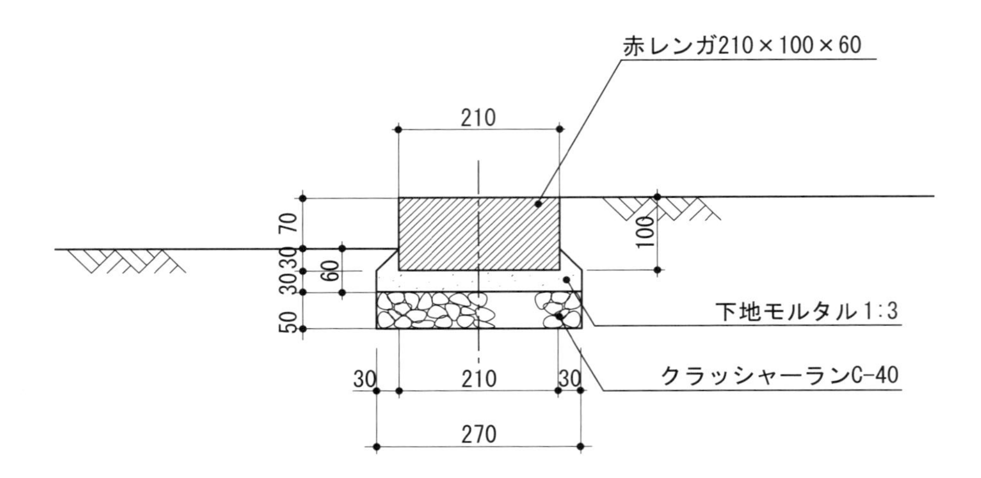

A-A　断面図　S=1:10

縁取り	煉瓦小口立て	NO.39

数量計算表・代価表

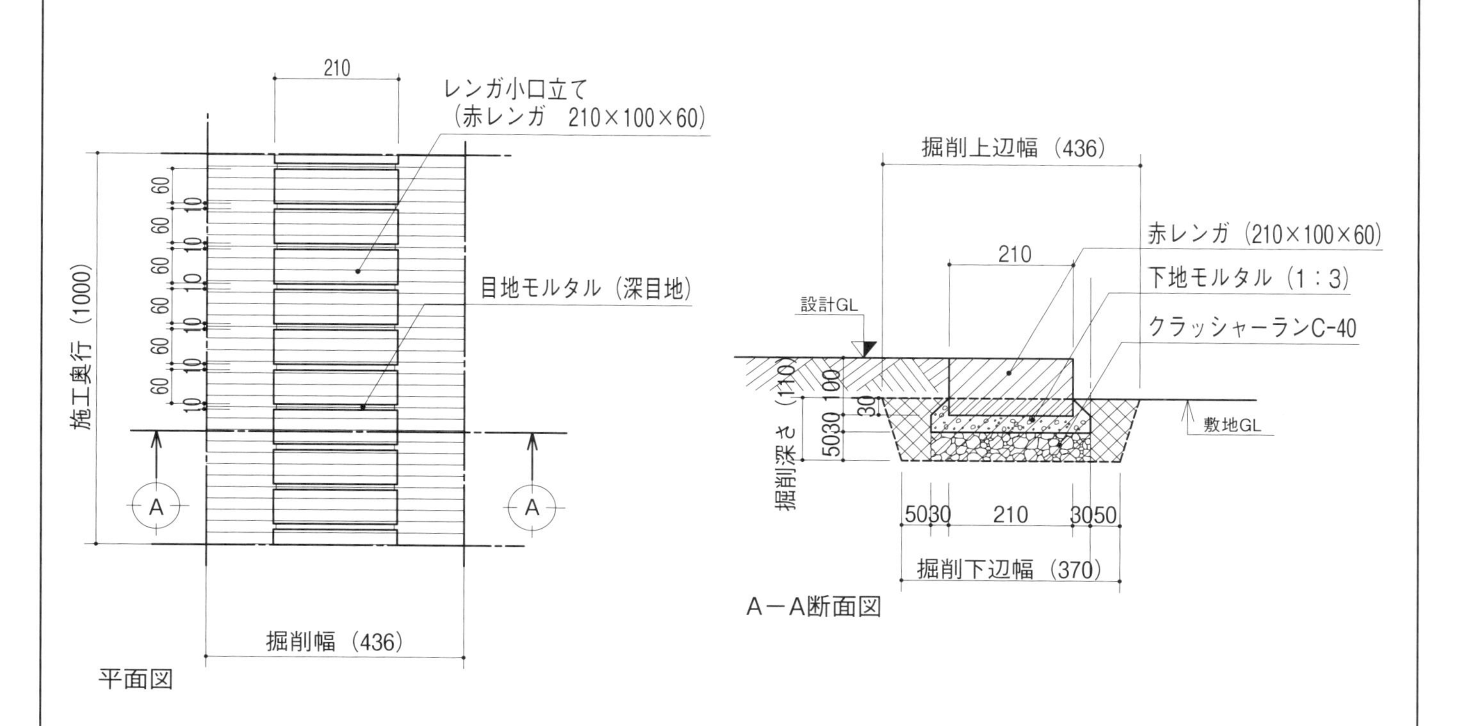

■数量計算表

m当り

細　目	単位	計算式	計　算	計算結果
水盛遣方　(A_1)	m^2	施工幅×施工奥行	A_1=0.436×1.0	0.436
掘削　(V_1)	m^3	1/2(掘削上辺＋掘削下辺)×掘削深さ ×施工奥行	V_1=1/2(0.436+0.37)×0.11×1.0	0.0443
埋戻し　(V_2)	m^3	V_1－V_3	V_2=0.0443－0.0288	0.0155
残土処分　(V_3)	m^3	V_4＋V_5	V_3=0.0135＋0.0153	0.0288
地業　(V_4)	m^3	地業高×地業幅×施工奥行	V_4=0.05×0.27×1.0	0.0135
モルタル　(V_5)	m^3	モルタル下部数量＋下地モルタル上部数量	V_5=(0.27＋0.24)×0.03×1.0	0.0153
煉瓦小口立て	m	施工奥行	1.0	1.0

◆代価表

m当り

細　目	内　容	数　量	単位	単　価	金　額	備　考
水盛遣方		0.436	m^2			
掘削	人力	0.0443	m^2			
埋戻し	人力	0.0155	m^3			
残土処分	場外処分・2t車、片道8kmまで	0.0288	m^3			
地業	クラッシャーラン C-40	0.0135	m^3			
モルタル	1：3	0.0153	m^3			
煉瓦小口立て	普通レンガ　210×100×60	1.0	m			
清掃片付け		0.436	m^2			
合　計						

縁取り	コンクリート縁石　□100×600	NO.40

標準図

縮尺 1：10

JIS A 5371

呼び名 (JIS 仕様)	断面寸法 a：上面	b：底面	h：高さ	質量 (kg)
地先境界 A	120	120	120	21
地先境界 B	150	150	120	25
地先境界 C	150	150	150	33
100 角縁石	100	100	100	14

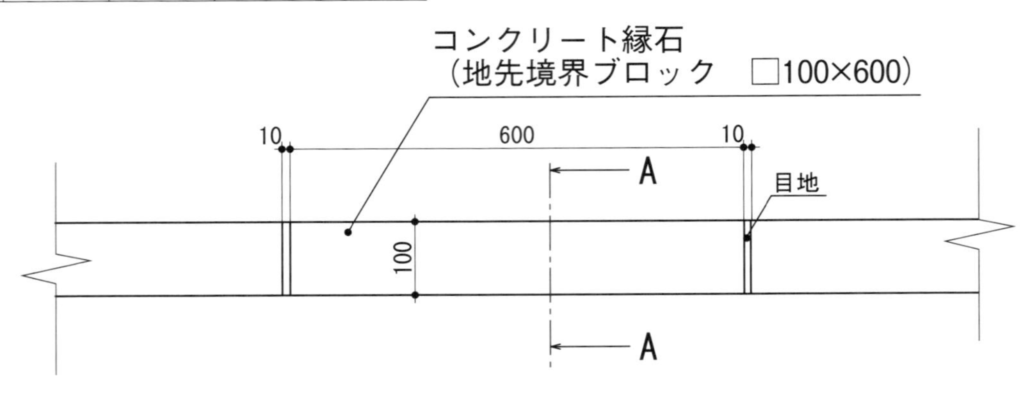

平面図　S=1:10

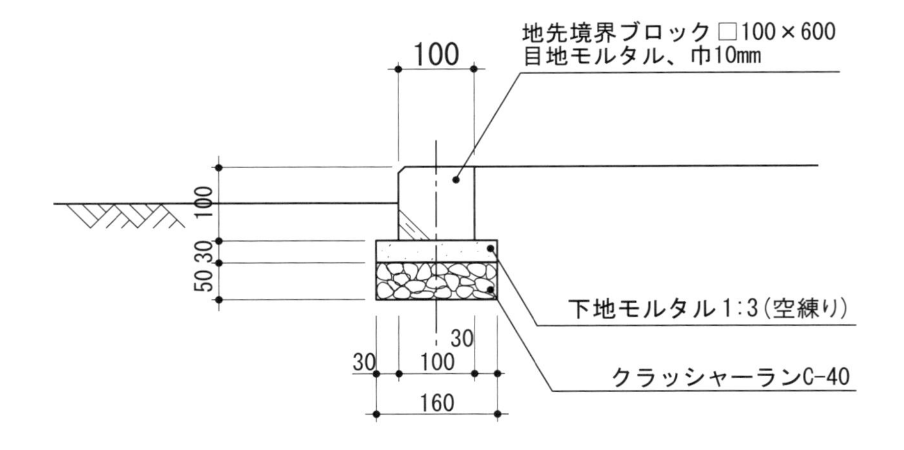

A-A　断面図　S=1:10

縁取り	コンクリート縁石　□100×600	NO.40

数量計算表・代価表

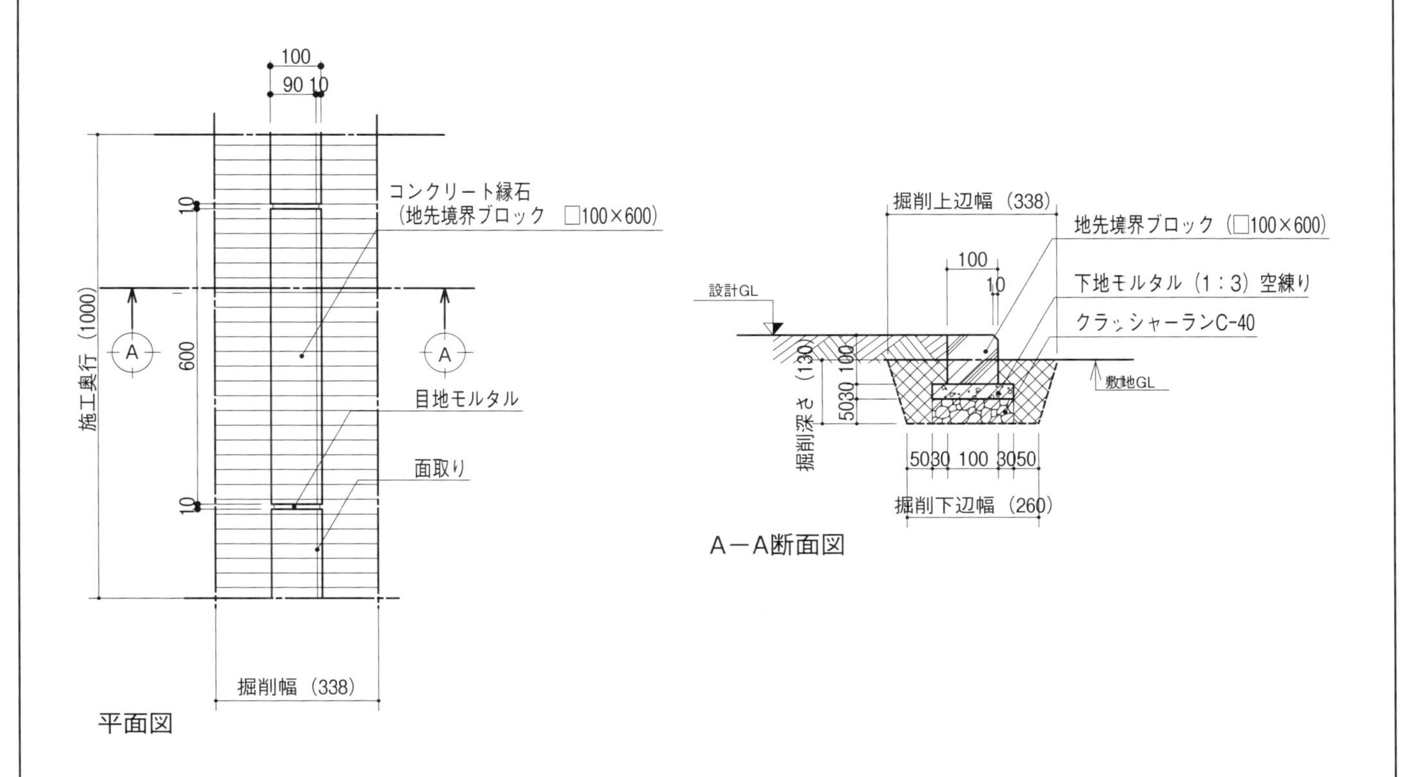

■数量計算表

m 当り

細　目	単位	計算式	計　算	計算結果
水盛遣方 (A_1)	m^2	施工幅×施工奥行	A_1=0.338×1.0	0.338
掘削 (V_1)	m^3	1/2(掘削上辺＋掘削下辺)×掘削深さ×施工奥行	V_1=1/2(0.338＋0.26)×0.13×ˉ.0	0.0389
埋戻し (V_2)	m^3	V_1-V_3	V_2=0.0389－0.0178	0.0211
残土処分 (V_3)	m^3	V_4+V_5	V_3=0.008＋0.0048	0.0178
地業 (V_4)	m^3	地業高×地業幅×施工奥行	V_4=0.05×0.16×1.0	0.008
モルタル (V_5)	m^3	下地モルタル厚×下地モルタル幅×施工奥行	V_5=0.03×0.16×1.0	0.0048
コンクリート縁石	m	施工奥行	1.0	1.0

◆代価表

m 当り

細　目	内　容	数　量	単位	単　価	金　額	備　考
水盛遣方		0.338	m^2			
掘削	人力	0.0389	m^2			
埋戻し	人力	0.0211	m^3			
残土処分	場外処分・2t車、片道8kmまで	0.0178	m^3			
地業	クラッシャーラン C-40	0.008	m^3			
モルタル	1：3	0.0048	m^3			
コンクリート縁石	100×100×100×600	1.0	m			
清掃片付け		0.338	m^2			
合　計						

縁取り	コンクリート縁石　□120×600	NO.41

標準図

縮尺 1：10

JIS A 5371

呼び名	断面寸法			質量
(JIS 仕様)	a：上面	b：底面	h：高さ	(kg)
地先境界 A	120	120	120	21
地先境界 B	150	150	120	25
地先境界 C	150	150	150	33
100 角縁石	100	100	100	14

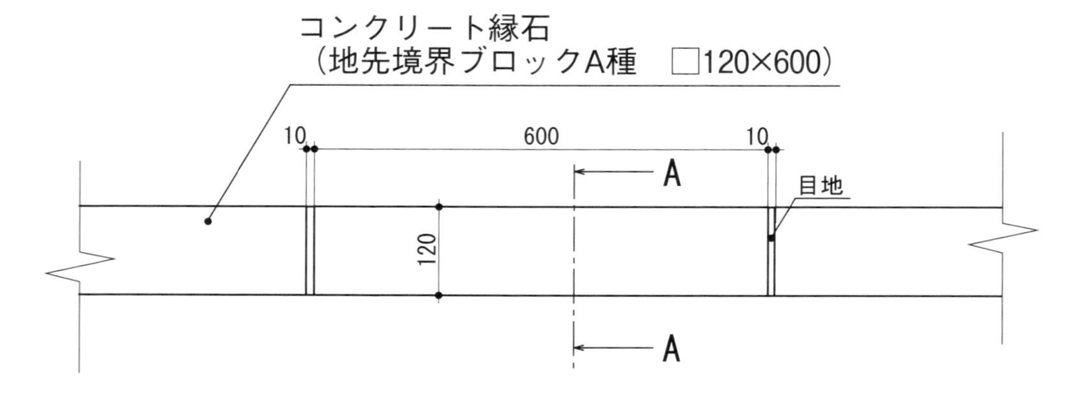

平面図　S=1:10

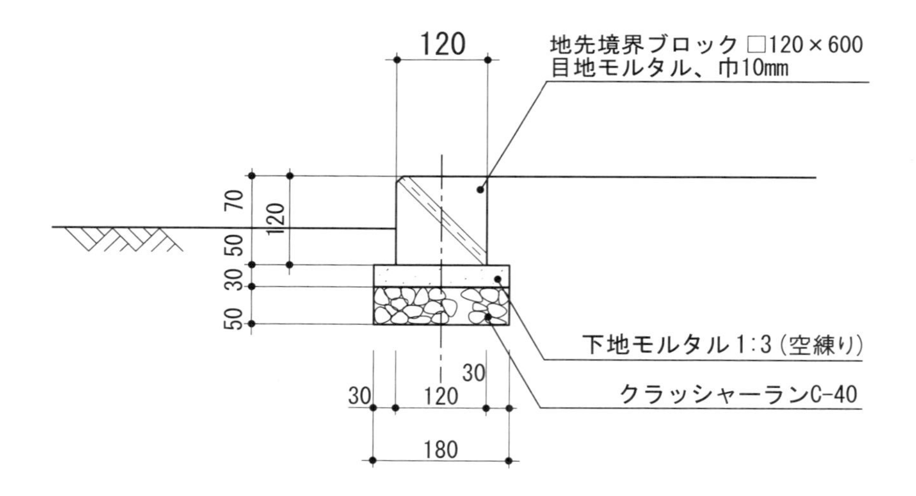

A-A　断面図　S=1:10

縁取り	コンクリート縁石　□120×600	NO.41

数量計算表・代価表

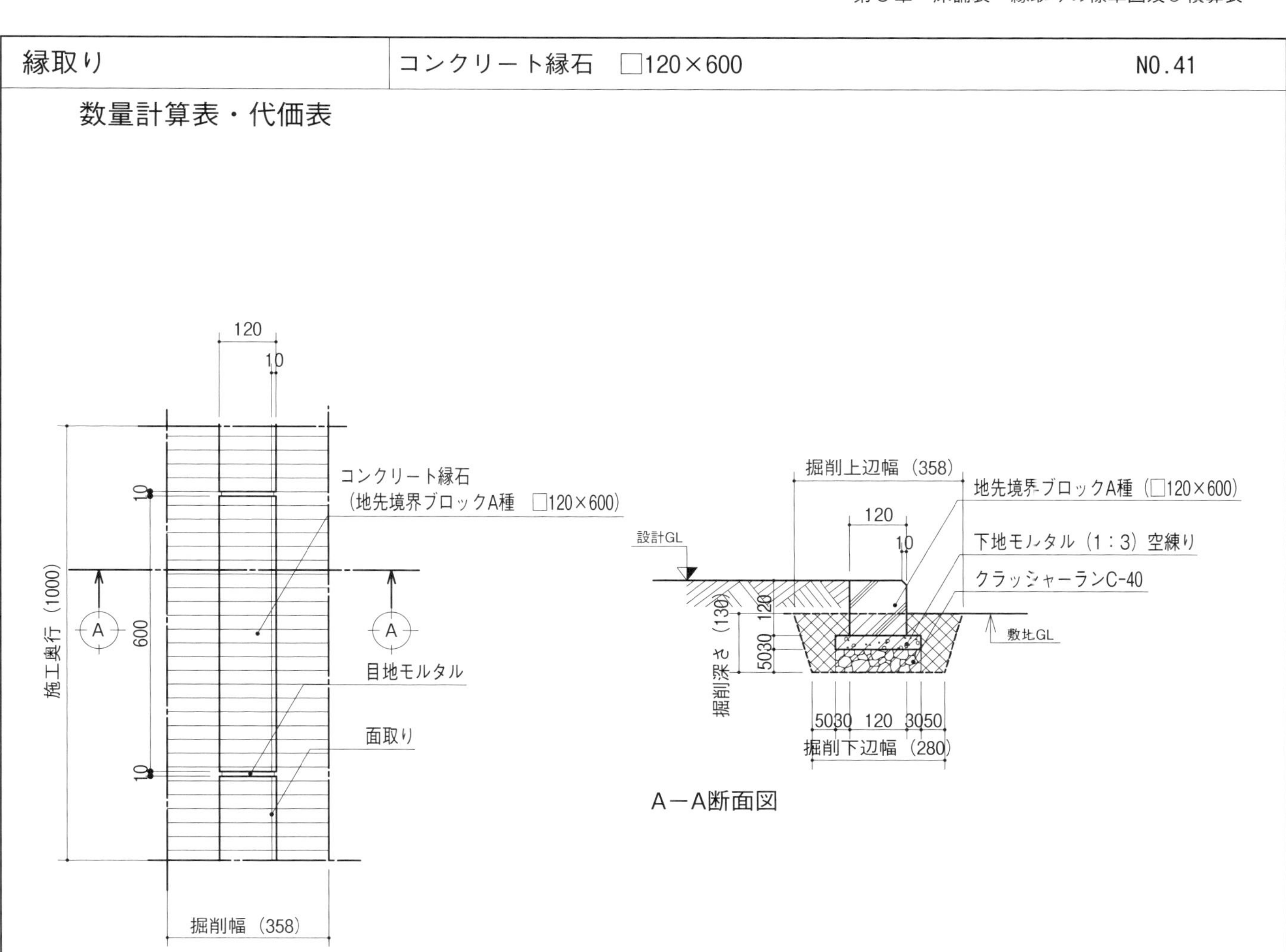

■数量計算表

m当り

細　目	単位	計算式	計　算	計算結果
水盛遣方　(A_1)	m^2	施工幅×施工奥行	A_1=0.358×1.0	0.358
掘削　(V_1)	m^3	1/2(掘削上辺＋掘削下辺)×掘削深さ×施工奥行	V_1=1/2(0.358＋0.28)×0.13×[illegible].0	0.0415
埋戻し　(V_2)	m^3	V_1－V_3	V_2=0.0415－0.0204	0.0211
残土処分　(V_3)	m^3	V_4＋V_5＋縁石埋設部数量	V_3=0.009＋0.0054＋0.05×0.12×1.0	0.0204
地業　(V_4)	m^3	地業高×地業幅×施工奥行	V_4=0.05×0.18×1.0	0.009
モルタル　(V_5)	m^3	下地モルタル厚×下地モルタル幅×施工奥行	V_5=0.03×0.18×1.0	0.0054
コンクリート縁石	m	施工奥行	1.0	1.0

◆代価表

m当り

細　目	内　容	数　量	単位	単　価	金　額	備　考
水盛遣方		0.358	m^2			
掘削	人力	0.0415	m^2			
埋戻し	人力	0.0211	m^3			
残土処分	場外処分・2t車、片道8kmまで	0.0204	m^3			
地業	クラッシャーラン C-40	0.009	m^3			
モルタル	1：3	0.0054	m^3			
コンクリート縁石	120×120×120×600	1.0	m			
清掃片付け		0.358	m^2			
合　計						

標準図

縮尺 1：10

JIS A 5371

呼び名	断面寸法			質量
(JIS 仕様)	a：上面	b：底面	h：高さ	(kg)
地先境界 A	120	120	120	21
地先境界 B	150	150	120	25
地先境界 C	150	150	150	33
100 角縁石	100	100	100	14

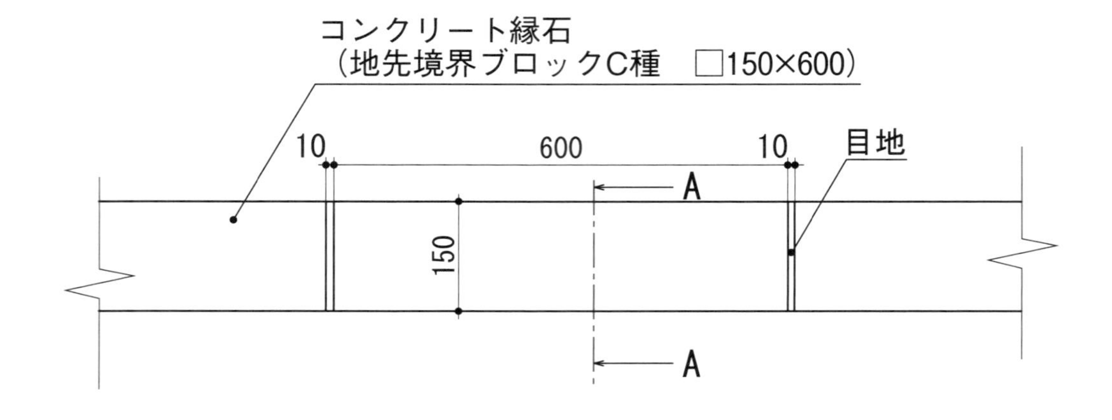

平面図　S=1:10

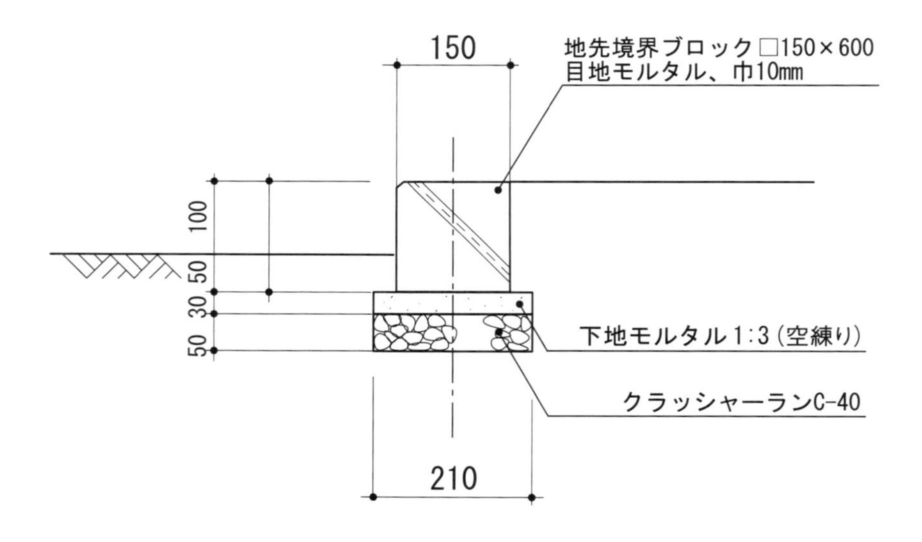

A-A　断面図　S=1:10

縁取り	コンクリート縁石　□150×600	NO.42

数量計算表・代価表

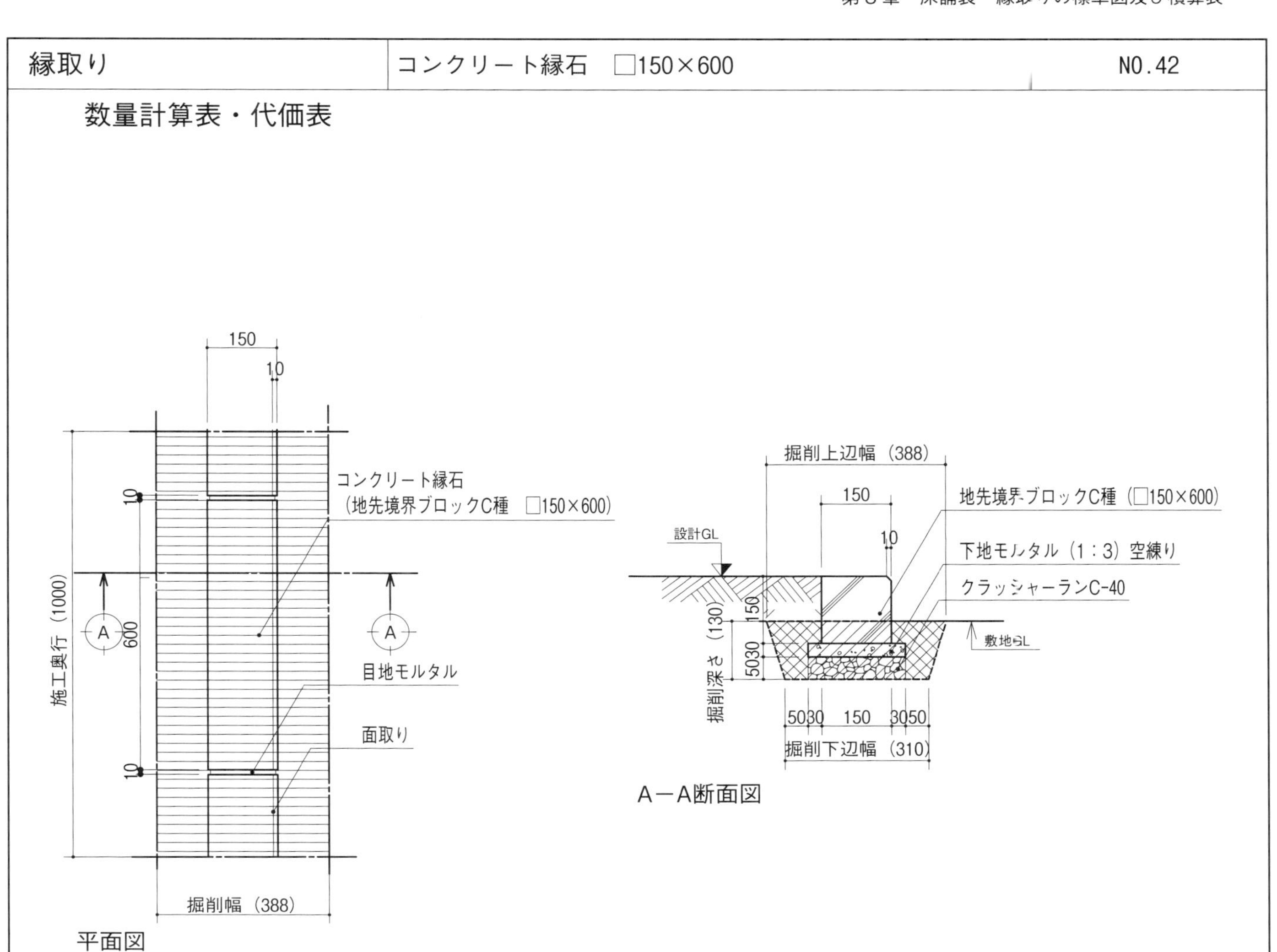

■数量計算表

m当り

細　目	単位	計算式	計　算	計算結果
水盛遣方　(A_1)	m^2	施工幅×施工奥行	A_1=0.388×1.0	0.388
掘削　(V_1)	m^3	1/2(掘削上辺＋掘削下辺)×掘削深さ×施工奥行	V_1=1/2(0.388＋0.31)×0.13×1.0	0.0454
埋戻し　(V_2)	m^3	V_1－V_3	V_2=0.0454－0.0243	0.0211
残土処分　(V_3)	m^3	V_4＋V_5＋縁石埋設部数量	V_3=0.0105＋0.0063＋0.05×0.15×1.0	0.0243
地業　(V_4)	m^3	地業高×地業幅×施工奥行	V_4=0.05×0.21×1.0	0.0105
モルタル　(V_5)	m^3	下地モルタル厚×下地モルタル幅×施工奥行	V_5=0.03×0.21×1.0	0.0063
コンクリート縁石	m	施工奥行	1.0	1.0

◆代価表

m当り

細　目	内　容	数　量	単位	単　価	金　額	備　考
水盛遣方		0.388	m^2			
掘削	人力	0.0454	m^2			
埋戻し	人力	0.0211	m^3			
残土処分	場外処分・2t車、片道8kmまで	0.0243	m^3			
地業	クラッシャーラン C-40	0.0105	m^3			
モルタル	1：3	0.0063	m^3			
コンクリート縁石	150×150×150×600	1.0	m			
清掃片付け		0.388	m^2			
合　計						

第4章

土留めの標準図及び積算表

1 コンクリート土留めの標準図及び積算表

ここで取り上げる土留めは、宅地造成等規制法で規定する擁壁の範囲を除いた「土留め」として考える。

1-1 一般事項

i）調査

a）基礎地盤の土質及び湧水の状況、地盤支持力などを調査し、設計図書を検討する。地盤調査方法は特記による。

b）土留め背面については、土（盛土あるいは地山）の諸性質、湧水及び地表水の状況などを調査する。

c）地下埋設物、河川、周辺道路の状況など、現場の施工に直接関係する事項について調査を行う。

ii）材料一般

a）コンクリート及び鉄筋などの材料については、「第１章　５コンクリート工事」の当該基準による。

iii）土工事

a）土工事は、「第１章　２土工事」の当該基準による。

b）普通土における掘削面の勾配は、土留め高 2.0m 未満の場合は 90°とすることができるが、砂からなる地山の場合は 35°以下とする。

c）掘削時に支持地盤を緩めたり、必要以上に掘削することのないよう注意する。

d）掘削余裕幅は、所定の基礎幅を確保するために設置する型枠などの基礎工事に支障のない程度に確保する。

e）掘削勾配は、掘削面の崩壊などの事故が生じない安全な勾配以下とする。

iv）地業工事

a）地業は、「第１章　４地業工事」の当該基準による。

b）裏込めに使用する透水層材料は特記による。

c）裏込めに使用する割栗石の品質は「JIS A 5006 割ぐり石」に準じ、その設置幅は基礎スラブ幅に左右 100mm を加えた幅とする。

d）割栗石の大きさは、径 100〜150mm（小割り）を標準とし、使用する目潰し砂利は「JIS A 5001 道路用砕石」のクラッシャーランとする。

e）目潰し材は割栗石量の 18％程度とする。

f）目潰し材は転圧機またはコンパクタなどにより突き固めや転圧を行う。

v）鉄筋

a）鉄筋のかぶりは、底版下面主筋の場合、鉄筋表面から基礎スラブ厚上下表面までを 60mm 以上とする。

b）壁部背面主筋のかぶりは、鉄筋表面より 60mm 以上とし、縦壁前面主筋のかぶりは 40mm 以上とする。

c）現場での鉄筋の保管について、組立前の鉄筋は必ずシートを掛け、風雨に晒されないようにする。

d）現場入荷時に錆びている鉄筋は、使用禁止とする。

vi）型枠

a）型枠の締め付けはボルトまたは棒鋼を用い、型枠を取り外した後は、コンクリート表面から 25mm 以内の内部で切断し、切断穴はモルタルまたは合成樹脂コーンで充填する。

b）型枠は天端両隅に適切な面取り材を取付ける。

c）型枠はコンクリート打設前に、工事担当責任者の立会いのもとで組立の検査を行い、型枠の隙間からコンクリートが漏れ出ないようにする。

d）同一現場での型枠の複数転用を行ってもよい。あるいは、工事担当責任者の承認をもって転用することができる。

vii）コンクリート

a）地業の上に型枠を組み、均しコンクリートを打設する。均しコンクリートは、Fc=18N/mm^2 以上のものを用い、その設置幅は、地業幅と同じとする。均しコンクリートの天端面は、できるだけ平滑に仕上げる。

b）基礎スラブコンクリートは打設前に配合を確認する。打設前に過水しないこと。

c）打設後、棒状バイブレータなどでよく締め固め、コンクリートが枠の中の全体に行き渡るようにし、気密性の高いコンクリートに仕上げる。

d）基礎スラブ表面を木ゴテなどで平滑に押さえ、コンクリートの表面のひび割れが起きないようにする。

e）雨天で品質に影響を与える雨量が予測される場合は、打設を順延する。

viii）伸縮目地

a）伸縮目地は、れき青系目地で厚さ 10mm を使用し、20m 間隔を標準とする。

b）縦壁の高さの変化する箇所、床付けが変化する箇所、構造・工法を異にする箇所に設け、基礎まで切る。

ix）水抜き穴

a）水抜き穴は、地盤面上の縦壁に 3.0m^2 ごとに１箇所の割合で、千鳥型に設置する。

b）水抜き穴は、土留め高さ 1.0m 以下では呼び径 50mm、土留め高さ 1.0m 以上では呼び径 75mm 以上の硬質塩化ビニル管を用い、縦壁の外側に向かって水勾配をつけて透水層に達するように設ける。

x）埋戻し

a）埋戻し前に、基礎スラブ及び縦壁背面の清掃を行う。

b）埋戻しは、300mm ごとに締め固めながら実施する。

c）縦壁背面の埋戻し盛土は、良質土を選び、十分に転圧を行う。

1-2 コンクリート土留め工事の土工事数量計算例

i ）掘削工事

掘削範囲は GL 下部と GL 上部の 2 箇所に、基準平面となる $1.0m^2$ を掛けた範囲に分けて計算する。

GL 下部掘削数量（V_1 下部）＝1/2(b1＋a1)×h1×1

GL 上部掘削数量（V_1 上部）＝1/2(b2＋a2)×h2×1

掘削数量(V_1) は GL 下部掘削数量(V_1 下部)と GL 上部掘削数量(V_1 上部)の 2 箇所を加えたものになる。

掘削数量（V_1)＝(V_1 下部)＋(V_1 上部)

擁壁（RC 造 L 型・上部盛土）

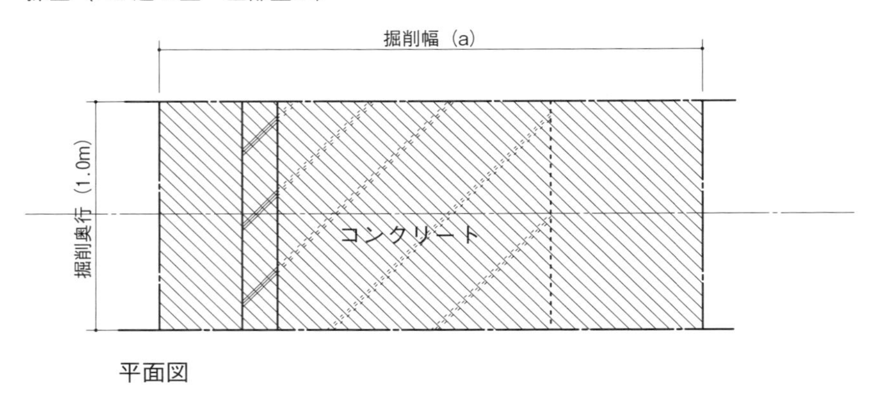

平面図

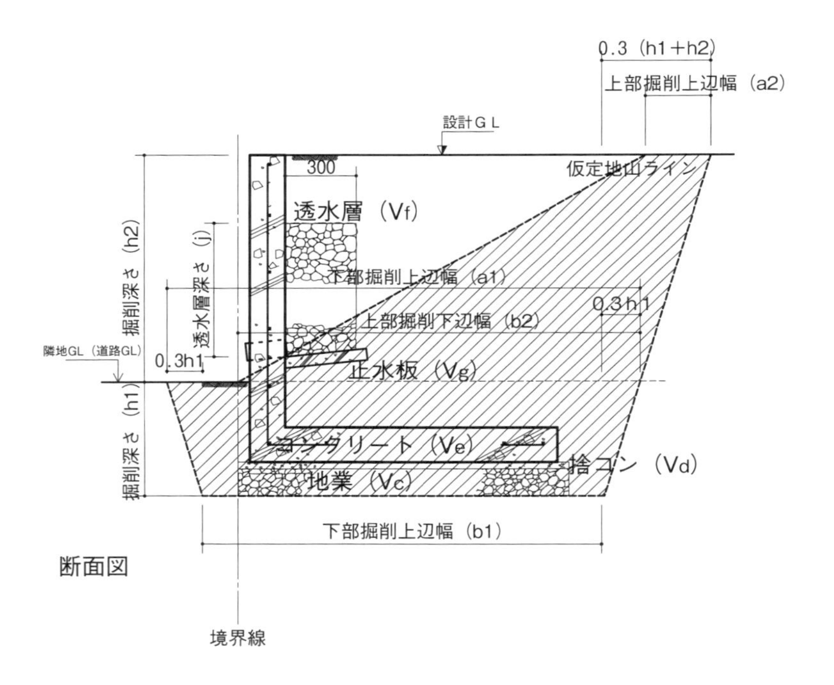

断面図

ii）埋戻し工事

埋戻し数量(V_2)は、下図より、掘削合計数量から地業数量(Vc)、捨コン数量(Vd)、コンクリート数量(Ve)埋設部、透水層数量(Vf)埋設部、止水板数量(Vg)を引いたものになる。

埋戻し数量　$(V_2) = V_1 - (Vc + Vd + Ve + Vf + Vg)$

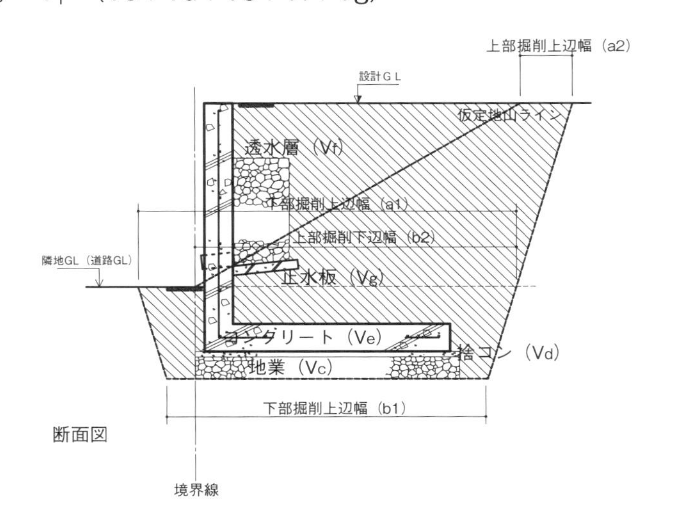

〈土留め工事における埋戻し数量算出例〉

ここで扱う土留め工事の標準図には仮定地山ラインがあり敷地 GL ラインの上側が盛土となり、その勾配が示されている。仮定地山ラインの上側は、土を埋めることとし、埋戻し数量にその土量を計上することにする（原則、残土を使うが、不足する場合には客土となる）。

従って、埋戻し数量(V_2)を計算するにあたっては、下図のように、V_1'を計算し、地業数量(Vc)、捨コン数量(Vd)、コンクリート数量(Ve)、透水層数量(Vf)、止水板数量(Vg)の合計を引くものとする。

埋戻し数量　$(V_2) = V_1' - (Vc + Vd + Ve + Vf + Vg)$

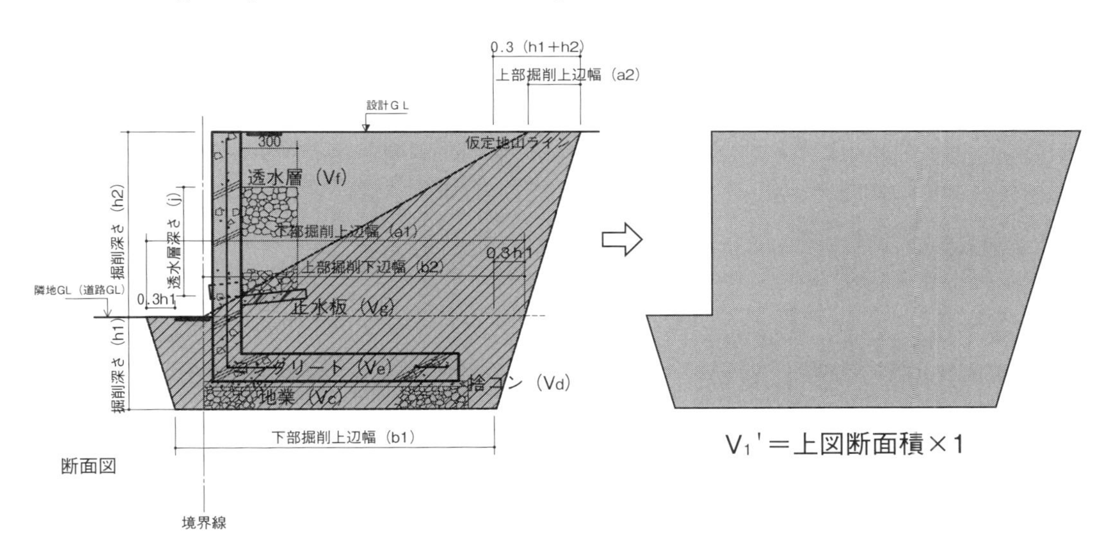

iii）残土処分工事

残土処分数量は掘削数量から埋戻し数量を引いたものになる。

残土処分数量　$(V_3) = V_1 - V_2$

1．擁壁の「かぶり」について

建築基準法施行令（第79条）によるかぶり厚の規定

耐力壁以外の壁又は床	2cm 以上
耐力壁、柱又ははり	3cm 以上
直接土に接する壁、柱、床若しくははり又は布基礎の立上り部分	4cm 以上
基礎(捨コンクリートの部分を除く)	6cm 以上

＊擁壁の項目はないが、6cm 以上と解釈

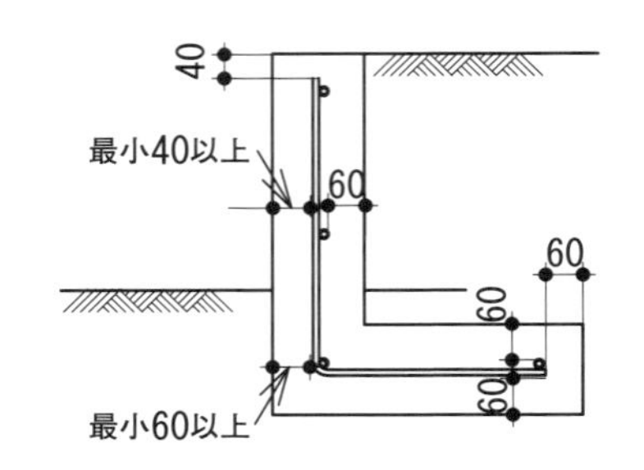

最小かぶり厚　　『建築工事標準仕様書・同解説 JASS 5 鉄筋コンクリート工事』（日本建築学会）より

部材の種類		短　期	標準・長期		超長期	
		屋内・屋外	屋内	屋外	屋内	屋外
構造部材	柱・梁・耐力壁	30	30	40	30	40
	床スラブ・屋根スラブ	20	20	30	30	40
非構造部材	構造部材と同等の耐久性を要求する部材	20	20	30	30	40
	計画供用期間中に維持保全を行う部材	20	20	30	(20)	(30)
直接土に接する柱・梁・壁・床および布基礎の立上り部		40				
基礎		60				

2．擁壁設置の地盤について

建築基準法施行令第93条

地盤の許容応力度及び基礎ぐいの許容支持力は、国土交通大臣が定める方法によって、地盤調査を行い、その結果に基づいて定めなければならない。ただし、次の表に掲げる地盤の許容応力度については、地盤の種類に応じて、それぞれ次の表の数値によることができる。

地　盤	長期に生ずる力に対する許容応力度 (kN/m^2)	短期に生ずる力に対する許容応力度 (kN/m^2)
岩盤	1000	長期に生ずる力に対する許容応力度のそれぞれの数値の２倍とする。
固結した砂	500	
土丹盤	300	
密実な礫層	300	
密実な砂質地盤	200	
砂質地盤※	50	
堅い粘土質地盤	100	
粘土質地盤	20	
堅いローム層	100	
ローム層	50	

※地震時に液状化のおそれのないものに限る。

コンクリート土留め　L型		共通事項-2

３．地盤について

宅地造成等規制法施行令に基づく諸数値

単位体積重量と土圧係数（宅地造成等規制法施行令別表第二）

土　質	単位体積重量（1 m^3 につき）	土圧係数
砂利または砂	1.8トン	0.35
砂質土	1.7トン	0.40
シルト、粘土またはそれらを多量に含む土	1.6トン	0.50

土質と摩擦係数（宅地造成等規制法施行令別表第三）

土　質	摩擦係数	備　考
岩、岩屑、砂利または砂	0.5	
砂質土	0.4	
シルト、粘土またはそれらを多量に含む土	0.3	擁壁の基礎底面から少なくとも15cmまでの深さの土を砂利または砂に置き換えた場合に限る。

地盤支持力の目安と簡易判別法　『建築工事標準仕様書・同解説 JASS 3 土工事および山留め工事』（日本建築学会）より

硬　さ		長期許容支持力 (kN/m^2)	N値	一軸圧縮強度 (kN/m^2)	簡易判定法
砂質土	中位のもの	100	10～20	—	シャベルで力を入れて掘れる
	ゆるいもの	50	5～10	—	シャベルで容易に掘れる
	非常にゆるいもの	30＞	5＞	—	鉄筋棒などが容易に貫入する
粘性土	硬いもの	100	8～15	100～250	シャベルで強く踏んでようやく掘れる
	中位のもの	50	4～ 8	50～100	シャベルで力を入れて掘れる
	軟らかいもの	20	2～ 4	25～ 50	シャベルで容易に掘れる
	非常に軟らかいもの	0	0～ 2	25＞	鉄筋棒などが容易に貫入する
ローム	やや硬いもの	100	3～ 5	100～150	
	軟らかいもの	50	3＞	100＞	

粘土の粘着力の値　『建築工事標準仕様書・同解説 JASS 3 土工事および山留め工事』（日本建築学会）より

粘土の状態	粘着力c (kN/m^2)	備　考
非常に軟らかい	0～12.5	握りこぶしが容易に貫入する
軟らかい	12.5～25	人さし指が容易に貫入する
中位の強さ	25～50	おや指で中程度の力で貫入する
強い	50～100	おや指で凹みはつくが、相当強く押してもあまり貫入しない
非常に強い	100～200	おや指の爪なら容易に凹みはつくが、肉の部分で押しても凹みはつかない

コンクリート土留め	L型　H=700	NO.43

標準図　　縮尺 1：20

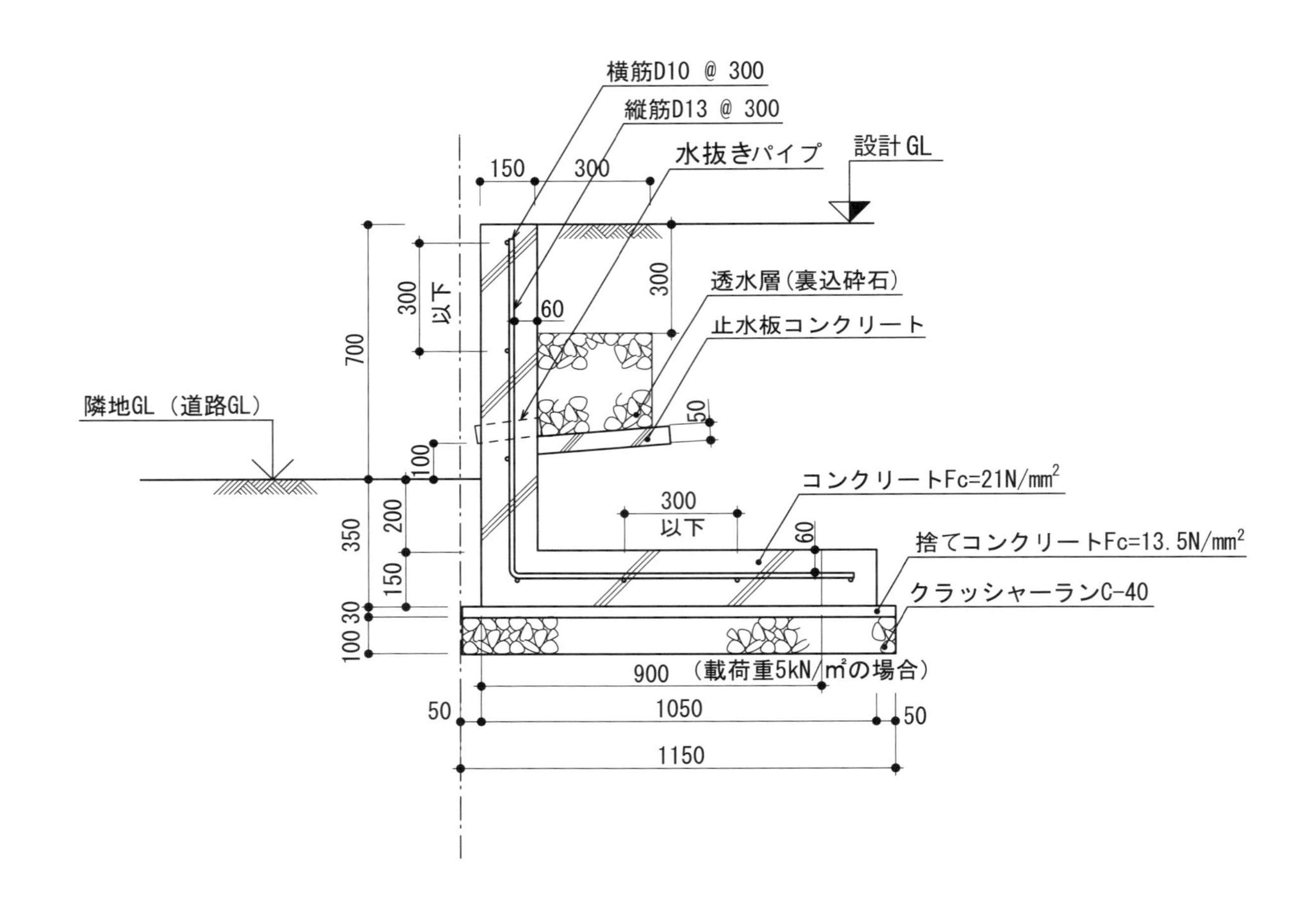

コンクリート土留め	L型　H=700	NO.43

数量計算表・代価表

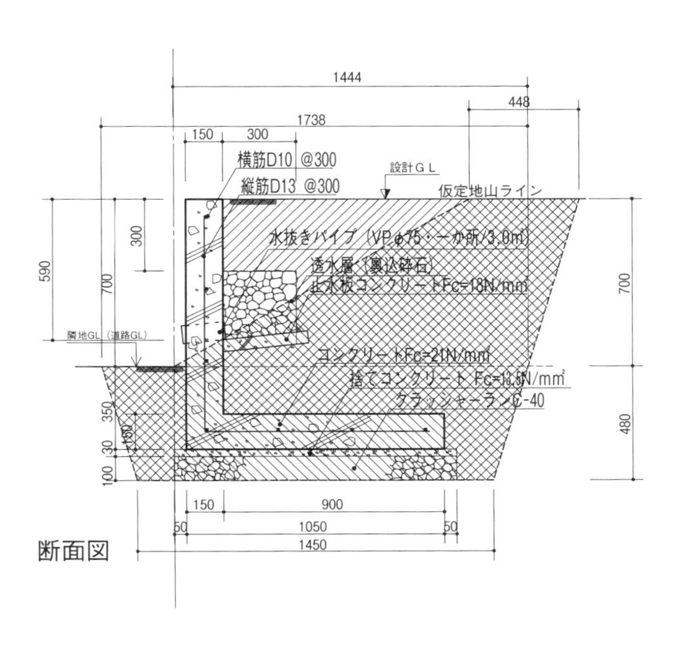

断面図

■数量計算表

m当り

細　目	単位	計算式	計　算	計算結果
水盛遣方　(A_1)	m^2	（下部掘削上辺＋上部掘削深さ×0.3）×施工奥行	A_1=1.948×1.0	1.948
掘削　(V_1)	m^3	下部掘削数量＋上部掘削数量 各々断面台形面積×施工奥行として計算〔1/2（掘削上辺＋掘削下辺）×掘削深さ×施工奥行〕	V_1=1/2（1.738＋1.45）×0.48×1.0＋1/2（0.448＋1.444）×0.7×1.0	1.4273
埋戻し　(V_2)	m^3	V_1'－埋設部位（地業・捨てコンクリート・コンクリート・止水板・透水層）全数量	V_2=1.8144－0.5465	1.2679
残土処分　(V_3)	m^3	V_4＋コンクリート埋設部数量＋捨てコン数量＋止水板数量＋透水層埋設部数量	V_3=0.115＋0.1958＋0.0345＋0.0175＋0.0218	0.3846
地業　(V_4)	m^3	地業高×地業幅×施工奥行	V_4=0.1×1.15×1.0	0.115
捨てコンコンクリート打設　(V_5)	m^3	捨てコン厚×捨てコン幅×施工奥行	V_5=0.03×1.15×1.0	0.0345
鉄筋加工組立	kg	縦筋質量＋横筋質量	1.86×3.333×0.995＋1.0×7×0.56	10.0884
型枠　(A_2)	m^2	（基礎スラブ厚＋立上り高）×施工奥行×２	A_2=（0.15＋0.9）×1.0×2	2.1
コンクリート打設　(V_6)	m^3	基礎スラブ数量＋立上り数量	V_6=0.15×1.05×1.0＋0.9×0.15×1.0	0.2925
止水板コンクリート打設　(V_7)	m^3	止水板厚×止水板幅×施工奥行	V_7=0.05×0.35×1.0	0.0175
透水層　(V_8)	m^3	透水層高×透水層幅×施工奥行	V_8=0.29×0.3×1.0	0.087

注）埋戻しの V_1' は p.147 を参照。
残土処分の埋設部数量は概算で算出。

◆代価表

m当り

細　目	内　容	数　量	単位	単　価	金　額	備　考
水盛遣方		1.948	m^2			
掘削	人力	1.4273	m^3			
埋戻し	人力	1.2679	m^3			
残土処分	場内処分	0.3846	m^3			
地業	クラッシャーラン C-40	0.115	m^3			
捨てコンコンクリート打設	Fc=13.5N/mm²	0.0345	m^3			
鉄筋加工組立	D10･D13	10.0884	kg			
型枠		2.1	m^2			
コンクリート打設	Fc=21N/mm²	0.2925	m^3			
止水板コンクリート打設	Fc=18N/mm²	0.0175	m^3			
透水層	裏込砕石	0.087	m^3			
水抜きパイプ	φ75/3.0m²	0.3	本			
清掃片付け		1.948	m^2			
合　計						

コンクリート土留め	L型　H=800	NO.44

標準図　　縮尺 1：20

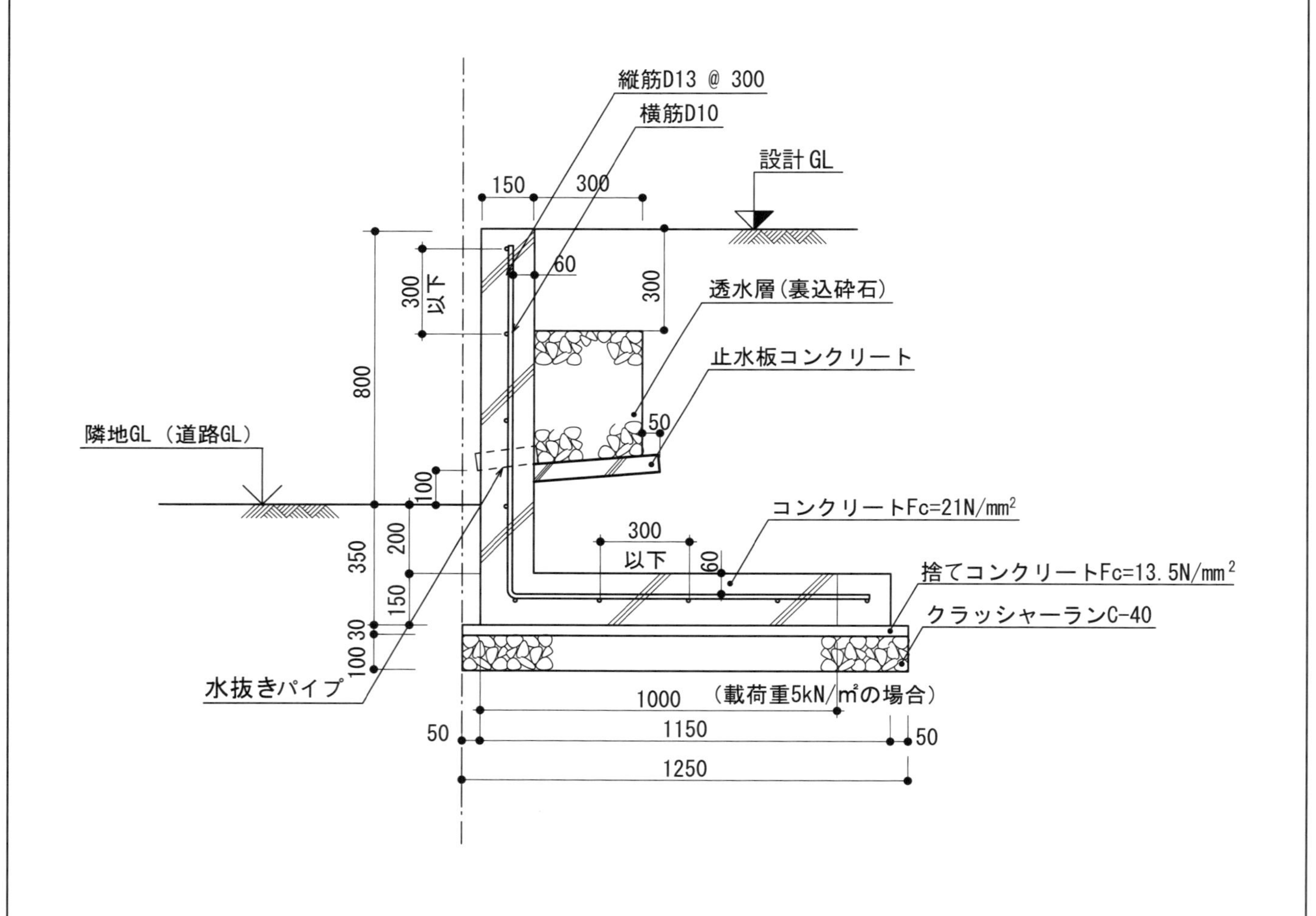

コンクリート土留め	L型　H=800	NO.44

数量計算表・代価表

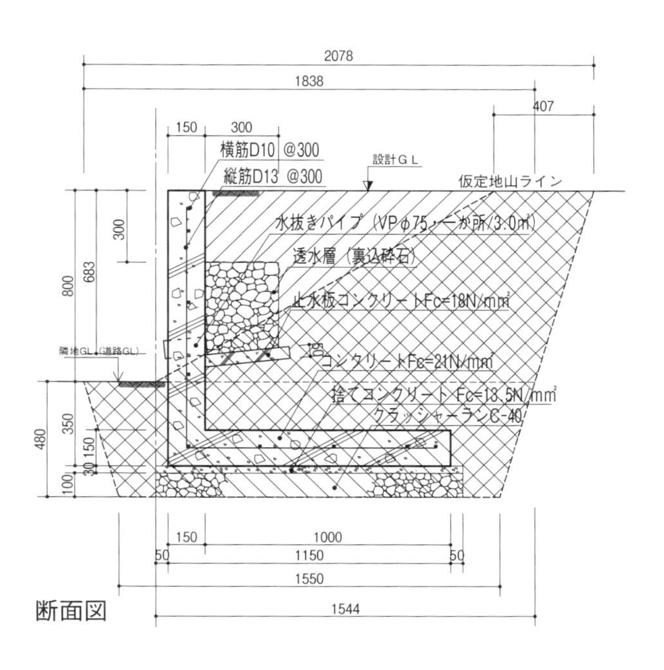

断面図

■数量計算表

m 当り

細　目	単位	計算式	計　算	計算結果
水盛遣方　(A_1)	m^2	（下部掘削上辺＋上部掘削深さ×0.3）×施工奥行	A_1=2.078×1.0	2.078
掘削　(V_1)	m^3	下部掘削数量＋上部掘削数量 各々断面台形面積×施工奥行として計算〔1/2(掘削上辺＋掘削下辺)×掘削深さ×施工奥行〕	V_1=1/2(1.838＋1.55)×0.48×1.0＋1/2(0.407＋1.544)×0.8×1.0	1.5935
埋戻し　(V_2)	m^3	V_1'ー埋設部位（地業・捨てコンクリート・コンクリート・止水板・透水層）全数量	V_2=2.1043−0.6174	1.4869
残土処分　(V_3)	m^3	V_4＋コンクリート埋設部数量＋捨てコン数量＋止水板数量＋透水層埋設部数量	V_3=0.125＋0.2108＋0.0375＋0.0175＋0.0287	0.4195
地業　(V_4)	m^3	地業高×地業幅×施工奥行	V_4=0.1×1.25×1.0	0.125
捨てコンコンクリート打設　(V_5)	m^3	捨てコン厚×捨てコン幅×施工奥行	V_5=0.03×1.25×1.0	0.0375
鉄筋加工組立	kg	縦筋質量＋横筋質量	2.06×3.333×0.995＋1.0×9×0.56	11.8717
型枠　(A_2)	m^2	（基礎スラブ厚＋立上り高）×施工奥行×２	A_2=(0.15＋1.0)×1.0×2	2.3
コンクリート打設 (V_6)	m^3	基礎スラブ数量＋立上り数量	V_6=0.15×1.15×1.0＋1.0×0.15×1.0	0.3225
止水板コンクリート打設　(V_7)	m^3	止水板厚×止水板幅×施工奥行	V_7=0.05×0.35×1.0	0.0175
透水層　(V_8)	m^3	透水層高×透水層幅×施工奥行	V_8=0.383×0.3×1.0	0.1149

注）埋戻しの V_1' は p.147 を参照。
　　残土処分の埋設部数量は概算で算出。

◆代価表

m 当り

細　目	内　容	数　量	単位	単　価	金　額	備　考
水盛遣方		2.078	m^2			
掘削	人力	1.5935	m^2			
埋戻し	人力	1.4869	m^3			
残土処分	場内処分	0.4195	m^3			
地業	クラッシャーラン C-40	0.125	m^3			
捨てコンコンクリート打設	Fc=13.5N/mm^2	0.0375	m^3			
鉄筋加工組立	D10･D13	11.8717	kg			
型枠		2.3	m^2			
コンクリート打設	Fc=21N/mm^2	0.3225	m^3			
止水板コンクリート打設	Fc=18N/mm^2	0.0175	m^3			
透水層	裏込砕石	0.1149	m^3			
水抜きパイプ	φ 75/3.0m^2	0.3	本			
清掃片付け		2.078	m^2			
合　計						

コンクリート土留め
L型　H=900
NO.45

標準図　縮尺 1：20

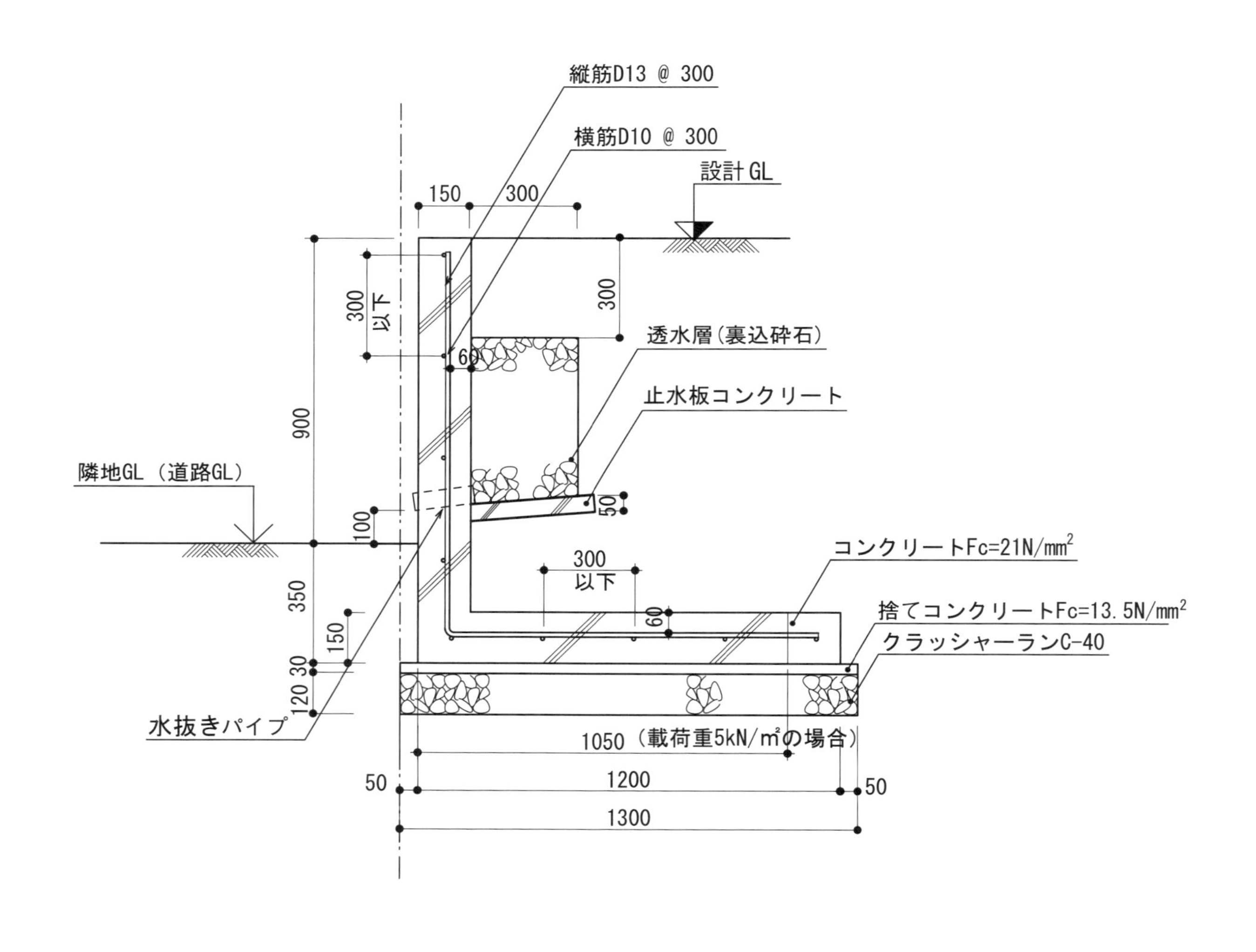
縦筋D13 @ 300
横筋D10 @ 300
設計GL
150
300
300
300以下
60
透水層(裏込砕石)
止水板コンクリート
900
隣地GL（道路GL）
50
100
コンクリートFc=21N/mm2
300以下
350
60
捨てコンクリートFc=13.5N/mm2
150
クラッシャーランC-40
30
120
水抜きパイプ
1050（載荷重5kN/m²の場合）
50
1200
50
1300

コンクリート土留め	L型　H=900	NO.45

数量計算表・代価表

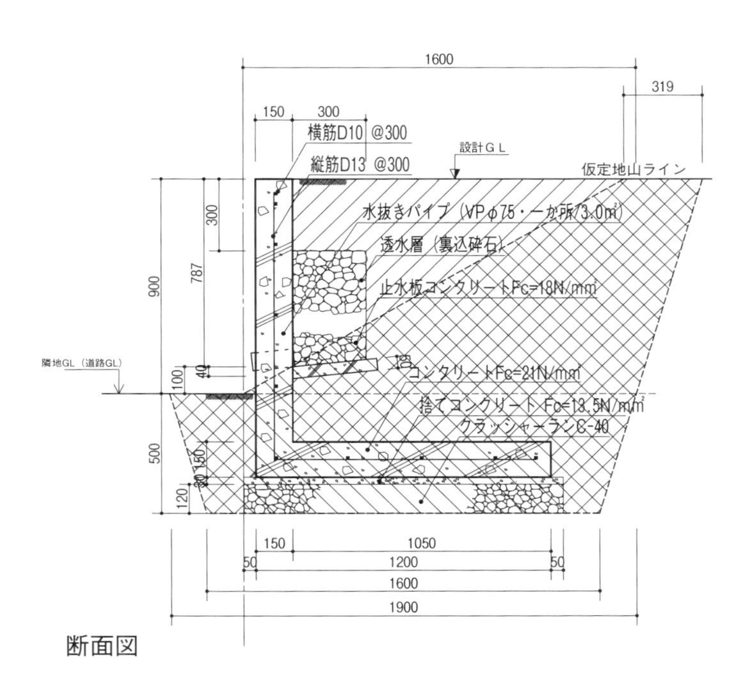

断面図

■数量計算表

m 当り

細　目	単位	計算式	計　算	計算結果
水盛遣方 (A_1)	m^2	(下部掘削上辺＋上部掘削深さ×0.3)×施工奥行	A_1=2.17×1.0	2.17
掘削 (V_1)	m^3	下部掘削数量＋上部掘削数量 各々断面台形面積×施工奥行として計算〔1/2(掘削上辺＋掘削下辺)×掘削深さ×施工奥行〕	V_1=1/2(1.9+1.6)×0.5×1.0+1/2(0.319+1.6)×0.9×1.0	1.7386
埋戻し (V_2)	m^3	V_1'ー埋設部位(地業・捨てコンクリート・コンクリート・止水板・透水層)全数量	V_2=2.3915−0.7036	1.6879
残土処分 (V_3)	m^3	V_4＋コンクリート埋設部数量＋捨てコン数量＋止水板数量＋透水層埋設部数量	V_3=0.156+0.2183+0.039+0.0175+0.0244	0.4552
地業 (V_4)	m^3	地業高×地業幅×施工奥行	V_4=0.12×1.3×1.0	0.156
捨てコンコンクリート打設 (V_5)	m^3	捨てコン厚×捨てコン幅×施工奥行	V_5=0.03×1.3×1.0	0.039
鉄筋加工組立	kg	縦筋質量＋横筋質量	2.21×3.333×0.995+1.0×9×0.56	12.3691
型枠 (A_2)	m^2	(基礎スラブ厚＋立上り高)×施工奥行×２	A_2=(0.15+1.1)×1.0×2	2.5
コンクリート打設 (V_6)	m^3	基礎スラブ数量＋立上り数量	V_6=0.15×1.2×1.0+1.1×0.15×1.0	0.345
止水板コンクリート打設 (V_7)	m^3	止水板厚×止水板幅×施工奥行	V_7=0.05×0.35×1.0	0.0175
透水層 (V_8)	m^3	透水層高×透水層幅×施工奥行	V_8=0.487×0.3×1.0	0.1461

注）埋戻しの V_1' は p.147 を参照。
　　残土処分の埋設部数量は概算で算出。

◆代価表

m 当り

細　目	内　容	数　量	単位	単　価	金　額	備　考
水盛遣方		2.17	m^2			
掘削	人力	1.7386	m^2			
埋戻し	人力	1.6879	m^3			
残土処分	場内処分	0.4552	m^3			
地業	クラッシャーラン C-40	0.156	m^3			
捨てコンコンクリート打設	Fc=13.5N/mm^2	0.039	m^3			
鉄筋加工組立	D10･D13	12.3691	kg			
型枠		2.5	m^2			
コンクリート打設	Fc=21N/mm^2	0.345	m^3			
止水板コンクリート打設	Fc=18N/mm^2	0.0175	m^3			
透水層	裏込砕石	0.1461	m^3			
水抜きパイプ	φ 75/3.0m^2	0.3	本			
清掃片付け		2.17	m^2			
合　計						

コンクリート土留め	L型　H=1000	N0.46

標準図　　縮尺 1：20

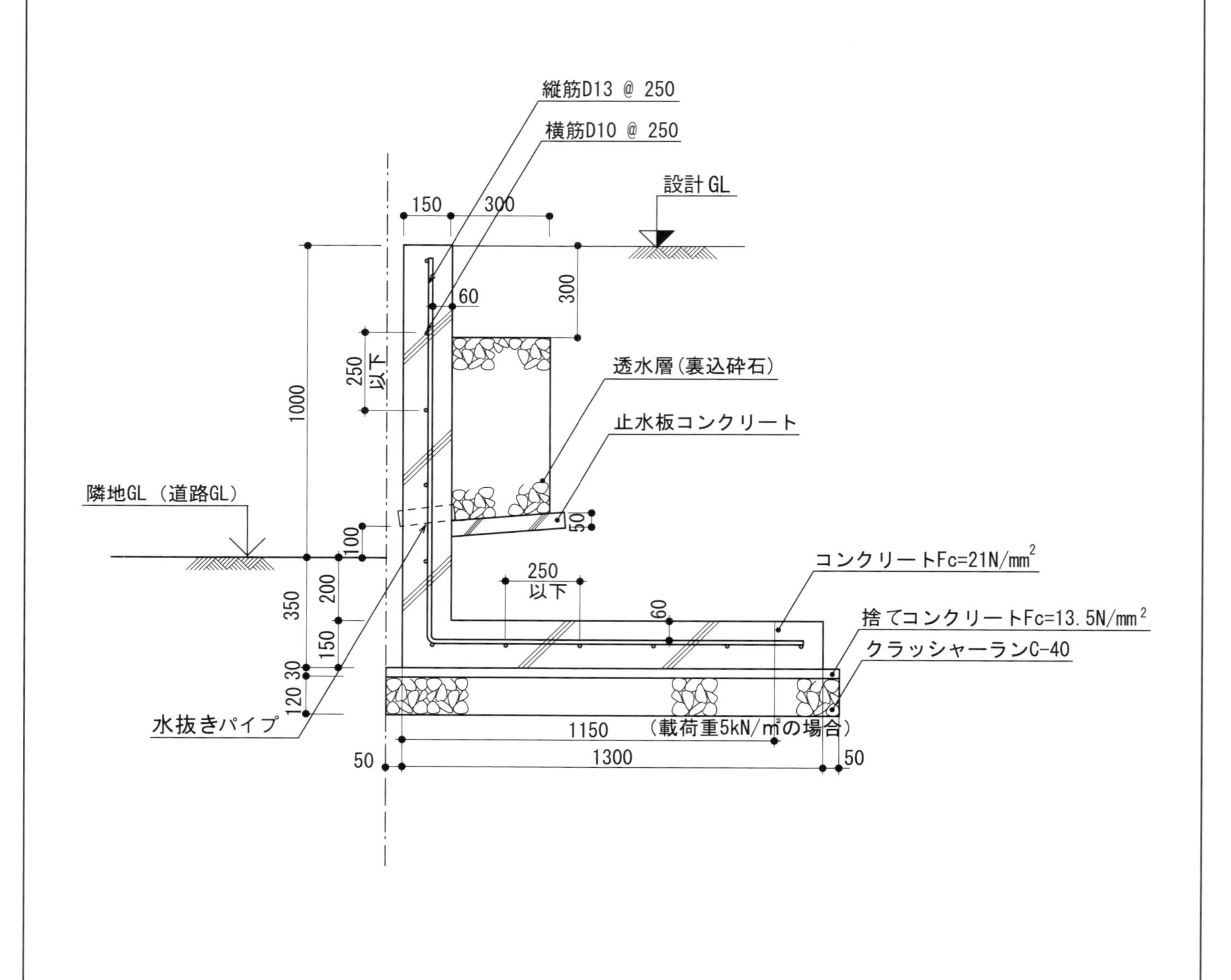

コンクリート土留め	L型　H=1000	NO.46

数量計算表・代価表

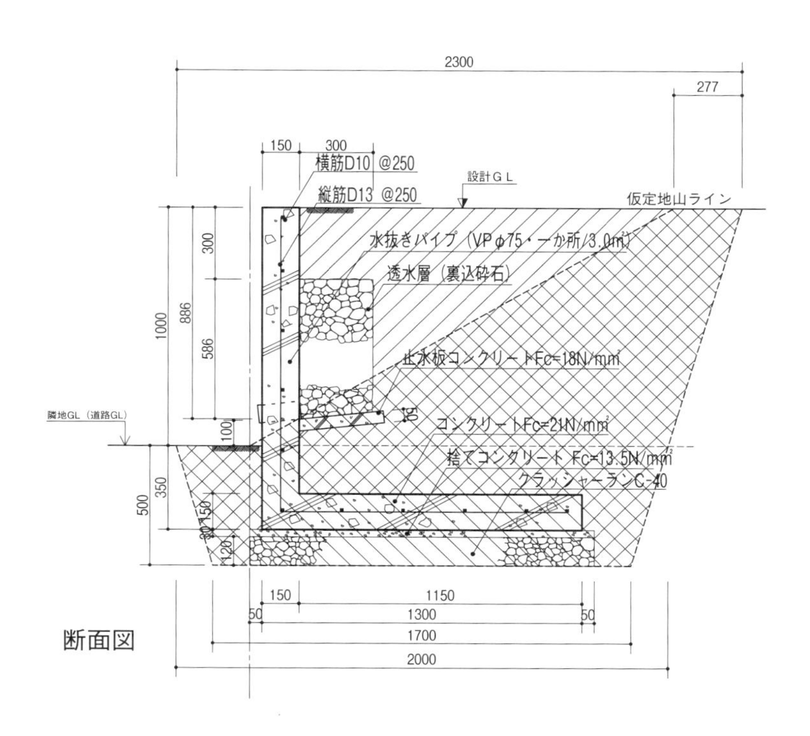

断面図

■数量計算表

m 当り

細　目	単位	計算式	計　算	計算結果
水盛遣方　(A_1)	m^2	(下部掘削上辺＋上部掘削深さ×０.3)×施工奥行	A_1=2.3×1.0	2.3
掘削　(V_1)	m^3	下部掘削数量＋上部掘削数量 各々断面台形面積×施工奥行として計算〔1/2(掘削上辺＋掘削下辺)×掘削深さ×施工奥行〕	V_1=1/2(2.0＋1.7)×0.5×1.0＋1/2(0.277＋1.7)×1.0×1.0	1.9135
埋戻し　(V_2)	m^3	V_1'ー埋設部位(地業・捨てコンクリート・コンクリート・止水板・透水層)全数量	V_2=2.725−0.7783	1.9467
残土処分　(V_3)	m^3	V_4＋コンクリート埋設部数量＋捨てコン数量＋止水板数量＋透水層埋設部数量	V_3=0.168＋0.2333＋0.042＋0.0175＋0.022	0.4828
地業　(V_4)	m^3	地業高×地業幅×施工奥行	V_4=0.12×1.4×1.0	0.168
捨てコンコンクリート打設　(V_5)	m^3	捨てコン厚×捨てコン幅×施工奥行	V_5=0.03×1.4×1.0	0.042
鉄筋加工組立	kg	縦筋質量＋横筋質量	2.41×4×0.995＋1.0×11×0.56	15.7518
型枠　(A_2)	m^2	(基礎スラブ厚＋立上り高)×施工奥行×２	A_2=(0.15＋1.2)×1.0×2	2.7
コンクリート打設 (V_6)	m^3	基礎スラブ数量＋立上り数量	V_6=0.15×1.3×1.0＋1.2×0.15×1.0	0.375
止水板コンクリート打設　(V_7)	m^3	止水板厚×止水板幅×施工奥行	V_7=0.05×0.35×1.0	0.0175
透水層　(V_8)	m^3	透水層高×透水層幅×施工奥行	V_8=0.586×0.3×1.0	0.1758

注）埋戻しの V_1' は p.147 を参照。
　　残土処分の埋設部数量は概算で算出。

◆代価表

m 当り

細　目	内　容	数　量	単位	単　価	金　額	備　考
水盛遣方		2.3	m^2			
掘削	人力	1.9135	m^2			
埋戻し	人力	1.9467	m^3			
残土処分	場内処分	0.4828	m^3			
地業	クラッシャーラン C-40	0.168	m^3			
捨てコンコンクリート打設	Fc=13.5N/mm^2	0.042	m^3			
鉄筋加工組立	D10･D13	15.7518	kg			
型枠		2.7	m^2			
コンクリート打設	Fc=21N/mm^2	0.375	m^3			
止水板コンクリート打設	Fc=18N/mm^2	0.0175	m^3			
透水層	裏込砕石	0.1758	m^3			
水抜きパイプ	φ 75/3.0m^2	0.3	本			
清掃片付け		2.3	m^2			
合　計						

2 型枠状ブロック積み土留めの標準図及び積算表

参考・引用文献：『建築工事標準仕様書・同解説 JASS 7 メーソンリー工事』日本建築学会、2009 年
『公共建築工事標準仕様書（建築工事編）平成 28 年版』国土交通省大臣官房官庁営繕部
エスビック株式会社カタログ『国土交通大臣認定擁壁 レコムシステム 2016 年度版』
株式会社トーホー『TOHO 総合カタログ』「CP 型枠擁壁の概要」「CP 型枠Ⅲ型擁壁施工手順」

2-1 一般事項

i）調査

a）法令に関する調査の結果、許可申請が必要な土留め（擁壁）については、各法令を順守した手続きに従うものとする。ここでは、上記手続きを不要とする高さで、型枠状ブロック積みによる土留め（擁壁）の場合の手順を示す。

b）調査事項は、「1 コンクリート土留めの標準図及び積算表 1-1 一般事項 i）調査」と同様。

ii）施工計画

a）施工図は施工者が作成し、工事担当責任者が承認する。

b）施工図の内容

（1）ブロックの割付け、鉄筋の種類、配筋ならびに金物の種類と埋込み位置。

（2）鉄筋の加工詳細、継手、定着の位置とその方法。

（3）型枠状ブロック壁体の端部、L 形の取合い部、点検口のブロックの形状及び堰板の組立て法。

（4）型枠状ブロック積み壁体が鉄筋コンクリート部と一体化する部分にあっては、その取合い工法及び鉄筋の定着工法。

c）その他の材料、工法に関連する項目

充填コンクリートまたは充填モルタルを型枠状ブロックの空洞部内に充填する際、ブロック壁体が充填コンクリートまたは充填モルタルの流動する側圧に耐えられるように、ブロック相互にインターロックするよう馬積み（破れ積み）を原則とする。

メーソンリーユニットのインターロックの概念（△はインターロックを示す）

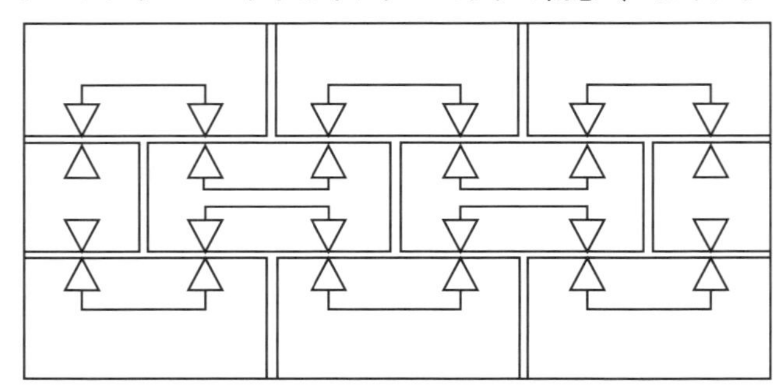

なお、上下の隣接するブロックとのかかり寸法は、基本形の長さの 1/6 以上が必要。

普通モルタル目地工法の場合は、型枠状ブロック積み壁体の最下段に落下モルタル掃除用の点検口を設けるため、使用する型枠状ブロックの形状を示す詳細図及び点検口の穴ふさぎに用いる堰板の組立・取付け方法を詳細図に示す。

iii）土工事

a）掘削は設計寸法に基づき、地盤を掘削する。機械掘りの場合は、所定の深さ以上に掘り下げないように注意する。

b）床付けは、支持地盤を荒らさないように注意しながら平坦に仕上げる。

c）設計に必要な支持地盤の確認を目視または、『小規模建築物基礎設計指針』（日本建築学会、2008 年）を参考に確認する。

iv）地業工事

a）砕石地業は、設計寸法通りの厚さに敷き込む。

b）締固めは、床付け面の条件にあった転圧機で平坦に締め固める。

c）捨てコンクリートの目的は地業の上の表面を平らにして、その上面に墨出しを行い、鉄筋、型枠の組立てを正しく行えるようにすること。設計図に従い所定の強度以上のコンクリートを寸法通りの厚さで、平坦に仕上げる。

ⅴ）基礎工事

a）基礎部の配筋：規定の品質の鉄筋を設計寸法に従い、基礎スラブ筋及びハンチ筋のすべてを組み立て、前壁部分は縦筋のみとし横筋は型枠状ブロックの組積時に組み立てる。また、原則として壁、床の主筋には継手を設けない。やむを得ず継手を設ける場合は、継手箇所は１本間隔として、全数にわたらない。

（1）かぶり厚はスペーサーを用いて確保する（基礎スラブで 60 mm を保持する）。

（2）継手長さは、主筋 40 d 以上、その他は 35 d 以上とする。

（3）定着長さは、主筋 35 d 以上、その他は 25 d 以上とする。

b）型枠はコンクリート打設時に移動しないように、またコンクリートが漏れ出ないように堅固に組み立てる。

c）基礎部のコンクリートは、設計強度以上のコンクリートを打設する。

d）コンクリートの打込みは、鉄筋を移動させないよう、豆板（ジャンカ）、未充填が生じないように十分締め固める。コンクリートの品質は以下の通り。

（1）設計強度は $21N/mm^2$。

（2）粗骨材の最大寸法は 20 ～ 25mm。

（3）スランプは 15cm 以下。

ⅵ）組積工事

a）墨出し：基礎スラブ上面に型枠状ブロックの組積に必要な墨出しを行う。

b）型枠状ブロックの品質：型枠状ブロックは、圧縮強さ $25N/mm^2$ 以上の品質のものを使う。

c）型枠状ブロックの加工は、丁寧に行い、使用上有害な欠損、ひび割れの生じたものは使用しない。

d）縦遣り方は、型枠状ブロックを所定の位置に正しく組積できるように正確に設置し、作業中に移動しない。

e）型枠状ブロックの組積

（1）床付け部分は、コンクリートの不陸を調べ、大きな不陸はあらかじめモルタルやコンクリートで調整する。

（2）最下段は、点検口、ハンチ用を組積する（落下モルタルの掃除の目的）。

（3）型枠状ブロックの組積は、馬目地（破れ目地）で組積する。

（4）１日の積高は８段（H=1.6m）までとする。

（5）降雨、強風など組積された壁体に悪影響が生ずるおそれがある場合は、作業を中止して養生する。

f）目地モルタル

（1）目地モルタルは、普通ポルトランドセメントを使用する。

（2）目地モルタルの材齢 28 日強度は、$24N/mm^2$ 以上。

（3）標準調合は、容積比１：2.5。

（4）目地モルタルの練置きは、60 分以下。

（5）目地モルタルは、硬化前に目地押えを行う。

（6）落下モルタルは、まだ固まらないうちに除去する。

g）配筋

（1）横筋は、各段の積上げとともに配筋する。

(2) 交差するすべての箇所を結束する（全結束）。

(3) かぶり厚はフェイスシェルの有効かぶり厚を確保する。

h) 落下モルタルの掃除（下図参照）

(1) 型枠状ブロック組積の最下部に溜まった落下モルタルは毎日除去する。

(2) 組積終了し、ハンチ部分の堰板を組み立てる前には掃除、除去及びゴミなどを取り除き、水洗いを行う。

落下モルタルと点検口

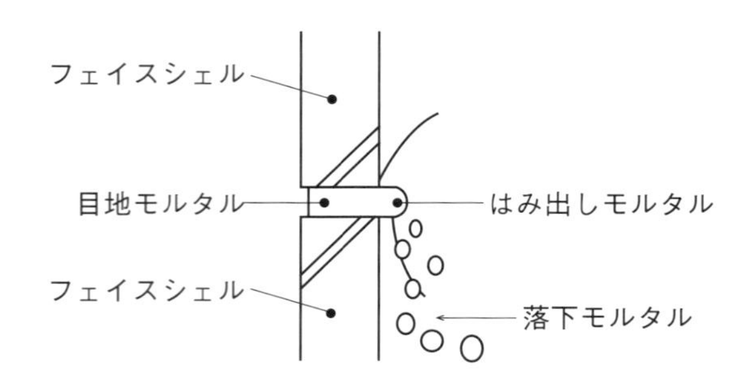

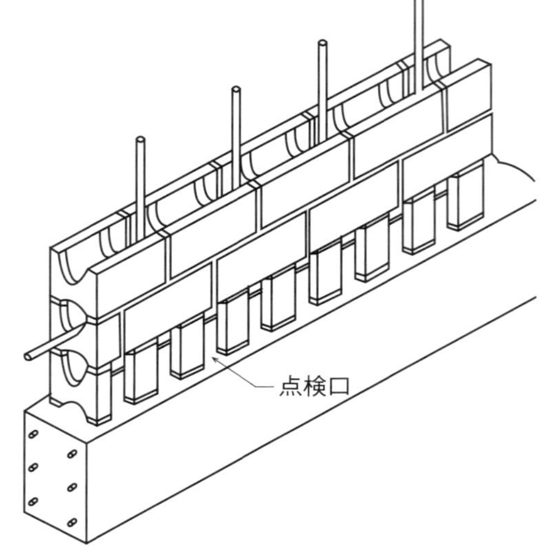

i) 堰板

(1) 堰板の箇所は、ハンチ部、屈曲部、前壁の端部。

(2) 堰板は、コンクリートの打込み時に移動したり、コンクリートが漏れ出さないように組み立てる。

(3) 堰板の取付けは、目地モルタルの硬化を確認した後とする。

vii) 前壁の充填コンクリートの打設

a) 散水：打設前に型枠ブロック内部に散水する。

b) コンクリートの品質は、基礎コンクリートにならうが、粗骨材の最大粒径 20 mm、スランプは 18 cm 以上とする。

c) コンクリートの打込みは以下の通り。

(1) 全体が均一な高さを保つように水平に打ち込む。

(2) 1層の打ち込む高さは1 m以下として、それを超える場合は層を分けて打ち込む。

(3) 締固めはバイブレーターなどを用い、ウェブ、鉄筋に接しないように注意する。

viii) 養生

打込み後のコンクリートの急激な乾燥、冬季の凍結などによる悪影響を防ぐため十分な養生を行う。

ix) 堰板の解体、確認検査

a) 堰板の解体は、打ち込まれたコンクリートが 5N/mm^2 の強度が発生した後にする。

(参考) 型枠の存置期間

型枠の種類		堰板	
部位		基礎、梁、柱及び壁	
セメントの種類		早強ポルトランドセメント	普通ポルトランドセメント、混合セメントＡ種
存置期間中の平均気温	15℃以上	2日	3日
	5℃以上	3日	5日
	5℃未満	5日	8日
コンクリートの圧縮強度		1 mm^2 につき 5N	

b）確認、検査は堰板解体後、目視により豆板、ひび割れの目視検査、必要に応じ打診検査を行う。

x）透水層

a）止水板コンクリート：透水層の下には止水板を設計強度以上のコンクリートで設ける。

b）透水層：単粒度（40 ～ 80mm 程度）の砕石を厚さ 300mm 以上で設置する。

c）水抜きパイプは、内径 ϕ 75 mm の塩化ビニルパイプを土留め（擁壁）見付面積３ m^2 につき１箇所以上設置。

d）水抜きパイプの透水層側にはフィルターを取り付ける。

xi）埋戻し

a）埋戻しの時期は、前壁に打ち込まれたコンクリートが「ix）a）の表［(参考）型枠の存置期間]」で示した期間を過ぎた後で、４週圧縮強度が設計強度の 85%以上であることを確認する。

b）埋戻し土は、発生した土を使用。

c）締固めは、巻出し厚 30cm 程度とし、転厚機などで締固めながら埋め戻す。

xii）屈曲部の補強、その他

a）屈曲部は、隅角部を挟む二等辺三角形の部分を一辺の長さ 50cm とし、コンクリートで補強する。

b）補強する土留め（擁壁）の角度は、60°～ 120°の範囲とする。

c）補強を要する土留め（擁壁）の高さは、1.4m を超えるものとする。

d）前壁は型枠状ブロックを用い、背面側は堰板を用いて組み立てる。

2-2 性質・寸法

a）型枠状ブロックの性質と寸法などを、次頁からの「共通事項」に示す。

b）土留め（擁壁）に使用する用途別形状の例を参考として下図に示す。

参考：土留め（擁壁）に使用する用途別形状（両えぐり形の例）

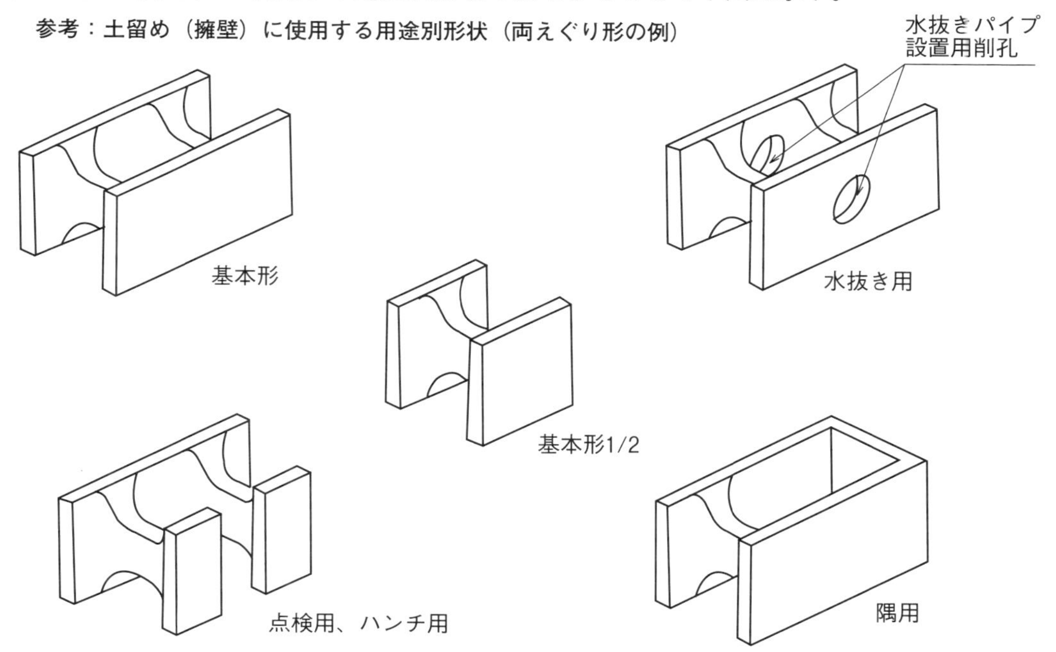

2-3 型枠状ブロック積み土留めの土工事数量計算例

土工事の数量計算例は「1-2 コンクリート土留め工事の土工事数量計算例」と同様。

型枠状ブロックの性質と基本形

型枠状ブロックの性質　JIS A 5406 より

断面形状による区分	外部形状	圧縮強さを表す記号	圧縮強さ N/mm^2	吸水率
型枠状ブロック	基本形（片えぐり形）	20	20 以上	10 以下
		25	25 以上	8 以下
		30	30 以上	
	基本形（両えぐり形）	35	35 以上	6 以下
		40	40 以上	
		45	45 以上	5 以下

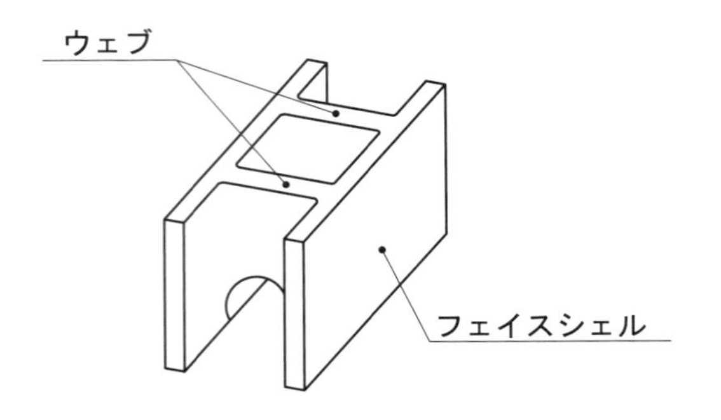

基本形（片えぐり形）ブロック

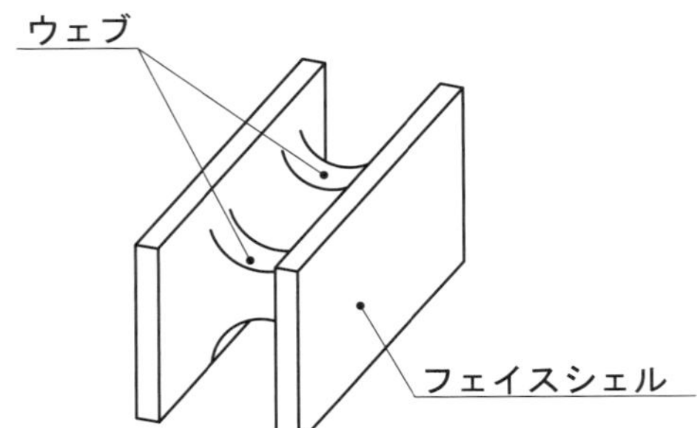

基本形（両えぐり形）ブロック

図1-ブロックの断面形状の例

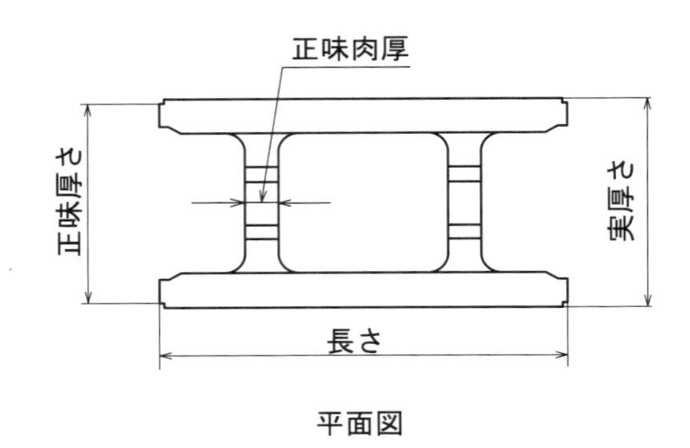

平面図

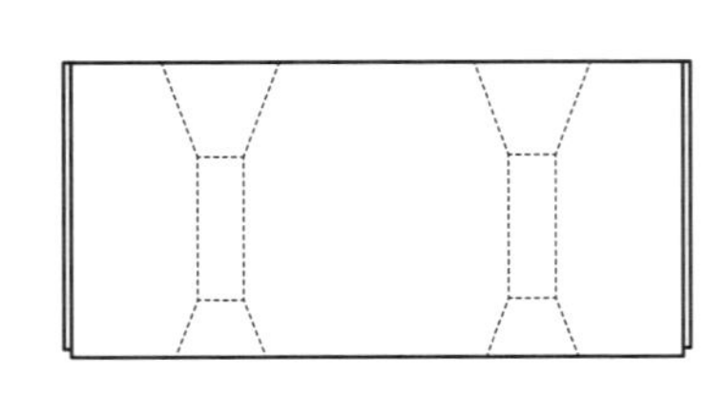

立面図

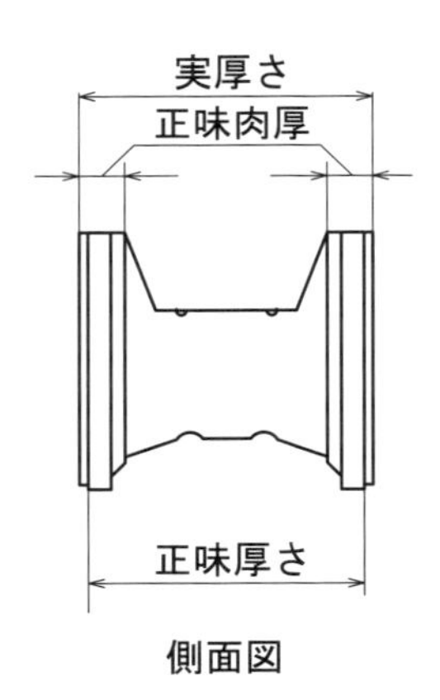

側面図

図2-長さ、高さ、実厚さ、正味厚さ及び正味肉厚の例

＊図１、図２とも JIS A 5406 より

型枠状ブロック積み土留め		共通事項-2

型枠状ブロック形状と寸法

型枠状ブロックの各部の寸法　　　　JIS A 5406 より

正味厚さ (mm)（抜粋）	正味肉厚（mm）		ブロック長さに対するウェブ厚率（%）	容積空洞率（%）	ブロック高さに対するウェブ高さの比
	フェイスシェル	ウェブ			
150	25 以上	28 以上	15 以上	50～70	0.65 以下
180		30 以上			
190					
200					
225					
250		32 以上			

*型枠状ブロックの断面形状寸法の例

厚150

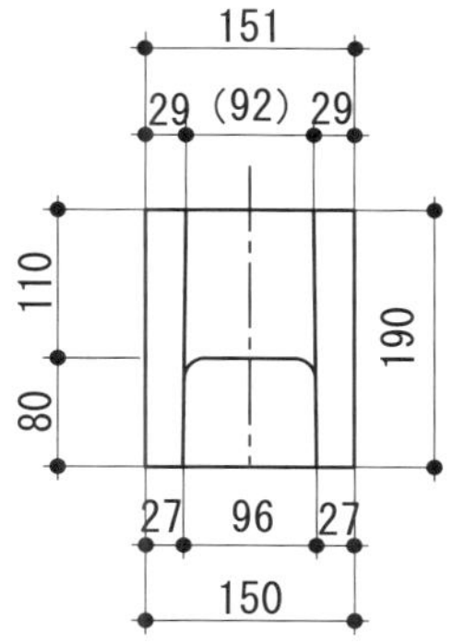

151　29 (92) 29　110　80　190　27　96　27　150

（片えぐり形）

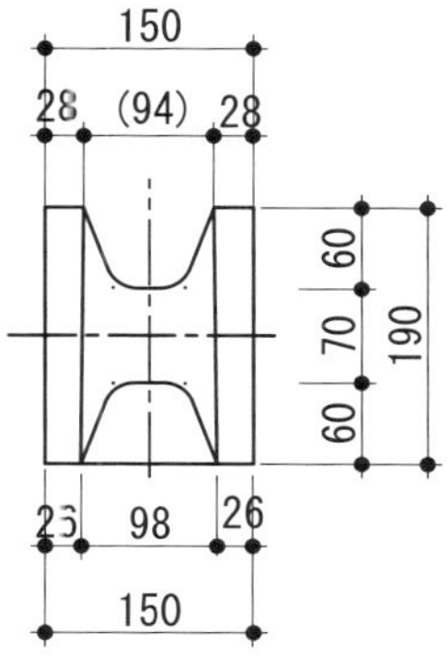

150　28 (94) 28　60　70　60　190　26　98　26　150

（両えぐり形）

厚180

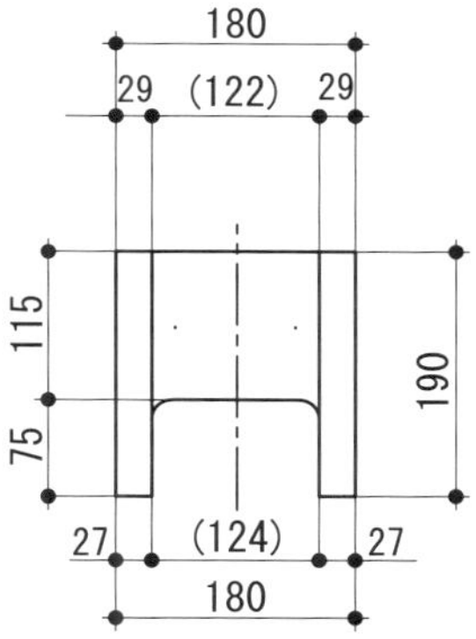

180　29 (122) 29　115　75　190　27 (124) 27　180

（片えぐり形）

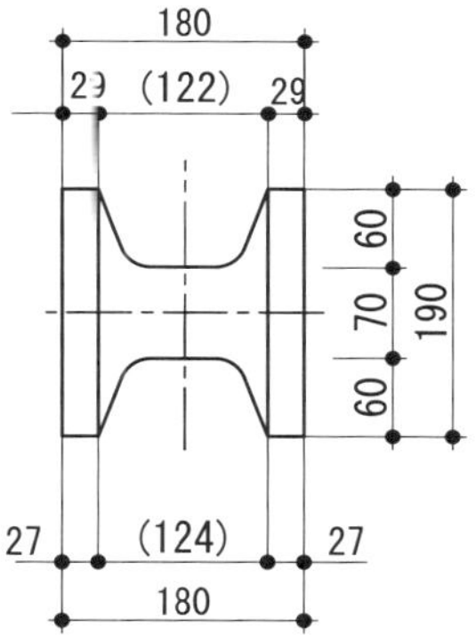

180　29 (122) 29　60　70　60　190　27 (124) 27　180

（両えぐり形）

厚200

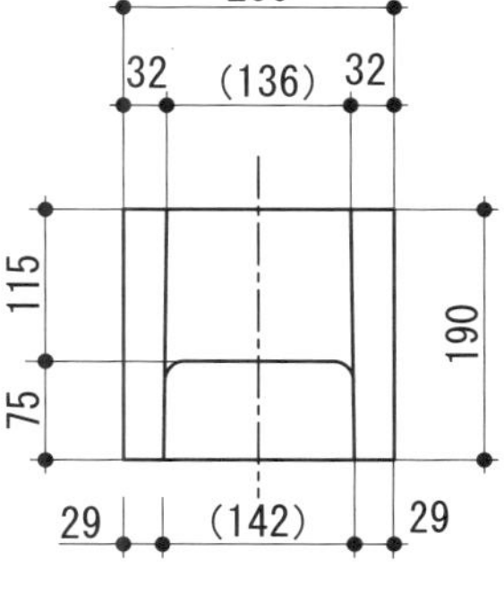

200　32 (136) 32　115　75　190　29 (142) 29

（片えぐり形）

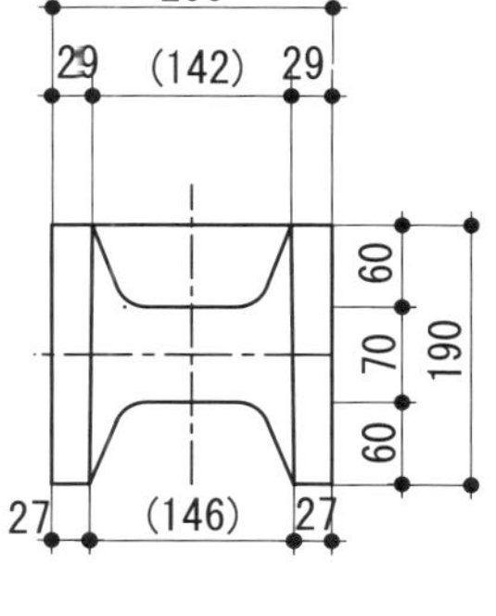

200　29 (142) 29　60　70　60　190　27 (146) 27

（両えぐり形）

＊厚 200 は『壁式構造関係設計規準集・同解説（メーソンリー編）』（日本建築学会）より

型枠状ブロック積み土留め	L型　H=600	NO.47

標準図

縮尺 1：20

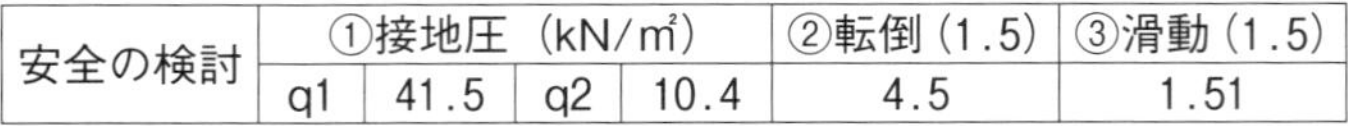

安全の検討	①接地圧（kN/㎡）				②転倒（1.5）	③滑動（1.5）
	q1	41.5	q2	10.4	4.5	1.51

型枠状ﾌﾞﾛｯｸ内の被り厚の検証

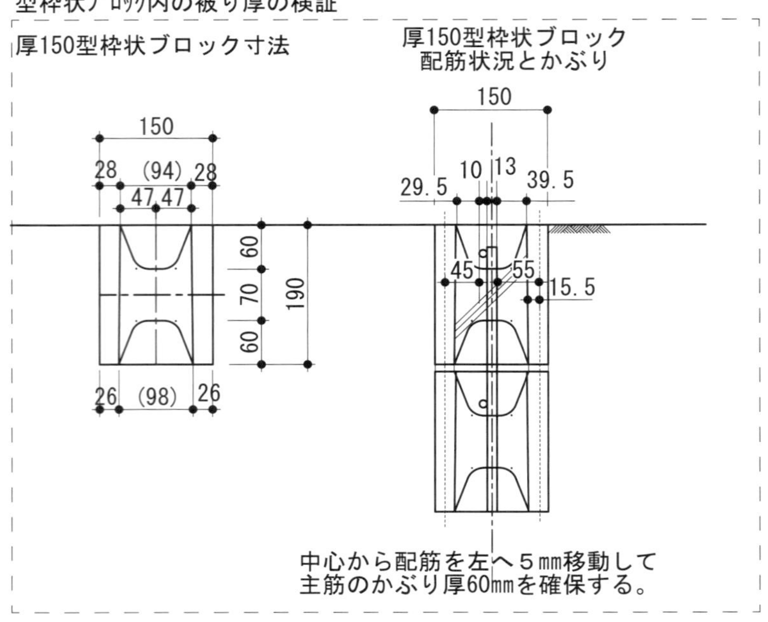

c.かぶり厚は、De=Fu/21×Dfo×1/2 より　有効フェイスシェル15.5㎜を加えた。
De；型枠状ブロックのフェイスシェルの有効かぶり厚さ（㎜）
Fu：型枠状ブロックの強度（N/㎜²）
Dfo：型枠状ブロックのフェイスシェルの最小厚さ（㎜）
De=Fu/21×Dfo×1/2＝25/21×26×1/2＝15.47㎜≒15.5㎜

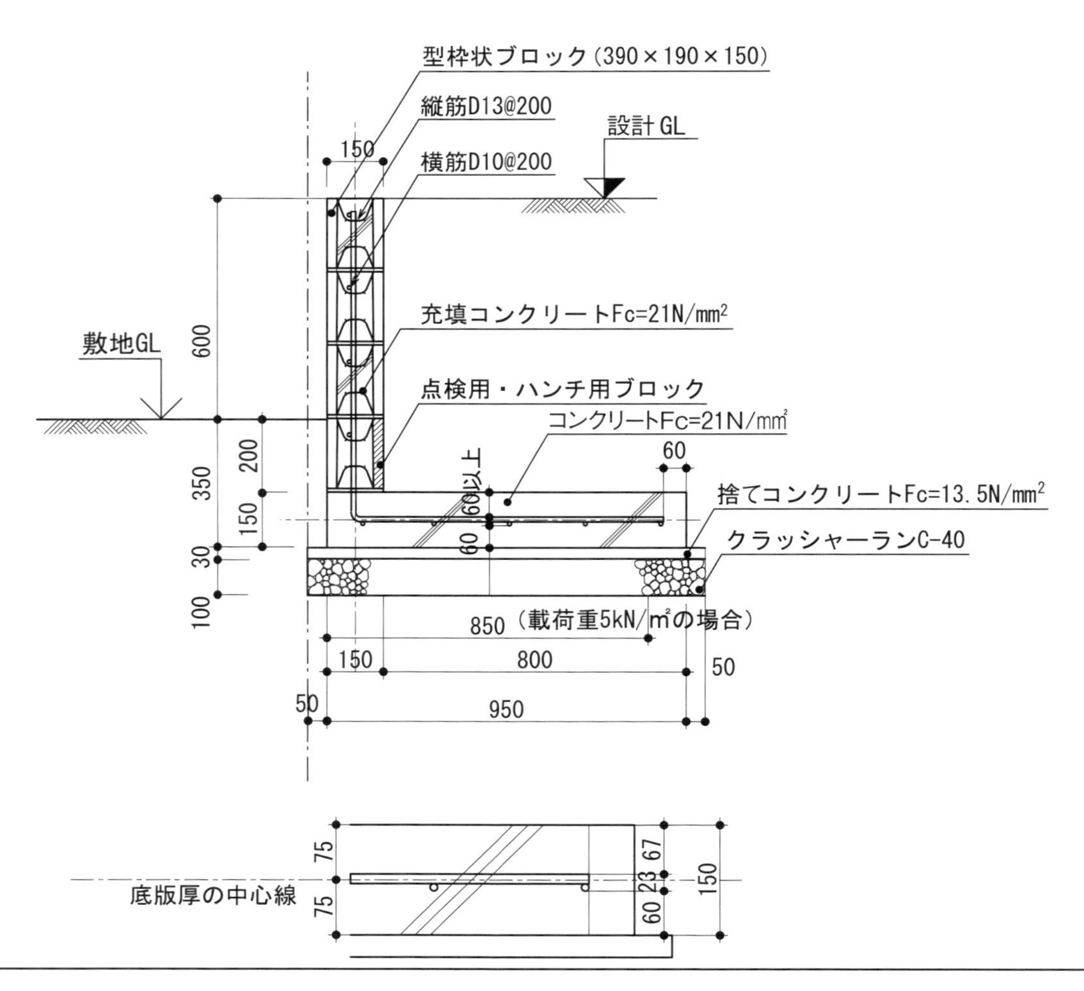

型枠状ブロック積み土留め	L型　H=600	NO.47

数量計算表・代価表

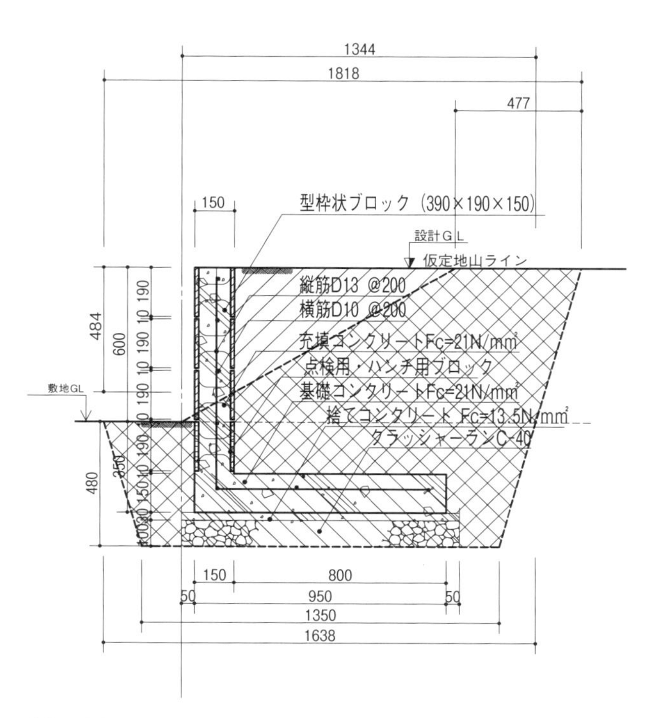

断面図

■数量計算表

m 当り

細　目	単位	計算式	計　算	計算結果
水盛遣方　(A_1)	m^2	（下部掘削上辺＋上部掘削深さ×0.3）×施工奥行	A_1=1.818×1.0	1.818
掘削　(V_1)	m^3	下部掘削数量＋上部掘削数量 各々断面台形面積×施工奥行として計算〔1/2(掘削上辺＋掘削下辺)×掘削深さ×施工奥行〕	V_1=1/2(1.638＋1.35)×0.48×1.0＋1/2(0.477＋1.344)×0.6×1.0	1.2634
埋戻し　(V_2)	m^3	V_1'－埋設部位(地業・捨てコンクリート・コンクリート・ブロック)全数量	V_2=1.5475－0.399	1.1485
残土処分　(V_3)	m^3	V_4＋捨てコン数量＋コンクリート・ブロック埋設部数量	V_3=0.105＋0.0315＋0.1425＋0.0383	0.3173
地業　(V_4)	m^3	地業高×地業幅×施工奥行	V_4=0.1×1.05×1.0	0.105
捨てコンコンクリート打設　(V_5)	m^3	捨てコン厚×捨てコン幅×施工奥行	V_5=0.03×1.05×1.0	0.0315
鉄筋加工組立	kg	縦筋質量＋横筋質量	1.66×5×0.995＋1.0×9×0.56	13.2985
型枠　(A_2)	m^2	基礎スラブ厚×施工奥行×2	A_2=0.15×1.0×2	0.3
コンクリート打設 (V_6)	m^3	基礎スラブ厚×基礎スラブ幅×施工奥行	V_6=0.15×0.95×1.0	0.1425
充填コンクリート打設 (V_7)	m^3	立上げ高×立上げ幅×施工奥行×容積空洞率	V_7=0.8×0.15×1.0×0.59	0.0708
型枠状ブロック (A_3)	m^2	立上げ高×施工奥行	A_3=0.8×1.0	0.8

注）埋戻しの V_1' は p.147 を参照。
　　残土処分の埋設部数量は概算で算出。

◆代価表

m 当り

細　目	内　容	数　量	単位	単　価	金　額	備　考
水盛遣方		1.818	m^2			
掘削	人力	1.2634	m^2			
埋戻し	人力	1.1485	m^3			
残土処分	場内処分	0.3173	m^3			
地業	クラッシャーラン C-40	0.105	m^3			
捨てコンコンクリート打設	Fc=13.5N/mm²	0.0315	m^3			
鉄筋加工組立	D10･D13	13.2985	kg			
型枠		0.3	m^2			
コンクリート打設	Fc=21N/mm²	0.1425	m^3			
充填コンクリート打設	Fc=21N/mm²	0.0708	m^3			
型枠状ブロック	基本　390×190×150	0.8	m^3			
清掃片付け		1.818	m^2			
合　計						

型枠状ブロック積み土留め	L型　H=800	NO.48

標準図

縮尺 1：20

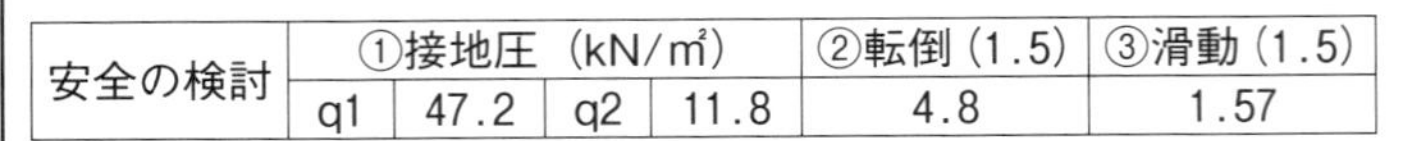

安全の検討	①接地圧（kN/㎡）				②転倒（1.5）	③滑動（1.5）
	q1	47.2	q2	11.8	4.8	1.57

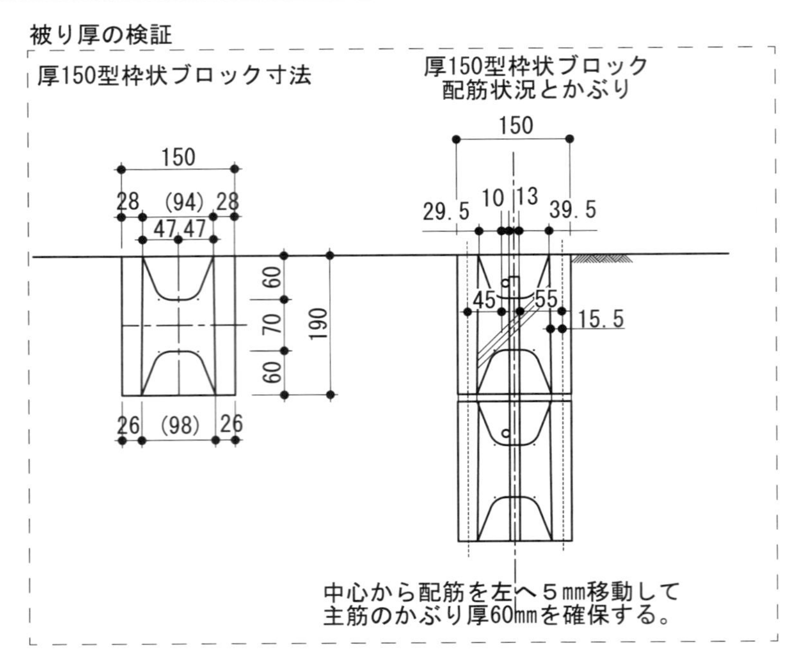

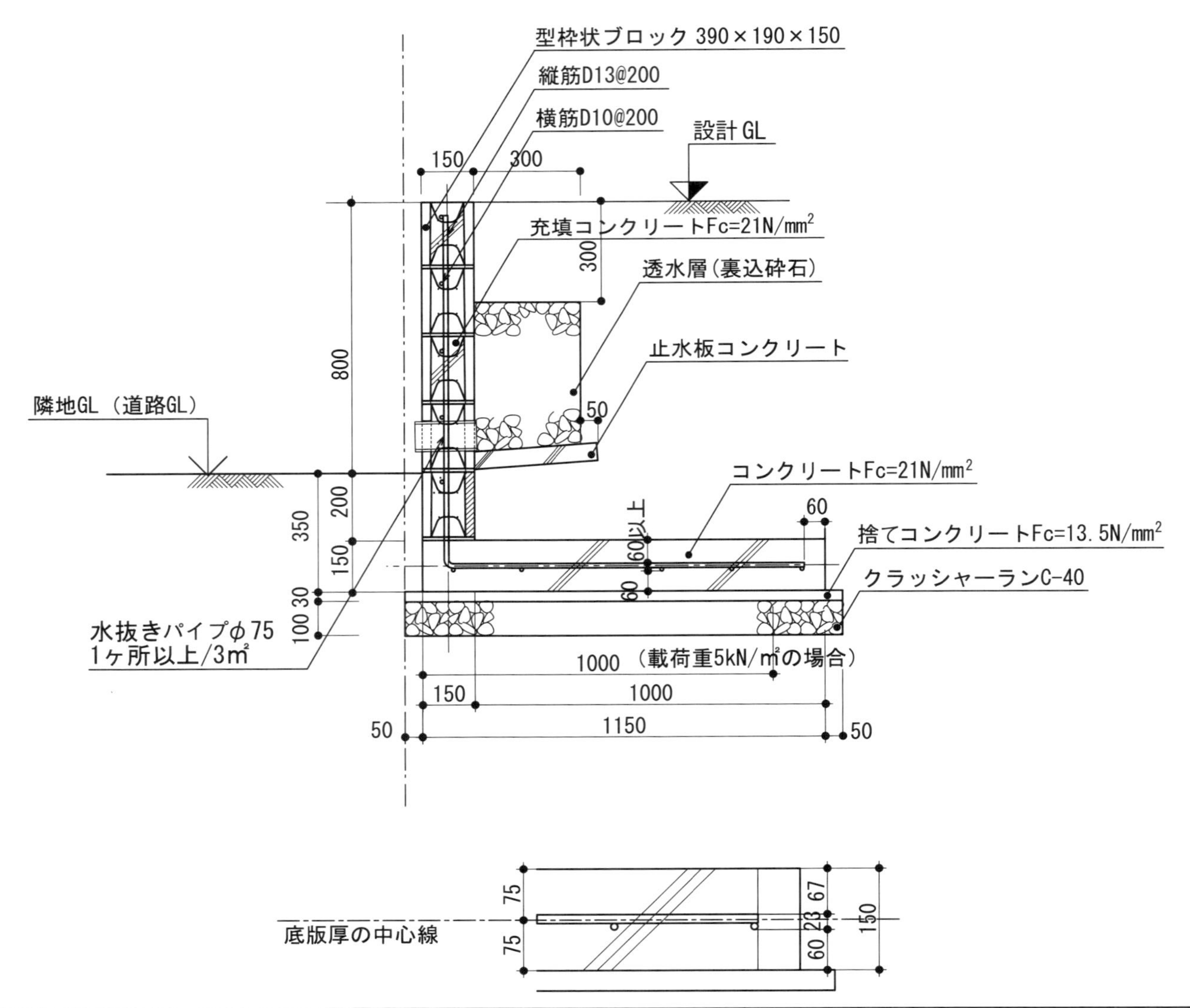

型枠状ブロック積み土留め	L型　H=800	NO.48

数量計算表・代価表

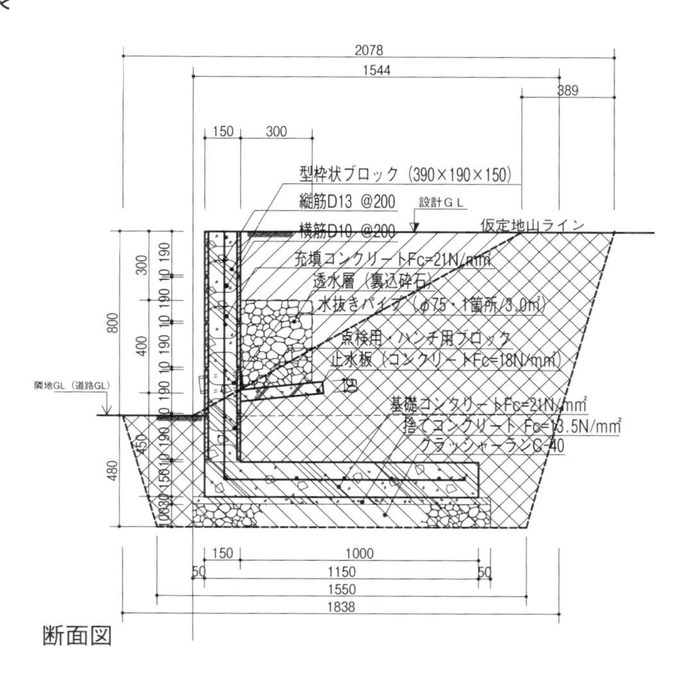

断面図

■数量計算表

m当り

細　目	単位	計算式	計　算	計算結果
水盛遣方　(A_1)	m^2	（下部掘削上辺＋上部掘削深さ×0.3）×施工奥行	A_1=2.078×1.0	2.078
掘削　(V_1)	m^3	下部掘削数量＋上部掘削数量 各々断面台形面積×施工奥行として計算〔1/2(掘削上辺＋掘削下辺)×掘削深さ×施工奥行〕	V_1=1/2(1.838＋1.55)×0.48×1.0＋1/2(0.389＋1.544)×0.8×1.0	1.5863
埋戻し　(V_2)	m^3	V_1'－埋設部位（地業・捨てコンクリート・コンクリート・ブロック・止水板・透水層）全数量	V_2=2.1043－0.6225	1.4818
残土処分　(V_3)	m^3	V_4＋コンクリート・ブロック埋設部数量＋捨てコン数量＋止水板数量＋透水層埋設部数量	V_3=0.125＋0.2108＋0.0375＋0.0175＋0.02	0.4108
地業　(V_4)	m^3	地業高×地業幅×施工奥行	V_4=0.1×1.25×1.0	0.125
捨てコンコンクリート打設　(V_5)	m^3	捨てコン厚×捨てコン幅×施工奥行	V_5=0.03×1.25×1.0	0.0375
鉄筋加工組立	kg	縦筋質量＋横筋質量	2.06×5×0.995＋1.0×11×0.56	16.4085
型枠　(A_2)	m^2	基礎スラブ厚×施工奥行×2	A_2=0.15×1.0×2	0.3
コンクリート打設 (V_6)	m^3	基礎スラブ厚×基礎スラブ幅×施工奥行	V_6=0.15×1.15×1.0	0.1725
充填コンクリート打設　(V_7)	m^3	立上げ高×立上げ幅×施工奥行×容積空洞率	V_7=1.0×0.15×1.0×0.59	0.0885
止水板コンクリート打設 (V_8)	m^3	止水板厚×止水板幅×施工奥行	V_8=0.05×0.35×1.0	0.0175
透水層　(V_9)	m^3	透水層高×透水層幅×施工奥行	V_9=0.4×0.3×1.0	0.12
型枠状ブロック (A_3)	m^2	立上げ高×施工奥行	A_3=1.0×1.0	1.0

注）埋戻しの V_1' は p.147 を参照。
　残土処分の埋設部数量は概算で算出。

◆代価表

m当り

細　目	内　容	数　量	単位	単　価	金　額	備　考
水盛遣方		2.078	m^2			
掘削	人力	1.5863	m^2			
埋戻し	人力	1.4818	m^3			
残土処分	場内処分	0.4108	m^3			
地業	クラッシャーラン C-40	0.125	m^3			
捨てコンコンクリート打設	Fc=13.5N/mm²	0.0375	m^3			
鉄筋加工組立	D10･D13	16.4085	kg			
型枠		0.3	m^2			
コンクリート打設	Fc=21N/mm²	0.1725	m^3			
充填コンクリート打設	Fc=21N/mm²	0.0885	m^3			
止水板コンクリート打設	Fc=18N/mm²	0.0175	m^3			
透水層	裏込砕石	0.12	m^3			
型枠状ブロック	基本　390×190×150	1.0	m^3			
水抜きパイプ	φ 75/3.0m²	0.3	本			
清掃片付け		2.078	m^2			
合　計						

型枠状ブロック積み土留め	L型　H=1000	NO.49

標準図

縮尺 1：20

安全の検討	①接地圧（kN/㎡）				②転倒（1.5）	③滑動（1.5）
	q1	56.9	q2	10.3	4.3	1.54

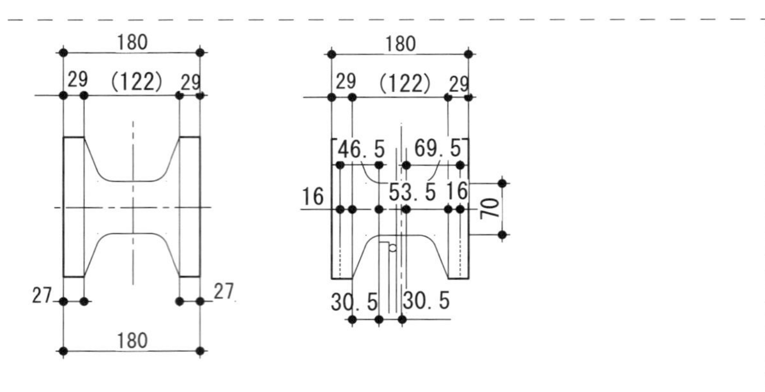

c. かぶり厚は、De=Fu/21×Dfo×1/2より　有効ﾌｪｲｽｼｪﾙ16㎜を加えた。
De;　型枠状ﾌﾞﾛｯｸのﾌｪｲｽｼｪﾙの有効かぶり厚さ（mm）
Fu:　型枠状ﾌﾞﾛｯｸの強度（N/mm2）
Dfo:型枠状ﾌﾞﾛｯｸのﾌｪｲｽｼｪﾙの最小厚さ（mm）
De=Fu/21×Dfo×1/2＝25/21×27×1/2＝16.07㎜≒16㎜

＊主筋の背面土側の被り厚60㎜確保できるので、
ﾌﾞﾛｯｸの中心に主筋の中心を合わせる

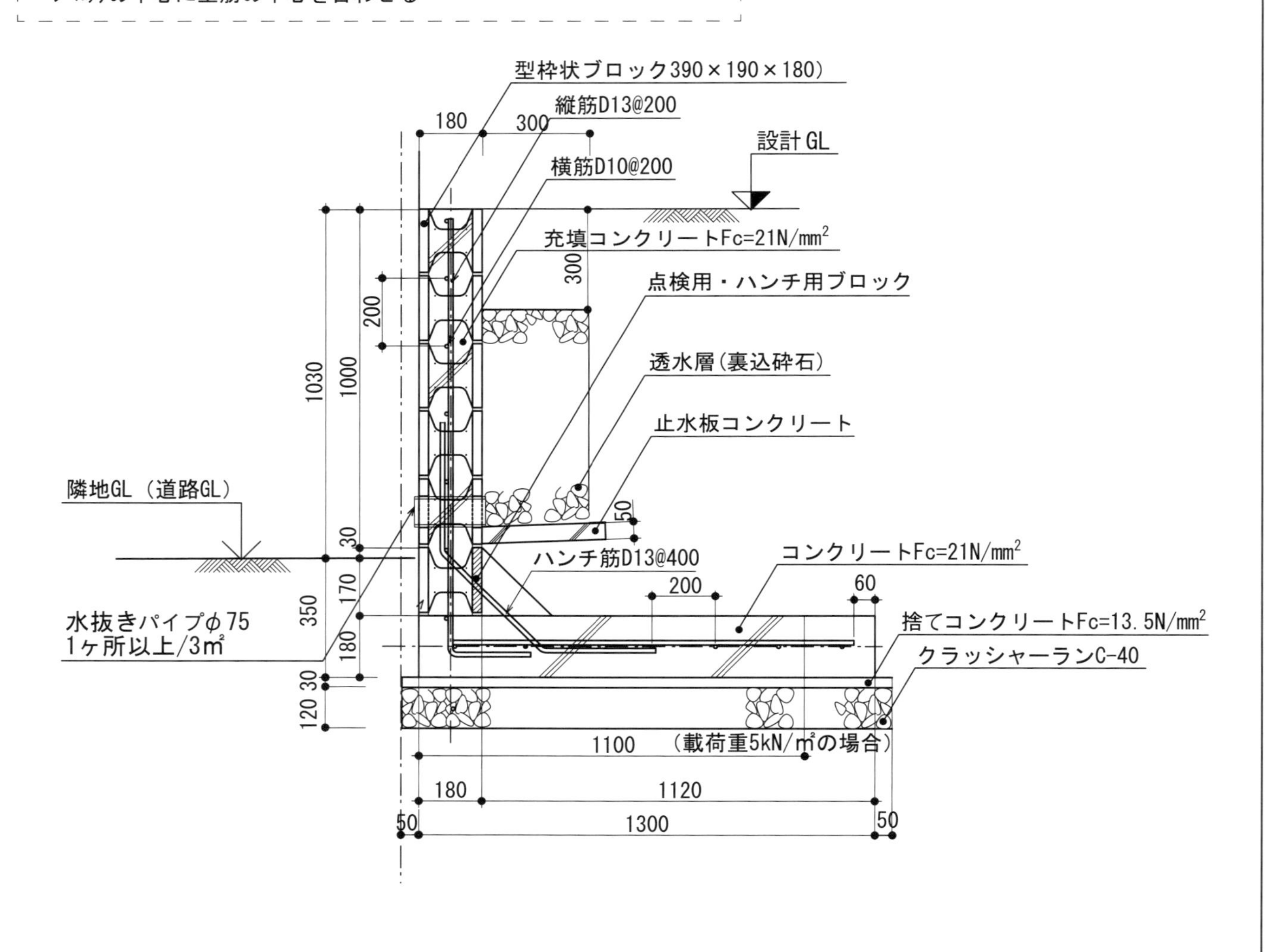

型枠状ブロック積み土留め	L型　H=1000	NO.49

数量計算表・代価表

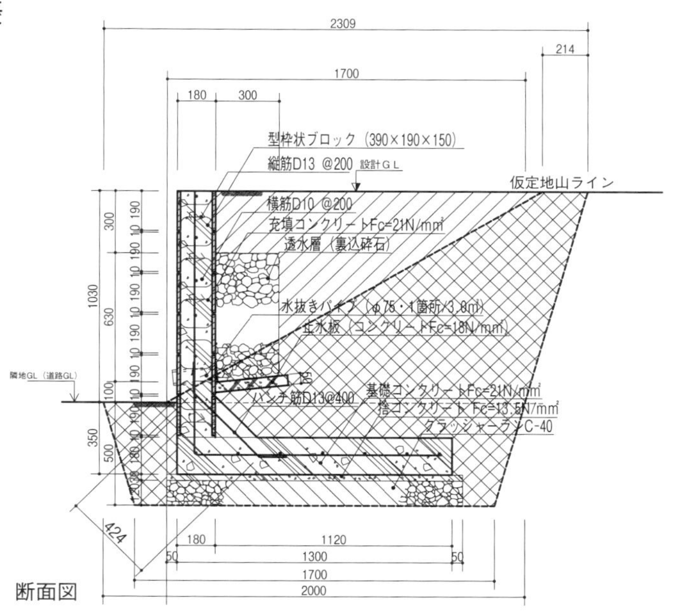

断面図

■数量計算表

m当り

細　目	単位	計算式	計　算	計算結果
水盛遣方　(A_1)	m^2	（下部掘削上辺＋上部掘削深さ×0.3）×施工奥行	A_1=2.309×1.0	2.309
掘削　(V_1)	m^3	下部掘削数量＋上部掘削数量 各々断面台形面積×施工奥行として計算〔1/2(掘削上辺＋掘削下辺)×掘削深さ×施工奥行〕	V_1=1/2(2.0＋1.7)×0.5×1.0＋1/2(0.214＋1.7)×1.03×1.0	1.9107
埋戻し　(V_2)	m^3	V_1'ー埋設部位(地業・捨てコンクリート・コンクリート・ブロック・止水板・透水層)全数量	V_2=2.7836－0.8865	1.8971
残土処分　(V_3)	m^3	V_4＋コンクリート・ブロック埋設部数量＋捨てコン数量＋止水板数量＋透水層埋設部数量	V_3=0.168＋0.2999＋0.042＋0.0175＋0.0315	0.5589
地業　(V_4)	m^3	地業高×地業幅×施工奥行	V_4=0.12×1.4×1.0	0.168
捨てコンコンクリート打設　(V_5)	m^3	捨てコン厚×捨てコン幅×施工奥行	V_5=0.03×1.4×1.0	0.042
鉄筋加工組立	kg	縦筋質量＋横筋質量＋ハンチ筋質量	2.44×5×0.995＋1.0×14×0.56＋0.93×2.5×0.995	22.2924
型枠　(A_2)	m^2	基礎スラブ厚×施工奥行×2	A_2=0.18×1.0×2	0.36
コンクリート打設　(V_6)	m^3	基礎スラブ厚×基礎スラブ幅×施工奥行＋ハンチ筋部	V_6=0.18×1.3×1.0＋0.02	0.254
充填コンクリート打設　(V_7)	m^3	立上げ高×立上げ幅×施工奥行×容積空洞率	V_7=1.2×0.18×1.0×0.59	0.1274
止水板コンクリート打設　(V_8)	m^3	止水板厚×止水板幅×施工奥行	V_8=0.05×0.35×1.0	0.0175
透水層　(V_9)	m^3	透水層高×透水層幅×施工奥行	V_9=0.63×0.3×1.0	0.189
型枠状ブロック　(A_3)	m^2	立上げ高×施工奥行	A_3=1.2×1.0	1.2

注）埋戻しの V_1' は p.147 を参照。
　　残土処分の埋設部数量は概算で算出。

◆代価表

m当り

細　目	内　容	数　量	単位	単　価	金　額	備　考
水盛遣方		2.309	m^2			
掘削	人力	1.9107	m^2			
埋戻し	人力	1.8971	m^3			
残土処分	場内処分	0.5589	m^3			
地業	クラッシャーラン C-40	0.168	m^3			
捨てコンコンクリート打設	Fc=13.5N/mm^2	0.042	m^3			
鉄筋加工組立	D10･D13	22.2924	kg			
型枠		0.36	m^2			
コンクリート打設	Fc=21N/mm^2	0.254	m^3			
充填コンクリート打設	Fc=21N/mm^2	0.1274	m^3			
止水板コンクリート打設	Fc=18N/mm^2	0.0175	m^3			
透水層	裏込砕石	0.189	m^3			
型枠状ブロック	基本　390×190×180	1.2	m^3			
水抜きパイプ	φ 75/3.0m^2	0.3	本			
清掃片付け		2.309	m^2			
合　計						

〈参考〉簡易土留めの積算表

簡易土留め	自然石練り石積み　H=600	N0.50

数量計算表・代価表

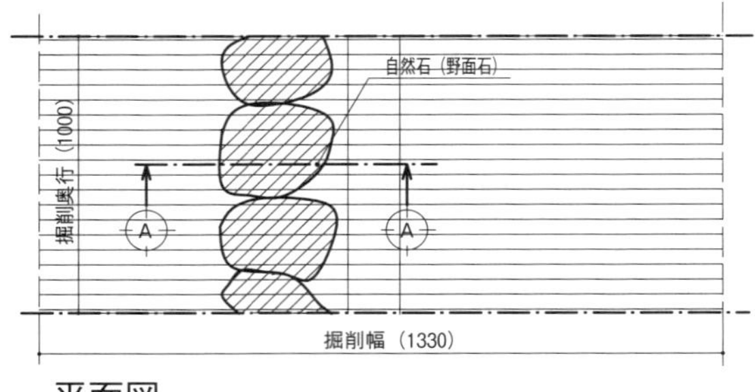

平面図

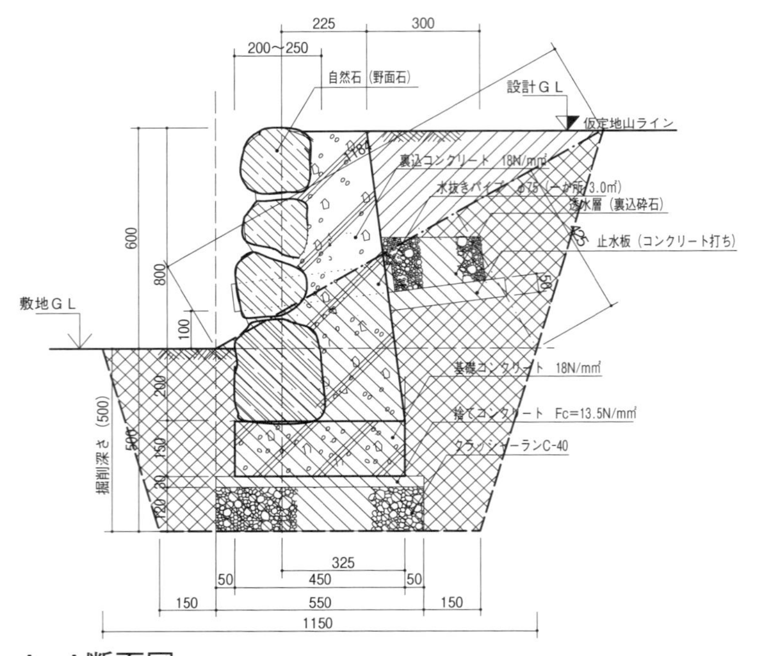

A－A断面図

■数量計算表

m当り

細　目	単位	計算式	計　算	計算結果
水盛遣方　(A_1)	m^2	（下部掘削上辺＋上部掘削深さ×0.3）×施工奥行	A_1=1.33×1.0	1.33
掘削　(V_1)	m^3	下部掘削土量＋上部掘削土量 ※下部断面台形・上部断面三角形として計算	V_1=1/2(1.15＋0.85)×0.5×1.0＋1/2×0.85×0.6×1.0	0.755
埋戻し　(V_2)	m^3	V_1'－埋設部位（地業・捨てコン・基礎コン・裏込コン）全数量	V_2=1.034－0.6475	0.3865
残土処分　(V_3)	m^3	V_4＋捨てコン数量＋基礎コン数量＋裏込コン埋設部数量＋自然石埋設部数量＋止水板数量＋透水層数量	V_3=0.066＋0.0165＋0.0675＋0.11＋0.0667＋0.0175＋0.06	0.4042
地業　(V_4)	m^3	地業高×地業幅×施工奥行	V_4=0.12×0.55×1.0	0.066
捨てコンコンクリート打設(V_5)	m^3	捨てコン厚×捨てコン幅×施工奥行	V_5=0.03×0.55×1.0	0.0165
型枠　(A_2)	m^2	基礎スラブ厚×施工奥行×２	A_2=0.15×1.0×2	0.3
基礎コンクリート打設　(V_6)	m^3	基礎スラブ厚＋基礎スラブ幅	V_6=0.15×0.45×1.0	0.0675
裏込コンクリート打設(V_7)	m^3	1/2（上辺＋下辺）×高さ×施工奥行	V_7=1/2(0.225＋0.325)×0.8×1.0	0.22
自然石　(A_3)	m^2	立上げ高×施工奥行	A_3=0.8×1.0	0.8
止水板コンクリート打設(V_8)	m^3	止水板厚×止水板幅×施工奥行	V_8=0.05×0.35×1.0	0.0175
透水層　(V_9)	m^3	透水層高×透水層幅×施工奥行	V_9=0.2×0.3×1.0	0.06

注）埋戻しの V_1' は p.147 を参照。
　　残土処分の埋設部数量は概算で算出。

◆代価表

m当り

細　目	内　容	数　量	単位	単　価	金　額	備　考
水盛遣方		1.33	m^2			
掘削	人力	0.755	m^3			
埋戻し	人力	0.3865	m^3			
残土処分	場内処分	0.4042	m^3			
地業	クラッシャーラン C-40	0.066	m^3			
捨てコンコンクリート打設	Fc=13.5N/mm²	0.0165	m^3			
型枠		0.3	m^2			
基礎コンクリート打設	Fc=18N/mm²	0.0675	m^3			
裏込コンクリート打設	Fc=18N/mm²	0.22	m^3			
自然石	野面石φ200～250	0.8	m^2			
止水板コンクリート打設	Fc=18N/mm²	0.0175	m^3			
透水層	裏込砕石	0.06	m^3			
清掃片付け		1.33	m^2			
合　計						

簡易土留め	自然石練り石積み　H=900	NO.51

数量計算表・代価表

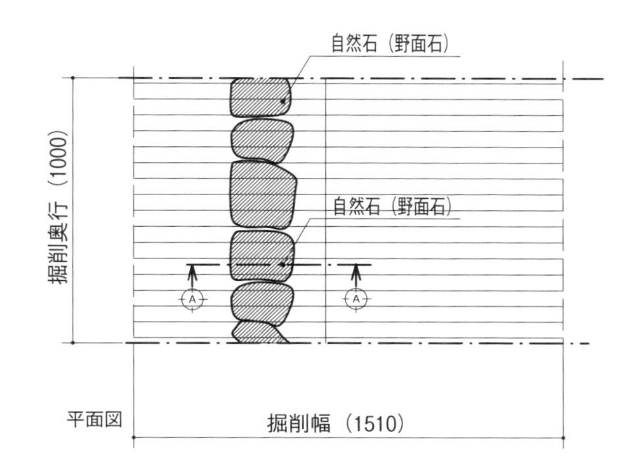

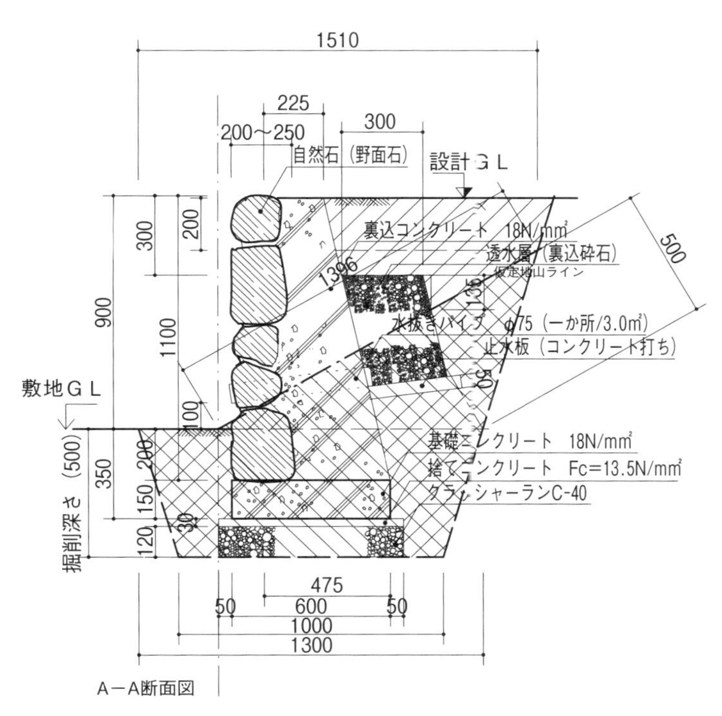

■数量計算表

m当り

細　目	単位	計算式	計　算	計算結果
水盛遣方　(A_1)	m^2	(下部掘削上辺＋上部掘削深さ×0.3)×施工奥行	A_1=1.51×1.0	1.51
掘削　(V_1)	m^3	下部掘削土量＋上部掘削土量 ※下部断面台形・上部断面三角形として計算	V_1=1/2(1.3+1.0)×0.5×1.0−1/2×1.396×0.5×1.0	0.924
埋戻し　(V_2)	m^3	V_1'−埋設部位(地業・捨てコン・基礎コン・裏込コン・自然石・止水板・透水層)全数量	V_2=1.5515−1.0075	0.544
残土処分　(V_3)	m^3	V_4＋捨てコン数量＋コンクリート数量＋裏込コン埋設部数量＋自然石埋設部数量＋止水板数量＋透水層埋設部数量	V_3=0.084+0.021+0.09+0.1925+0.0458+0.0175+0.0675	0.5183
地業　(V_4)	m^3	地業高×地業幅×施工奥行	V_4=0.12×0.7×1.0	0.084
捨てコンコンクリート打設(V_5)	m^3	捨てコン厚×捨てコン幅×施工奥行	V_5=0.03×0.7×1.0	0.021
型枠　(A_2)	m^2	基礎スラブ厚×施工奥行×２	A_2=0.15×1.0×2	0.3
基礎コンクリート打設　(V_6)	m^3	基礎スラブ厚＋基礎スラブ幅	V_6=0.15×0.6×1.0	0.09
裏込コンクリート打設(V_7)	m^3	1/2(上辺＋下辺)×高さ×施工奥行	V_7=1/2(0.225+0.475)×1.1×[illegible].0	0.385
自然石　(A_3)	m^2	立上げ高×施工奥行	A_3=1.1×1.0	1.1
止水板コンクリート打設(V_8)	m^3	止水板厚×止水板幅×施工奥行	V_8=0.05×0.35×1.0	0.0175
透水層　(V_9)	m^3	透水層高×透水層幅×施工奥行	V_9=0.45×0.3×1.0	0.135

注）埋戻しの V_1' は p.147 を参照。
残土処分の埋設部数量は概算で算出。

◆代価表

m当り

細　目	内　容	数　量	単位	単　価	金　額	備　考
水盛遣方		1.51	m^2			
掘削	人力	0.924	m^2			
埋戻し	人力	0.544	m^3			
残土処分	場内処分	0.5183	m^3			
地業	クラッシャーラン C-40	0.084	m^3			
捨てコンコンクリート打設	Fc=13.5N/mm^2	0.021	m^3			
型枠		0.3	m^2			
基礎コンクリート打設	Fc=18N/mm^2	0.09	m^3			
裏込コンクリート打設	Fc=18N/mm^2	0.385	m^3			
自然石	野面石 φ200～250	1.1	m^2			
止水板コンクリート打設	Fc=18N/mm^2	0.0175	m^3			
透水層	裏込砕石	0.135	m^3			
清掃片付け		1.51	m^2			
合　計						

数量計算表・代価表

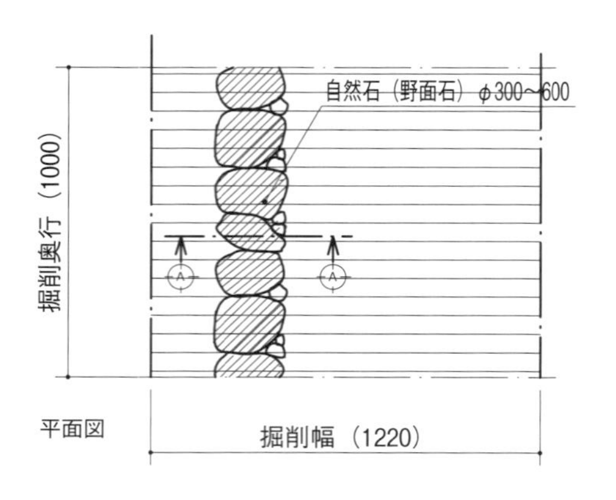

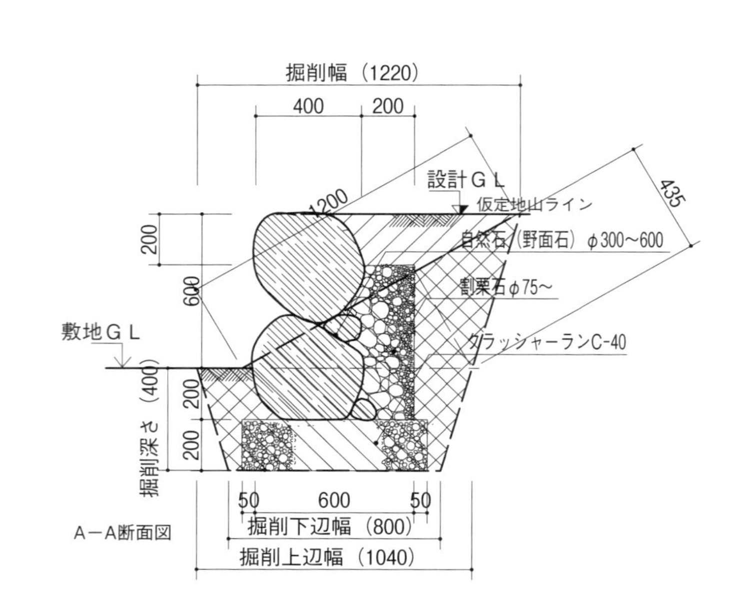

■数量計算表

m 当り

細　目		単位	計算式	計　算	計算結果
水盛遣方	(A_1)	m^2	(下部掘削上辺＋上部掘削深さ×0.3)×施工奥行	A_1=1.22×1.0	1.22
掘削	(V_1)	m^3	下部掘削土量＋上部掘削土量 ※下部断面台形・上部断面三角形として計算	V_1=1/2(1.04＋0.8)×0.4×1.0＋1/2×0.87×0.6×1.0	0.629
埋戻し	(V_2)	m^3	V_1'－埋設部位(地業・自然石・透水層)全数量	V_2=0.914－0.58	0.334
残土処分	(V_3)	m^3	V_4＋自然石埋設部数量＋透水層埋設部数量	V_3=0.14＋0.16＋0.105	0.405
地業	(V_4)	m^3	地業高×地業幅×施工奥行	V_4=0.2×0.7×1.0	0.14
自然石	(A_2)	m^2	立上げ高×施工奥行	A_2=0.8×1.0	0.8
透水層	(V_5)	m^3	透水層高×透水層幅×施工奥行	V_5=0.6×0.2×1.0	0.12

注）埋戻しの V_1' は p.147 を参照。
　　残土処分の埋設部数量は概算で算出。

◆代価表

m 当り

細　目	内　容	数　量	単位	単　価	金　額	備　考
水盛遣方		1.22	m^2			
掘削	人力	0.629	m^2			
埋戻し	人力	0.334	m^3			
残土処分	場内処分	0.405	m^3			
地業	クラッシャーラン C-40	0.14	m^3			
自然石	野面石φ300～600	0.8	m^2			
透水層	割栗石φ 75 ～	0.12	m^3			
清掃片付け		1.22	m^2			
合　計						

簡易土留め	自然石空石積み　H=900	NO.53

数量計算表・代価表

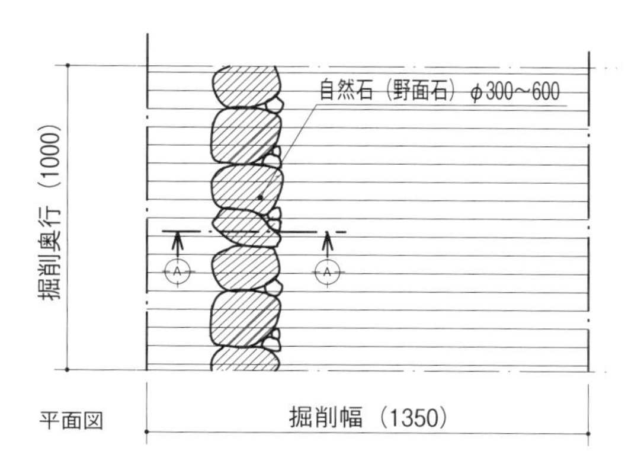

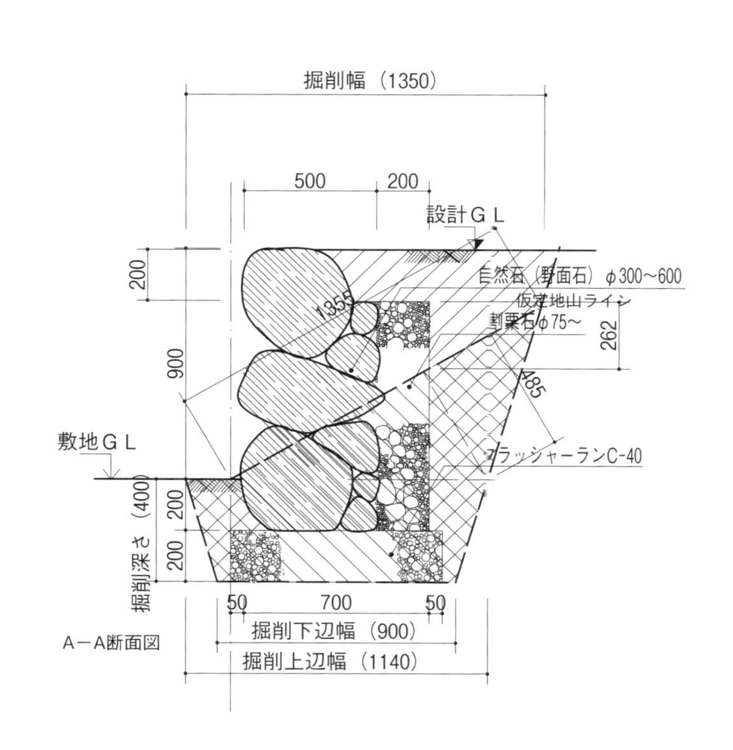

■数量計算表

m当り

細　目	単位	計算式	計　算	計算結果
水盛遣方　(A_1)	m^2	（下部掘削上辺＋上部掘削深さ×0.3）×施工奥行	A_1=1.35×1.0	1.35
掘削　(V_1)	m^3	下部掘削土量＋上部掘削土量 ※下部断面台形・上部断面三角形として計算	V_1=1/2(1.14+0.9)×0.4×1.0+1/2×0.97×0.7×1.0	0.7475
埋戻し　(V_2)	m^3	V_1'－埋設部位（地業・自然石・透水層）全数量	V_2=1.3575－0.89	0.4675
残土処分　(V_3)	m^3	V_4＋自然石埋設部数量＋透水層埋設部数量	V_3=0.16+0.1833+0.12	0.4633
地業　(V_4)	m^3	地業高×地業幅×施工奥行	V_4=0.2×0.8×1.0	0.16
自然石　(A_2)	m^2	立上げ高×施工奥行	A_2=1.1×1.0	1.1
透水層　(V_5)	m^3	透水層高×透水層幅×施工奥行	V_5=0.9×0.2×1.0	0.18

注）埋戻しの V_1' は p.147 を参照。
　　残土処分の埋設部数量は概算で算出。

◆代価表

m当り

細　目	内　容	数　量	単位	単　価	金　額	備　考
水盛遣方		1.35	m^2			
掘削	人力	0.7475	m^2			
埋戻し	人力	0.4675	m^3			
残土処分	場内処分	0.4633	m^3			
地業	クラッシャーラン C-40	0.16	m^3			
自然石	野面石φ300～600	1.1	m^2			
透水層	割栗石φ 75 ～	0.18	m^3			
清掃片付け		1.35	m^2			
合　計						

参考資料

擁壁（土留め）の設計

第４章の標準図に示した「安全の検討」で用いた土留めの安定計算を参考として掲載する。土留めの安定の考え方や計算の仕組みを知っておくことは、これから計画する土留めの安全を考えるうえでも重要である。なお、安定計算に関しては擁壁の設計における方法を用いている。

参考文献：『エクセル擁壁の設計』田中修三監修、山海堂、2004 年
「構造計算によるユニＣＰ型枠擁壁（Ｌ型）構造計算」株式会社ユニソン

1 擁壁の設計基本条件

1-1 主働土圧係数（K_A）の計算式

i ）クーロンの公式

$$K_A=\frac{\cos^2(\varphi-a-\theta)}{\cos\theta\cos^2 a\cos(a+\delta+\theta)\left\{1+\sqrt{\dfrac{\sin(\varphi+\delta)\sin(\varphi-\beta-\theta)}{\cos(a+\delta+\theta)\cos(a-\beta)}}\right\}^2}$$

ii ）ランキンの公式

$$K_A=\cos\beta\frac{\cos\beta-\sqrt{\cos^2\beta-\cos^2\varphi}}{\cos\beta+\sqrt{\cos^2\beta-\cos^2\varphi}}$$

K_A：主働土圧係数
ϕ：土の内部摩擦角
α：壁面が鉛直角となす角度
δ：壁面摩擦角 土圧がコンクリート壁面に作用する場合は　$\delta=2/3\ \phi$
　　　　　　　　　土中が鉛直下層面に作用する場合は　$\delta=\beta$
β：地表面が水平をなす角度

iii ）宅地造成等規制法施行令

宅地造成等規制法施行令の別表第二の土圧係数（$K_A=0.4$）には、5kN/m^2 程度の積載荷重による土圧が含まれていることから、土圧の計算では積載荷重から 5kN/m^2 を控除する。

■別表第二（第７条、第 19 条関係）

土質	単位体積重量（t/m^3）	土圧係数
砂利または砂	1.8 トン	0.35
砂質土	1.7 トン	0.40
シルト、粘土またはそれらを多量に含む土	1.6 トン	0.50

■土質定数参考表

種類		状態	単位体積重量 kN/m^3	内部摩擦角（度）	粘着力（c） kN/m^2
盛土	礫及び礫混じり砂	締め固めたもの	20	40	0
	砂質土	締め固めたもの	19	25	30 以下
	粘性土	締め固めたもの	18	15	50 以下
	関東ローム	締め固めたもの	14	20	10 以下
自然地盤	礫及び礫混じり砂	密実なもの	21	40	0
		密実でないもの	19	35	0
	砂	粒度の良い密実	20	35	0
		粒度の悪い密実でない	18	30	0
	砂質土	密実なもの	19	30	30 以下
		密実でないもの	17	25	0
	粘性土	固いもの	18	25	50 以下
		やや軟らかいもの	17	20	30 以下
		軟らかいもの	16	15	15 以下
	粘土及びシルト	固いもの	17	20	50 以下
		やや軟らかいもの	16	15	30 以下
		軟らかいもの	14	10	15 以下
	関東ローム		14	5	30 以下

1-2 断面計算

i）鉄筋量計算式

単鉄筋として計算する。

a）有効高の計算

$d = C_1 \times \sqrt{M/b}$

$C_1 = \{(\sigma_{sa} + n + \sigma_{ca}) \div (n + \sigma_{ca})\} \times \sqrt{(6 \times n) \div (3 \times \sigma_{ca} + 2 \times n \times \sigma_{ca})}$

$n = Es \div Ec$

b）必要鉄筋量の計算

$As = M \div (\sigma \cdot j \cdot d)$

■異形棒鋼の本数と断面積（1 m 当たり）

名称・呼称	D10	D13	D16
単位質量（kg/m）	0.560	0.995	1.56
公称直径（mm）	9.53	12.7	15.9
公称断面積（cm^2）	0.7133	1.267	1.986

断面積（cm^2）

本数・呼称	D10	D13	D16
2	1.43	2.53	3.97
3	2.14	3.80	5.96
4	2.85	5.07	7.94
5	3.57	6.34	9.93
6	4.28	7.60	11.92
7	4.99	8.87	13.90
8	5.71	10.14	15.89
9	6.42	11.40	17.87
10	7.18	12.67	19.86

ii）応力計算式

a）単鉄筋の鉄筋比

$P=As\div(b\times d)$

b）応力度係数

$K=-n\times p\times\sqrt{2\times n\times p\times(n\times p)^2}$

c）圧縮合力の作用距離と有効高さ比

$j=1-(K\div3)$

d）単鉄筋のコンクリート圧縮応力度

$\sigma_c=(2\times M)\div(K\cdot j\cdot b\cdot d^2)$

e）単鉄筋の鉄筋引張り応力度

$\sigma_s=(1\times M)\div(P\cdot j\cdot b\cdot d)$

f）コンクリートのせん断応力度

$\tau_c=S\div(b\cdot j\cdot d)$

■コンクリートの長期許容応力度（N/mm²）

	圧縮	引張り	せん断
普通コンクリート	1/3 Fc	—	1/30 Fc かつ 0.49＋（1/100 Fc）以下

※ Fc はコンクリートの設計基準強度（N/mm²）を表す。

■鉄筋の長期許容応力度（N/mm²）

	引張及び圧縮	せん断補強
SD295A 及び B	195	195

『鉄骨コンクリート構造計算規準・同解説』（日本建築学会）より

1-3 安定計算

擁壁の高さが 2.0m 以下なので、常時における検討のみを行う。

i）安定計算

擁壁の転倒及び滑動の安全率が 1.5 以上であり、地盤に生じる応力度が地盤の長期許容応力度を超えないこと。

ii）部材の応力計算

鉄筋及びコンクリートに生じる応力度が、それぞれの長期許容応力度を超えないこと。

■材料の単位体積重量表

材料	単位体積重量（kN/m³）
無筋コンクリート	23
鉄筋コンクリート	24.5

※シルト・粘性土（ただし WL≦50%）

iii）安定の条件

a）転倒に対する検討

許容偏心量：常時　$e\leqq B/6$

安全率：常時　$F_t=M_o/M_\gamma>1.5$

b）滑動に対する検討

安全率：常時　$F_s=V/H>1.5$

c）支持に対する検討

安全率：常時　$F_d=q_d/q_{max}\geqq3.0$

d）長期許容地耐力表

地盤		長期許容地耐力度	備考	
		（KN/m^2）	N 値	Nsw 値
土丹盤		300	30 以上	
礫層		300	30 以上	
砂質地盤	密なもの	300	30 ～ 50	400 以上
	中位	200	20 ～ 30	250 ～ 400
		100	10 ～ 20	125 ～ 250
	ゆるい	50	5 ～ 10	50 ～ 125
	非常にゆるい	30 以下	5 以下	50 以下
粘土質地盤	非常に硬い	200	15 ～ 30	250 以上
	硬い	100	8 ～ 15	100 ～ 250
	中位	50	4 ～ 8	40 ～ 100
	軟らかい	30	2 ～ 4	0 ～ 40
	非常に軟らかい	20 以下	2 以下	Wsw 981 以下
ローム質地盤	硬い	150	5 以上	50 以上
	やや硬い	100	3 ～ 5	0 ～ 50
	軟らかい	50 以下	3 以下	Wsw 981 以下

『小規模建築物基礎設計の手引き』（日本建築学会）より／ SI 単位に換算、礫層を簡略化

2 RC 造・L 型土留めの安定計算

2-1 設計条件

i ）構造形式

・RC 造・L 型土留め 1.0 m

ii ）形状寸法

・土留め高　H ＝1.35 m

・底盤幅　B ＝1.30 m

・裏込め土幅　B_1＝1.15 m

・底盤厚　H_1＝0.15 m

・天端幅　b_1＝0.15 m

・下端幅　b_2＝0.15 m

iii ）基礎形式

・直接基礎

iv ）上載荷重

・活荷重　q＝10kN/m^2

v ）裏込め土

・土質　礫質土

・単位体積重量　γ＝16 kN/m^3

・内部摩擦角　ϕ＝20°

・粘着力　c ＝0.0 kN/m^2

・表面勾配　β＝0°（水平）

vi ）支持地盤

・土質　礫質土

・単位体積重量　γ＝16 kN/m^3

・内部摩擦角　　　ϕ＝20°

・摩擦係数　　　P＝0.6

・粘着力　　　c_B＝20.0 kN/m^2

vii）使用材料

・コンクリート　　設計基準強度　　σ_{CK}＝24N/mm^2

　　単位体積重量　　γ_c＝24.5kN/m^3

　　許容曲げ応力度　　σ_{ca}＝8.0 N/mm^2

　　許容せん断応力度　　Ta＝0.35 N/mm^2

・鉄筋　　材質　　SD295A

　　許容引張応力度　　σ_{sa}＝195 N/mm^2

2-2 荷重の計算

i）土留めの仮定断面からを検討してみる。

載荷重は土留め背面の土がこの荷重に相当するだけ高くなったものと仮定して設計に用いる。

したがって、この場合は設計条件から、換算過積載荷重高　ho＝q/We＝1÷1.6＝0.630 m とする。

（載荷重 1t の重さを土の重量で割り、高さとして表現する。）q＝1t/m^2

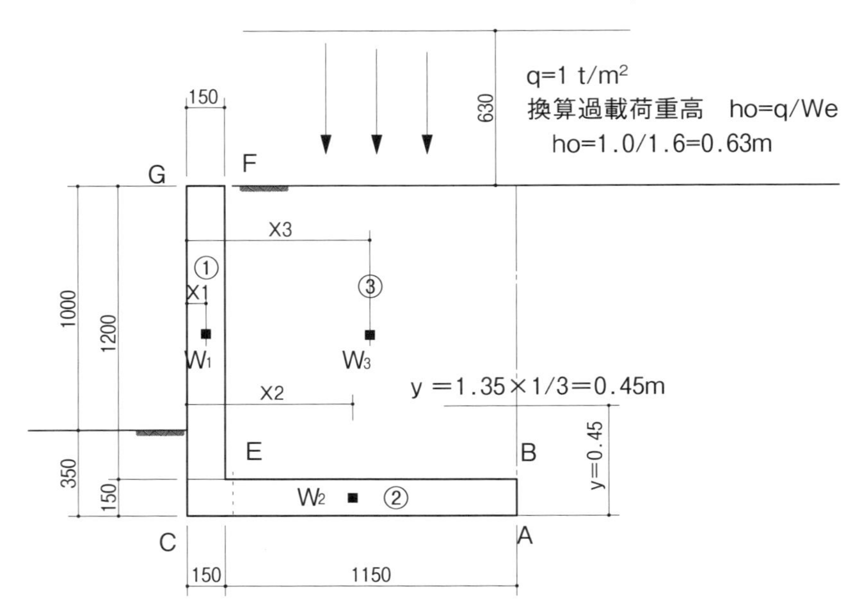

ii）躯体自重の計算

区分	面積 (m^2)	単位重量 (kN/m^3)	重量 (kN)	図心距離 (m)	重量×図心距離 (kN/mm^2)
躯体（W_1）	0.18	24.5	4.41	0.075	0.331
基礎（W_2）	0.195	24.5	4.78	0.65	3.11
背面土の重量（W_3）	1.38	16.0	22.08	0.725	16.01
計			31.27		19.45

※重量は面積×単位重量となる。

※背面土の重量も擁壁の自重とみなす。

※重心距離（X 方向）は（重量×図心距離）合計÷重量合計＝19.45÷31.27＝0.622 となる

・自重　　ΣW＝31.27kN/m

・重心位置　　x_o＝Σ(W/x)÷ΣW＝自重÷（重量×図心距離）＝31.27÷19.45＝1.61m

iii）載荷重

・鉛直荷重　$q_v = q \times B_1 = 10 \times 1.15 = 11.5$ kN/mm^2

・作用位置　xg＝背面土の重量の図心距離＝0.725 N/m

iv）土圧力の計算

活荷重積載　$\beta = 0$　主働土圧はクーロン式で算出する。

a）土圧係数

・計算条件　$\phi = 20°$　$\beta = 0$　$\alpha = 0$

$$K_A = \cos^2(20° - 0°) \div \left[\cos^2 0° \times \cos(0° + 0°) \times \left\{1 + \sqrt{\frac{\sin(20° + 0°) \times \sin(20° - 0°)}{\cos(0° + 0°) \times \cos(0° - 0°)}}\right\}^2\right]$$

$= 0.49$

b）土圧合力の計算

$P_A = 1/2 \times \gamma \times H^2 \times K_A \times \{1 + (2q/\gamma \times H)\}$

＝1/2×土の単位体積重量×土留め高^2×土圧係数×{1＋(2×活荷重)}

÷(土の単位体積重量×土留め高)

$= 0.5 \times 16 \times 1.35^2 \times 0.49 \times \{1 + (2 \times 10) \div (16 \times 1.35)\} = 13.7592$ kN/m

c）鉛直成分

$P_{AV} = P_A \times \sin\alpha$＝土圧合力×sin0°＝13.76×0＝0.00 kN/m

d）水平成分

$P_{AH} = P_A \times \cos\alpha$＝土圧合力×cos0°＝13.76×1＝13.76 kN/m

e）土圧合力の作用位置

Ya＝H/3＝土留め高÷3＝1.35÷3＝0.45 m

2-3 安定計算

i）荷重の集計

	荷重　kN/m		作用位置 m		モーメント kN/mm^2	
	V	H	x	y	V・x	H・y
自重	31.27		0.62		19.39	
載荷重	11.5		0.725		8.34	
土圧	0	13.76	1.3	0.45	0	6.19
計	42.77	13.76			27 73	6.19

※抵抗モーメントは躯体と土の自重×重心距離となる。
※転倒モーメントは水平土圧×高さの 1/3 となる。

・荷重合力の作用位置

d＝(ΣV・x－ΣH・y)/ΣV＝(抵抗モーメント－転倒モーメント)÷鉛直力

＝(27.73－6.19)÷42.77＝0.50 m

・荷重の偏心量

E＝(B÷2)－d＝(基礎幅÷2)－荷重合力の作用点距離

＝(1.3÷2)－0.5＝0.15 m

ii）転倒に対する検討

・偏心量　B/2＝1.3÷6＝0.22　0.22 m＞e(0.15m)

・安全率　Ft＝V・x/H・y＝27.73÷6.19＝4.47　4.5＞1.5

・判定値　1.5　安全

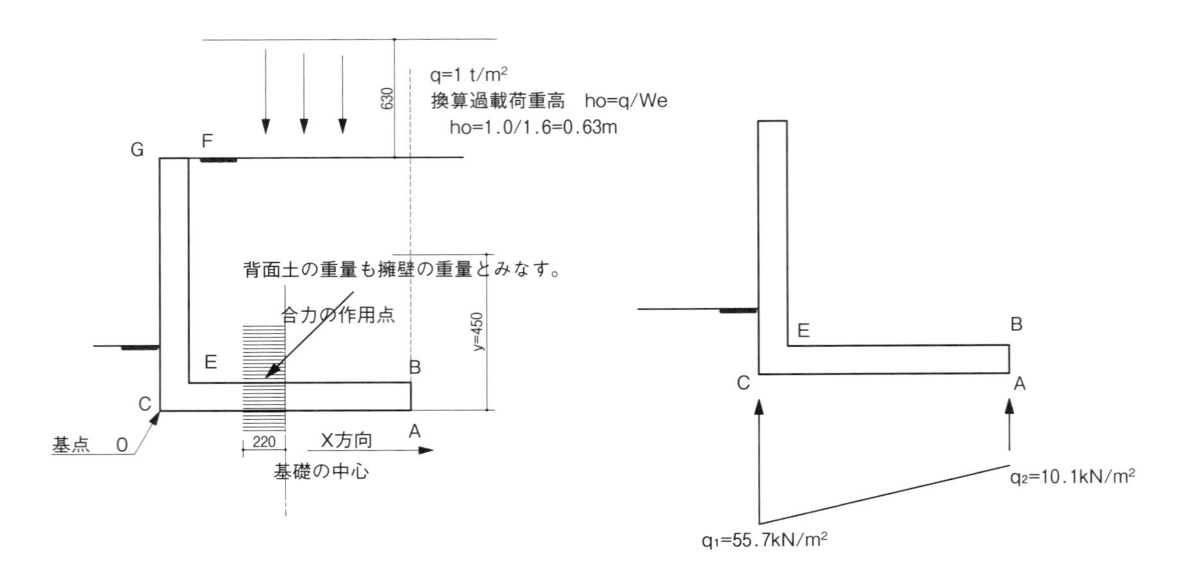

iii）滑動に対する検討

滑りに対しては、鉛直力に滑り係数を掛け，水平力で割った値に基礎幅に土の粘着力を掛けたものを加えた値が 1.5 より大きければ滑り出さないと考える。

・安全率　　$Fs=(\Sigma V \div \Sigma H)\times \mu$

$=(42.77 \div 13.76)\times 0.5 = 1.55$　　　1.55＞1.5　　　安全

iv）沈下に対する検討

地盤反力図を作成して検討する（地耐力を 100 kN/㎡と仮定して）。

q_1：つま先先端部における地盤反力

q_1＝(鉛直力÷基礎底盤幅)×{1＋(6×偏心距離)÷基礎底盤幅)}

$=(42.77 \div 1.30)\times\{1+(6\times 0.15)\div 1.30\} = 55.7\ kN/m^2$

q_2：かかと版端部における地盤反力

q_2＝(鉛直力÷基礎底盤幅)×{1－(6×偏心距離)÷基礎底盤幅)}

$=(42.77 \div 1.30)\times\{1-(6\times 0.15)\div 1.30\} = 10.1\ kN/m^2$

55.7 or 10.1 $kN/m^2 < 100\ kN/m^2$　　　安全

Fb＝極限支持力÷qd/q_{max} 許容支持力＝150÷65.8＝2.80

安全率 2.80　　　判定値 3

次に、土留めの仮定断面が安全であることを確認したら、次に応力計算といわれる、土留めの縦壁や基礎底盤がせん断に対して安全であるかの検討をする。

3 躯体の応力度計算

最初にせん断の検討箇所を縦壁と基礎底盤の水平せん断箇所と縦壁と基礎底盤の垂直せん断箇所を、次の図のＣ－Ｅ、Ｅ－Ｆとし、それぞれを固定端とする片持ち梁として考えることにする。

3-1 縦壁の設計

フーチングとの接合部を固定端とする片持ち梁として考える。一般に土圧の鉛直分布力及び縦壁自重を無視して設計する。

i）縦壁の鉄筋量の検討

応力度の計算は片持ち版として、C―E で行う。

a）主働土圧

⑴計算条件

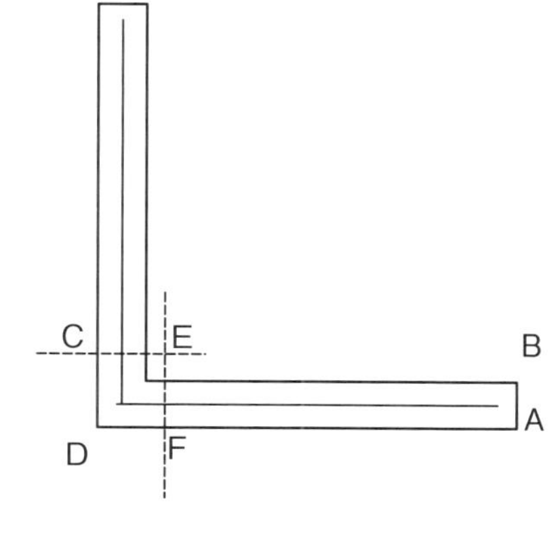

- $\phi=20°$
- $\delta=2/3\cdot\phi=13.33$
- $\gamma=20\ \mathrm{kN/m^3}$
- $q=10\ \mathrm{kN/m^3}$
- $\beta=0°$
- $\alpha=0°$

⑵土圧係数

$$K_A=\cos^2(20°-0°)\div\left[\cos^2 0°\times\cos(0°+0°)\times\left\{1+\sqrt{\frac{\sin(20°+13.33°)\times\sin(20°-0°)}{\cos(0°+13.33°)\times\cos(0°-0°)}}\right\}^2\right]$$

$=0.438$

⑶土圧合力の水平成分

$P_{AH}=1/2\gamma\cdot H_2\cdot K_A\cdot(1+2q/\gamma\cdot H_2)\times\cos(\alpha+\delta)$

$=1/2\times$土の単位体積重量×（土留め高－底盤厚）×土圧係数×（1＋2 積載活荷重）

÷｛土の単位体積重量×（土留め高－底盤厚）｝×cos（0°＋13.33°）

$=0.5\times16\times1.2\times0.438\times\{1+(2\times10)\div(10\times1.2)\}\times0.978$

$=10.02\ \mathrm{kN/m}$

⑷土圧合力の作用位置

$y_a=H_2\div3=$（土留め高－底盤厚）÷3＝1.2÷3＝0.40 m

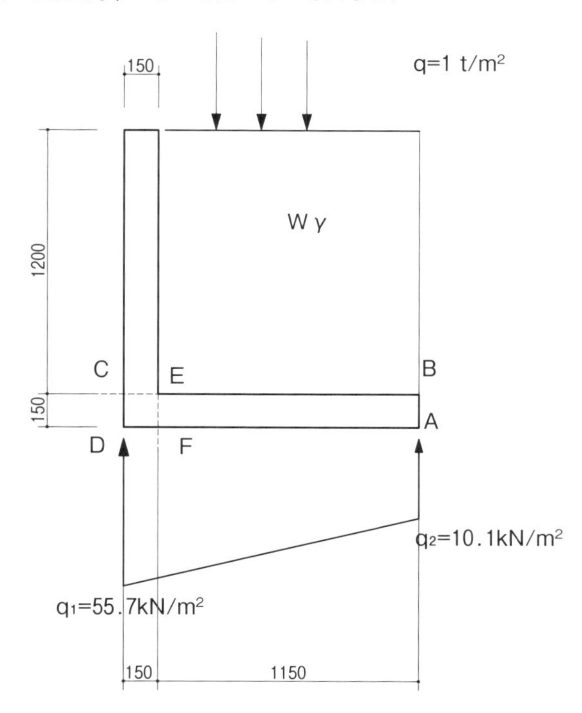

a）断面力

⑴せん断力

$S=P_{AH}$＝土圧合力の水平成分＝10.02 kN/m

⑵曲げモーメント

C—E における曲げモーメントせん断力を計算する。

$M=P_{AH}\times y_a$

＝土圧合力の水平成分×土圧合力作用位置

＝10.02×0.40＝4.01 kN/mm²

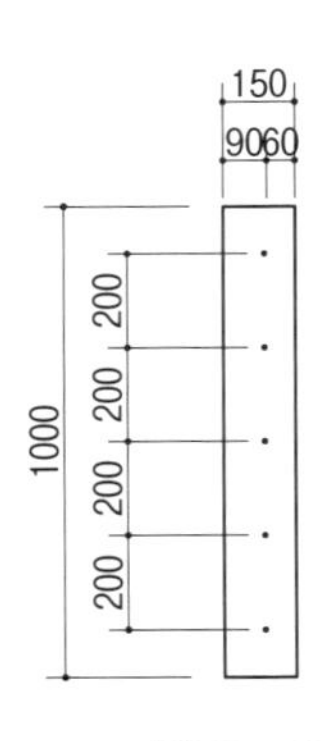

縦壁　C–E

c）応力度

b＝壁幅＝1000 mm

d＝壁厚－被り厚＝150－60＝90 mm

⑴必要鉄筋量

$As = M \div (\sigma \cdot j \cdot d)$

＝(曲げモーメント×10^6)÷使用鉄筋許容応力度

×圧縮合力の作用距離と有効高さ×有効高さ

＝(4.01×10^6)÷(180×0.9×910)＝276mm²

⑵使用鉄筋量

D13 を 200mm ピッチで配置する。

As（鉄筋量）

＝異形筋の断面積×使用鉄筋本数＝126.7×5＝633.5mm² ＞ 276mm²

P（単鉄筋の鉄筋化）

＝As÷(d×b)＝633.5÷(1000×120)＝0.00703

K（応力度係数）

$= -n \times p + \sqrt{2 \times n \times p + (n \times p)^2}$

＝－ヤング係数比×鉄筋化＋$\sqrt{2\times \text{ヤング係数比} \times \text{鉄筋化} + (\text{ヤング係数比} \times \text{鉄筋化})^2}$

$= -15 \times 0.00703 \sqrt{2 \times 15 \times 0.00703 + (15 \times 0.00703)^2}$

＝0.995

j（圧縮合力の作用距離と有効高さの比）

＝1－応力度係数÷3

＝1－K/3=1－(0.995÷3)＝0.668

⑶コンクリートの曲げ圧縮応力度

$\sigma_c = 2M \div (K \cdot j \cdot b \cdot d^2)$

＝2×曲げモーメント

÷(応力度係数×圧縮合力の作用距離と有効高さの比×壁幅×有効高さ²)

＝(2×4.01×1000000)÷(0995×0.668×1000×90)²

＝1.49 N/mm²

1.49 N/mm² ＜σ_c＝8 N/mm²

⑷鉄筋の引張り応力度

$\sigma_s = M \div (As \cdot j \cdot d)$

＝曲げモーメント÷(鉄筋量×圧縮合力の作用距離と有効高さの比×有効高さ)

＝4.01×1000000÷(633.5×0.668×90)＝ 105.37

105.37 N/mm² ＜σ_{as}(許容引張り応力度)=180 N/mm²

⑸コンクリート平均せん断応力度

$\tau = S/b \cdot d$ ＝せん断力÷(壁幅×有効高)

＝10.02×1000÷{1000×(0.15×1000－60)}

＝0.11　　　　0.11 N/mm² ＜τ(許容せん断応力度)＝ 0.33 N/mm²

ii）底盤の鉄筋量の検討

底盤 E—F についてのせん断の検討を行う。

a）荷重

(1)計算条件

・載荷重　　$q = 10\ kN/m^2$

・背面土　　W_γ＝（土留め高－底盤厚）×単位体積重量

＝$(1.35-0.15)\times16=19.2\ kN/m^2$

・底盤　　W_c＝底盤厚×コンクリート単位体積重量

＝$0.15\times24.5=3.7\ kN/m^2$

・支持力　　q_3＝（つま先地盤反力－（つま先地盤反力－かかと地盤反力）÷底盤幅×底盤厚

＝$55.7-(55.7-10.1)\div(1.3\times0.15)=50.4kN/m^2$＜許容支持力 $q_a=100\ kN/m^2$

(2)荷重合計

・$P_1=q+W_\gamma+Wc-q_3=10+19.2+3.7-50.4=-17.5\ kN/m^2$

・$P_2=q+W_\gamma+Wc-q_2=10+19.2+3.7-10.1=22.8\ kN/m^2$

・せん断部分支持力　$q_3=q_1-\{(q_1-q_2)/(B-b)\}\times h$

$=74.1-\{(74.1-9.14)\div(1.65-0.18)\}\times0.18$

$=66.7\ kN/m^2$

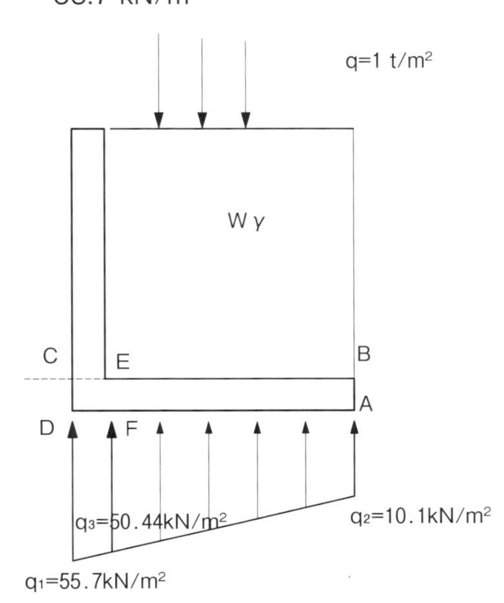

b）断面検討

(1)せん断力

・S＝$l/2(P_1+P_2)$＝{（底盤幅－天端幅）÷2}×（つま先荷重＋かかと荷重）

$\{(1.30-0.15)/2\}\times(-17.5+22.8)=3.0\ kN/m^2$

(2)曲げモーメント

・M＝$(1^2/6)\times(P_1+P_2)$＝{（底盤幅－天端幅）^{2}÷6}×（つま先荷重＋かかと荷重）

$\{(1.30-0.15)^2/6\}\times(-17.5+22.8)=1.2\ kN/m^2$

c）応力度

・b＝壁幅＝1000 mm

・d＝壁厚－被り厚＝150－60＝90 mm

(1)必要鉄筋量

・$As=M\div(\sigma\cdot j\cdot d)$

＝（曲げモーメント×10^6）÷（使用鉄筋許容応力度×圧縮合力の作用距離と有効高さ×有効高さ

＝$(1.2\times10^6)\div(180\times0.9\times90)=83\ mm^2$

⑵使用鉄筋量

D13 を 250mm ピッチで配置する。

As（鉄筋量）＝異形筋の断面積×使用鉄筋本数＝126.7×4 ＝ 506.8 mm^2 ＞ 83 mm^2

P（単鉄筋の鉄筋化）＝As÷（d×b）＝506.8÷｛1000×（0.15×1000－60）｝＝0.00562

K（応力度係数）

$=-n\times p+\sqrt{2\times n\times p+(n\times p)^2}$

＝－ヤング係数比×鉄筋化＋$\sqrt{2×ヤング係数比×鉄筋化＋(ヤング係数比×鉄筋化)^2}$

$=-15\times 0.00562\sqrt{2\times 15\times 0.00562+(15\times 0.00562)^2}$

＝0.335

j（圧縮合力の作用距離と有効高さの比）

＝1－応力度係数÷ 3

＝1－K/3＝1－（0.335÷3）＝0.888

⑶コンクリートの曲げ圧縮応力度

$\sigma_c=2M\div(K\cdot j\cdot b\cdot d^2)$

＝2×曲げモーメント

÷（応力度係数×圧縮合力の作用距離と有効高さの比×壁幅×有効高さ ^{2}）

＝$(2\times 1.2\times 1000000)\div(0.335\times 0.888\times 1000\times 90)^2$

＝1.0 N/mm^2

1.0 N/mm^2＜σ_c＝8 N/mm^2

⑷鉄筋の引張り応力度

$\sigma s=M\div(As\cdot j\cdot d)$

＝曲げモーメント÷（鉄筋量×圧縮合力の作用距離と有効高さの比×有効高さ

＝1.2×1000000÷（506×0.888×90）＝29.67 N/mm^2

29.67 N/mm^2 ＜σ_{as}（許容引張り応力度）＝180 N/mm^2

⑸コンクリート平均せん断応力度

τ＝S/（b・d）＝せん断力÷（壁幅×有効高）

＝3.0×1000÷｛1000×（0.15×1000－60）｝

＝0.03

0.03 N/mm^2 ＜ τ（許容せん断応力度）＝0.33 N/mm^2

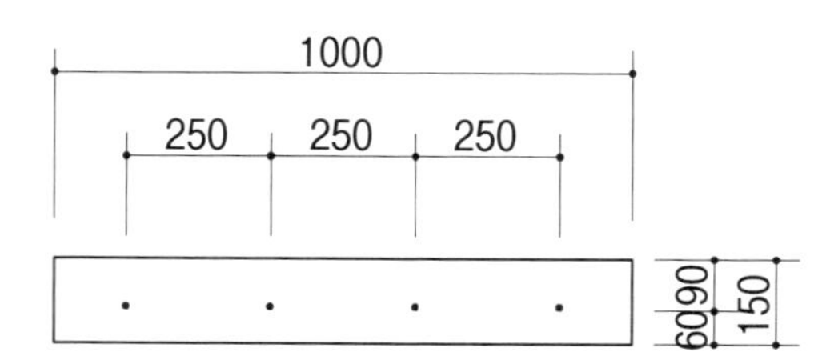

底盤　E-F

4 型枠状ブロック積み土留めの安定計算

4-1 設計条件

i ）構造形式

・型枠状ブロック積み土留め（L 型）

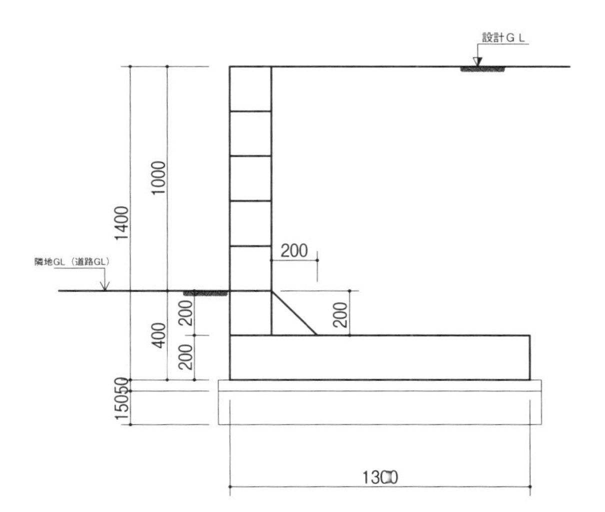

ii ）形状寸法

・土留め高　$H=1.40$ m
・底盤幅　$B=1.30$ m
・裏込め土幅　$B_1=1.14$ m
・底盤厚　$H_1=0.20$ m
・天端幅　$b_1=0.18$ m
・下端幅　$b_2=0.18$ m

iii ）使用材料

・コンクリート　Fc=21 N/mm²
・型枠状ブロック　t=180
・鉄筋　SD295A

iv ）荷重条件

a）単位体積重量

・鉄筋コンクリート　$\gamma c=24$ kN/m³
・型枠状コンクリートブロック　$\gamma b=24$ kN/m³
・裏込め土　$\gamma s=16$ kN/m³

b）地表面載荷重　$q=10$ kN/m³

c）風荷重・地震荷重

・本土留めの規模において、長期の安全率は、暴風時及び地震時の荷重増分を包含していると考えられるので、各々の検討は省略する。

v ）安定条件

a）転倒

長期　　安全率　$F=Mr/M_o \geqq 1.5$

b）滑動

長期　　安全率　$F=R_H/P_H \geqq 1.5$

c）地盤の許容支持力

長期　　安全率　$q_a=60$ kN/m²

4-2 荷重の計算

i ）鉛直成分

各重量 Wi（kN）			Xi（m）	Mr（kN）
W1	24×0.18×1.2	5.18	0.09	0.47
W2	24×1.3×0.2	6.24	0.65	4.06
W3	1/2（2.4×0.2×0.2）	0.48	0.250	0.12
W4	16×0.2×1.0	3.2	0.280.	0.90
W5	1/2（16×0.2×0.2）	0.32	0.313	0.10
W6	16×0.92×1.2	17.66	0.840	14.83
W7	10.0×1.12	11.20	0.750	8.40
計		44.28		28.88

ii ）水平成分

各水平力　Hi（kN）			yi（m）	Mo（kN）
H1	$1/2 \times 0.4 \times 16 \times 1.2^2$	4.61	0.467	2.15
H2	$0.4 \times 10.0 \times 1.4$	5.60	0.700	3.92
計		10.21		6.07

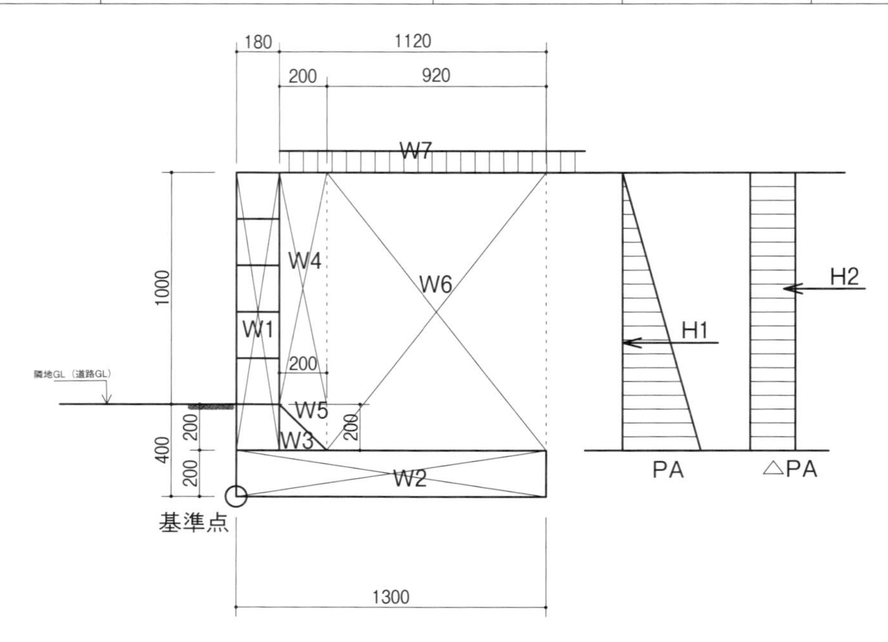

4-3 安定計算

i ）転倒に対する検討

ΣMr＝28.88 kN/m　　　ΣMo＝6.07 kN/m

F＝28.88÷6.07＝4.76＞1.5　　OK

ii ）許容支持力度検討

d＝（ΣMr－ΣMo）÷ΣW＝（28.88－6.07）÷44.28＝0.52 m

e＝B/2－d＝（1.3÷2）－0.52＝0.13

e/B＝0.13÷1.3＝0.10＜1/6＝0.17

σ＝（ΣW/B）×｛1±6×（e/B）｝＝（44.28÷1.3）×（1±6×0.10）

＝13.62 kN/m^2　or　47.68 kN/m^2＜qa＝60 kN/m^2　　OK

iii ）滑動に対する検討

RH＝μ×W＝0.4×44.28＝17.71 kN

F＝RH÷ΣH＝17.71÷10.21＝1.73＞1.5　　OK

4-4 応力計算

i ）底盤の応力

a 面　$q_3 = q_1 - \{(q_1 - q_2)/(B - b)\} \times h$

$= 47.68 - \{(47.68 - 13.62) \div (1.3 - 0.18)\} \times 0.18$

$= 42.21$

サーチャージ

$\sigma v = 24 \times 0.2 + 16 \times 1.2 + 10.0 = 30.92$ kN/m^2

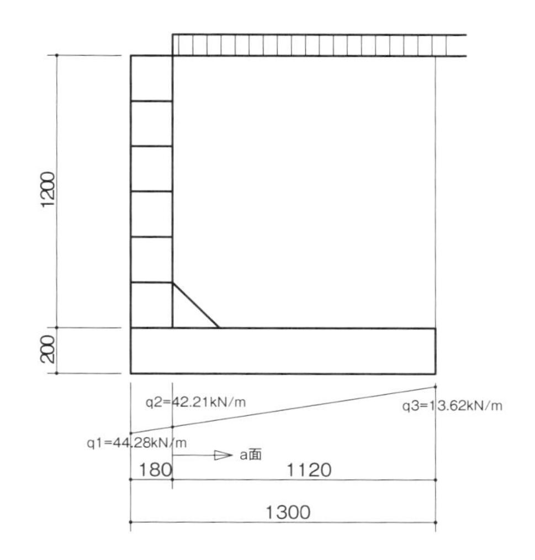

$M = \{(42.21 - 13.62) \times 1.12^2 \div 6\} + \{(13.62 \times 1.12^2) \div 2\} - \{(30.92 \times 1.12^2) \div 2\}$

$= 7.9 + 7.26 - 19.39 = -4.87$ kN/m

$Q = \{(42.21 - 13.62) \times 1.12\} \div 2 + (13.62 \times 1.12) - (30.92 \times 1.12) = -3.37$ kN

ii）壁版の応力

b面

Qi（kN）			yi（m）	M（kN/m）
H1	$1/2 \times 0.4 \times 16 \times 1.2^2$	4.61	0.40	1.84
H2	$0.4 \times 10.0 \times 1.2$	4.80	0.60	2.88
計		9.41		4.72

M＝4.72 kN/m　　　　　　Q＝9.41 kN

4-5 断面算定

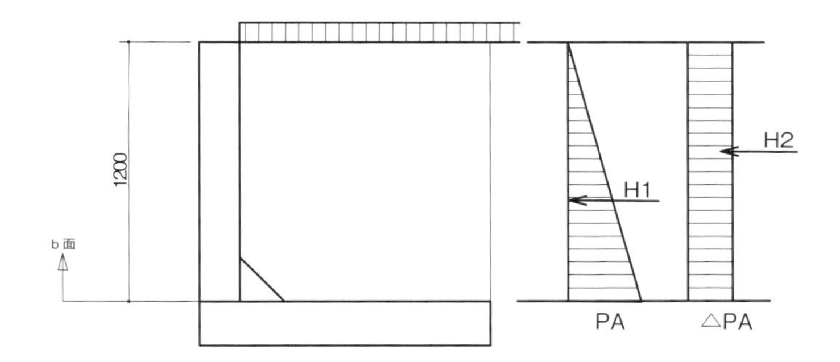

i）底盤（a 面）

・設計応力　　長期　M＝4.87 kN/m

Q＝3.37 kN

・鉄筋コンクリート　D＝200mm　d＝135mm　j＝7/8d＝118mm

・$at = (4.87 \times 10^6) \div (196 \times 118) = 210.57\text{mm}^2$ →　D10 @ 200（$a = 357\text{mm}^2$）

・$\tau = (3.37 \times 10^3) \div (1000 \times 118) = 0.03\ \text{N/mm}^2 < 0.70\ \text{N/mm}^2$

ii）壁版（b 面）

・設計応力度　　長期　M＝4.72 kN/m

Q＝9.41 kN

・型枠状ブロック　D＝180 mm　d＝106 mm　j＝5/7d＝75.7 mm

・$at = (4.72 \times 10^6) \div (196 \times 75.7) = 318.12\ \text{mm}^2$ →　D10 @ 200（$a = 357\ \text{mm}^2$）

・$\tau = (9.41 \times 10^3) \div (1000 \times 75.7) = 0.125\ \text{N/mm}^2 < 0.70\ \text{N/mm}^2$

一般社団法人　日本エクステリア学会　http://es-j.net/

◆日本エクステリア学会　正会員

氏名	所属	氏名	所属
吉田　克己	吉田造園設計工房	佐藤　浩二	日本化学工業株式会社
中澤　昭也	中庭園設計	松本　好眞	松本煉瓦株式会社
奈村　康裕	株式会社ユニマットリック	浅川　潔	有限会社コミュニティデザイン
蒲田　哲郎	旭化成ホームズ株式会社	堀部　朝広	株式会社 TIME & GARDEN
伊藤　英	住友林業緑化株式会社	川俣　貴恵子	株式会社トコナメエプコス
堀田　光晴	株式会社リック・C・S・R	藤山　宏	有限会社造景空間研究所
粟井　琢己	三井ホーム株式会社	高橋　真琴人	高橋造園
小沼　裕一	エスビック株式会社	林　好治	有限会社林庭園研究所
小林　義幸	有限会社エクスパラダ	犬塚　修司	株式会社風・みどり
安光　洋一	有限会社安光セメント工業	松枝　雅子	株式会社松枝建築研究所
石原　昌明	有限会社環境設計工房プタハ ptha	大嶋　陽子	株式会社ペレニアル
須長　一繁	株式会社草樹舎	越智　千春	有限会社 SOY ぷらん
水谷　秀生	大和ハウス工業株式会社	樋口　洋	株式会社バイオミミック
大橋　芳信	日之出建材株式会社	菱木　幸子	garden design Frog Space
山中　秀実	環境企画研究所	大竹　由秀	大和ハウス工業株式会社
池ノ谷　静一	株式会社ソーセキ	東　賢一	AJEX 株式会社
鶴見　昇	有限会社ジェムストン	斎藤　康夫	有限会社藤興
麻生　茂夫	有限会社創園社	寺西　律行	パナソニックエコソリューションズ創研株式会社
松尾　英明	ガーデンサービス株式会社	佐々木　健吉	パナソニック株式会社
加島　雅子	株式会社エクショップ	赤坂　泰一	ハート・ランドスケープ
直井　優季	日光レジン工業株式会社	岡田　武士	株式会社ユニマットリック
		上大田　佳代子	

◆日本エクステリア学会　賛助会員

セキスイデザインワークス株式会社
株式会社エクスショップ
陽光物産株式会社
株式会社 LIXIL　LIXIL ジャパンカンパニー
株式会社大仙
株式会社タカショー
株式会社エグゼクス
三協立山株式会社　三協アルミ社エクステリア事業部
株式会社ユニソン西日本

◆賛助会員企業参加者

吉田　和幸	セキスイデザインワークス株式会社
荒巻　英司	セキスイデザインワークス株式会社
栗原　正和	セキスイデザインワークス株式会社
西堂　篤史	セキスイデザインワークス株式会社
今坂　善之	株式会社 LIXIL
長廻　悟	株式会社 LIXIL
梅田　昌也	株式会社 LIXIL
今泉　剛	株式会社 LIXIL
坂井　真一	株式会社 LIXIL
下村　亮	株式会社 LIXIL
岡本　学	株式会社タカショー
山田　臣次	株式会社エクスショップ
依田　康介	三協立山株式会社　三協アルミ社
澤畑　勝久	三協立山株式会社　三協アルミ社

エクステリアの
施工規準と標準図及び積算
床舗装・縁取り・土留め 編

発行	2017年２月25日　初版第１刷
編著者	一般社団法人 日本エクステリア学会
発行人	馬場 栄一
発行所	株式会社 建築資料研究社 〒171-0014 東京都豊島区池袋2-38-2 COSMY-Ⅰ　４階 tel. 03-3986-3239 fax.03-3987-3256 http://www2.ksknet.co.jp/book/
編集協力	株式会社 フロントロー
装丁	加藤 愛子（オフィスキントン）
印刷・製本	シナノ印刷 株式会社

ISBN 978-4-86358-487-7